普通高等教育一流本科专业建设成果教材

化学工业出版社"十四五"普通高等教育规划教材

U0231312

生 态 规 划

——理论、方法与应用 （第三版）

刘 康 主编 陈 海 副主编

化学工业出版社

·北京·

内容简介

《生态规划——理论、方法与应用（第三版）》共分十三章。第一章至第三章主要介绍生态规划的概念、生态规划的产生和发展过程、生态规划的理论基础、生态规划的目标与原则、生态规划的类型、生态规划的主要方法以及生态规划的基本程序和内容；第四章至第七章介绍了生态调查、生态评价、空间生态规划、生态关系规划与调控的原理、步骤和常用方法；第八章介绍了 3S 技术在生态规划中的应用；后五章介绍的是生态规划在实际中的应用。全书力求理论与实践相结合，反映生态规划的最新研究成果。

本书可作为高等院校生态学、环境科学、自然地理与资源环境、城乡规划及相关专业本科生及研究生的教学参考书，同时也可作为生态环境保护、自然资源、城市规划与管理等相关部门的研究与技术人员的参考书。

图书在版编目（CIP）数据

生态规划：理论、方法与应用/刘康主编；陈海
副主编．—3 版．—北京：化学工业出版社，2024.5
ISBN 978-7-122-45265-8

Ⅰ.①生… Ⅱ.①刘…②陈… Ⅲ.①生态环境-
环境规划-高等学校-教材 Ⅳ.①X32

中国国家版本馆 CIP 数据核字（2024）第 056030 号

责任编辑：满悦芝　　　　　　　文字编辑：刘洋洋
责任校对：边　涛　　　　　　　装帧设计：张　辉

出版发行　化学工业出版社
　　　　　（北京市东城区青年湖南街 13 号　邮政编码 100011）
印　　装：大厂聚鑫印刷有限责任公司
787mm×1092mm　1/16　印张 16¾　字数 404 千字
2024 年 9 月北京第 3 版第 1 次印刷

购书咨询：010-64518888　　　　售后服务：010-64518899
网　　址：http://www.cip.com.cn
凡购买本书，如有缺损质量问题，本社销售中心负责调换。

定　　价：59.80 元　　　　　　　版权所有　违者必究

前　言

　　生态规划在形成和发展中汲取了生态学、系统科学、地理学、经济学等学科的理论和方法，为综合解决区域资源与环境问题，协调人与自然的关系，开展生态保护与建设，全面走向绿色可持续发展提供了新的方法和途径。尽管其概念和内容体系有待完善，但已广泛应用于区域规划、资源开发、自然保护、城市规划与调控、环境治理等诸多领域，愈来愈显示出其在可持续发展方面的作用。

　　本教材第二版于2012年出版，由于近几年来生态规划在理论、方法和应用方面发展迅速，原教材的内容需要进行补充和完善，在化学工业出版社的建议下，我们对教材进行了修订。在保持原教材基本框架前提下，对具体内容做了较大幅度的更新。

　　一、在第一章增加了生态规划与国土空间规划关系的论述；第三章补充了生态规划的主要方法和程序；在第四章，增加了大数据及其在生态规划中的应用。

　　二、根据生态评价的研究进展，强化了生态系统服务、资源环境承载力、生态适宜性、碳达峰与碳中和等在生态规划中的应用。

　　三、在空间生态规划方面，补充了生态保护红线、"三区三线"划定等相关内容。

　　四、在3S技术应用方面，补充了规划数据库建设与规划管理信息平台建设等内容。

　　五、在应用方面反映全新的发展动态，更新了有关数据、观点，增加了低碳与韧性城市规划、自然保护地体系规划等内容。

　　本教材由刘康拟定编写大纲，各章编写分工为：第一、二、五、十一章由刘康编写；第三章由刘康、陈海编写；第四章由陈海、梁小英编写；第六章由陈姗姗编写；第七章由王俊编写；第八章由何艳芬、葛大兵、黄振蓉编写；第九章由葛大兵、黄振蓉编写；第十、十二、十三章由刘康、韩佳宁、段锐明编写。全书由刘康、陈海统稿。

　　本书可作为高等院校生态学、环境科学、自然地理与资源环境、城市规划等专业的本科生和研究生的学习参考书，也可供广大从事资源管理、环境保护和城市管理的专业工作者参考阅读。

　　本教材是我们多年从事生态规划的教学与科研工作的总结。同时本教材参考了许多国内外的相关文献以及许多专家学者的研究成果，在此表示感谢。

　　化学工业出版社在本书的编辑、出版过程中给予了极大的帮助，在此表示衷心感谢。

编者

2024 年 6 月

目 录

第三章　生态规划的方法与程序　　36

第四章　生态调查的内容和方法　　61

第五章　生态评价　84

第六章　空间生态规划　　112

第七章　生态关系规划与调控　　137

第八章　3S 技术在生态规划中的应用　　155

第九章　区域生态规划　　174

第十章　城市生态规划　　186

第十三章　自然保护地体系评价与规划　　241

二维码目录

第一章

绪　论

第一节　生态规划概述

一、生态规划的概念

目前，各种环境问题和环境与发展的关系问题正困扰着人类社会。其中最重要的问题是人口的剧增使得地球生命维持系统承受着越来越大的压力。与此紧密相关的另一个问题是人类对地球上资源的大量开发和不合理的利用，致使各种资源不断减少，生态破坏和环境污染问题日趋严重，自然生态系统对人类生存和发展的支持和服务功能正面临严重的威胁。造成上述问题的原因是复杂多样的，所幸人们越来越认识到环境与发展问题的重要性，以及生态学的基本原理是适合人类与环境协调发展的重要原理，注意到那些危害人类生存环境的、急功近利的、非理智的活动正是与生态学原理和目标背道而驰的。因而，通过生态规划方式来协调人与自然环境和自然资源之间的关系受到人们的重视，获得迅速的发展。

规划是人们以思考为依据，安排其行为的过程。规划包含两层意思：一是描绘未来，即人们根据对规划对象现状的认识，对未来目标和发展状态的构思；二是行为决策，即人们为达到或实现未来的发展目标所应做出的时空顺序、步骤和技术方法的决策。由于规划对象本身的差异，以及人们对其认识和开发利用方式的不同，规划方案也是多样的。人们往往根据现有的知识和对现状的分析认识，来对规划对象的未来发展状态和实施方案进行选择。

由于生态规划发展迅速，应用的领域和范围不断扩大，对生态规划的概念至今尚无统一的认识。不同学者在不同时期结合各自的研究工作对生态规划提出多种定义。

芒福德（L. Mumford）等对生态规划的定义为："综合协调某一地区可能或潜在的自然流、经济流和社会流，以为该地区居民的最适生活奠定适宜的自然基础。"

现代生态规划奠基人麦克哈格（I. McHarg）认为："生态规划是在没有任何有害的情况下，或多数无害条件下，根据土地的某种可能用途，确定其最适宜的地区。符合此种标准的地区便认定本身适于所考虑的土地利用，利用生态学理论而制定的符合生态学要求的土地利用规划称为生态规划。"

我国著名生态学家王如松认为："生态规划就是要通过生态辨识和系统规划，运用生态学原理、方法和系统科学手段去辨识、模拟、设计生态系统内部各种生态关系，探讨改善系统生态功能，促进人与环境关系持续协调发展的可行的调控政策。本质是一种系统认识和重新安排人与环境关系的复合生态系统规划。"

欧阳志云从区域发展角度指出，生态规划系指运用生态学原理及相关学科的知识，通过生态适宜性分析，寻求与自然相和谐、与资源潜力相适应的资源开发方式与社会经济发展途径。

王祥荣认为生态规划是以生态学原理和规划学原理为指导，应用系统科学、环境科学等多学科手段辨识、模拟和设计人工复合生态系统的各种关系，确定资源开发利用与保护的生态适宜度，探讨改善系统结构与功能的生态建设对策，促进人与环境关系持续、协调发展的一种规划方法。

《环境科学辞典》对生态规划的定义："生态规划是在自然综合体的天然平衡情况不做重大变化，自然环境不遭受破坏和一个部门的经济活动不给另一个部门造成损害的情况下，应用生态学原理，计算并安排（合理）天然资源的利用及组织地域的利用。"

全国科学技术名词审定委员会审定的生态规划定义为：运用生态学原理，综合地、长远地评价、规划和协调人与自然资源开发、利用和转化的关系，提高生态经济效率，促进社会经济可持续发展的一种区域发展规划方法。

可以看出，不同学科和领域对生态规划有不同的理解，早期生态规划多集中在土地空间结构布局和合理利用方面，而随着生态学的不断发展和向社会经济各个领域的广泛渗透，特别是复合生态系统理论的不断完善，生态规划已不仅仅限于土地利用规划、空间结构布局等方面，而是逐步扩展到经济、人口、资源、环境等诸多方面。因而，可以认为生态规划是以生态学原理为指导，应用系统科学、环境科学等多学科手段辨识、模拟和设计生态系统内部各种生态关系，确定资源开发利用和保护的生态适宜性，探讨改善系统结构和功能的生态对策，促进人与环境系统协调、持续发展的规划方法。

生态规划有广义和狭义之分。广义的生态规划是作为一种方法论去指导其他一些具有很强操作性的规划（如景观建筑规划、土地利用规划、园林规划等），使其成为贯穿生态学原理的规划，这种生态规划应被景观设计师、城市规划师所掌握。而狭义的生态规划是在生态系统水平上所作的规划，是从定性描述和分析走向定量和模拟，使其成为可实施的对策规划，并真正成为促进可持续发展的有力工具和可行途径。

二、生态规划与生态建设

以人类活动为主体的系统，如城市、乡村、区域，实际上是一个由社会、经济、自然环境构成的相互联系、相互制约的复合系统。由于人类长期以自我为中心，过多地注重人类社会经济的发展和经济效益，而忽视自然环境对人类社会的服务功能及其价值，在发展过程中面临一系列诸如资源衰竭，土地退化、沙化，森林破坏，水土流失，环境污染，水资源紧缺等生态环境问题，从而严重制约着系统的可持续发展。也促使人们更加重视应用生态学的原理和方法来研究人类社会经济与环境协调发展的战略与实现途径。在此背景下，国内外广泛开展了诸如生态城市、生态社区、生态省、社会发展综合实验区、生态农业县等生态建设的研究和实践。生态建设是在对系统环境容量和承载力正确认识的基础上，有计划地、系统地、有组织地安排人类相当长时段活动的范围和强度的行为。目的是运用生态学的原理，以空间合理利用、系统关系协调为目标，使人与人、人与环境、系统内部结构与外部环境的关系相协调，创造一个安全、舒适、清洁的生活和工作环境。生态建设的内容是由系统现实存在的生态问题所决定的，涉及社会、经济、自然等各方面。主要有：合理适宜的人口容量的确定，土地利用适宜程度的评价，产业结构模式的调整和演进，污染防治，生物多样性的保护和提高资源的利用效率等方面。生态建设由生态规划、生态设计和生态管理三部分组成，其中生态规划是核心，生态设计和生态管理则是规划实施的保证。生态建设的内涵和方法可用图 1-1 简单表示。

图 1-1　可持续发展生态建设
内涵和方法

生态建设是在生态规划基础上进行的具体实施生态规划内容的建设性行为，生态规划是生态建设的基础和依据，生态规划的一系列目标和设想都是通过生态建设来得到逐步实现。

三、生态规划与其他规划的关系

1. 生态规划与国民经济和社会发展规划的关系

国民经济和社会发展规划是国家或区域（省域）在较长一段时期内经济和社会发展的全局安排。它规定了经济和社会发展的总目标、总任务、总政策以及发展的重点、所要经过的阶段、采取的战略部署和重大的政策与措施。合理开发利用资源，防治环境污染、保持生态平衡，实现区域社会、经济和环境的协调持续发展是国民经济和社会发展规划中所涉及的重点内容之一。

生态规划是国民经济与社会发展规划体系的重要组成部分，是一个多层次、多时段的协调性规划的总称。因此，生态规划应与国民经济和社会发展规划同步编制，并纳入其中。生态规划目标应与国民经济和社会发展规划目标相互协调。生态规划所确定的主要任务，都应纳入国民经济和社会发展规划，参与资金综合平衡，保证同步规划和同步实施。

生态规划与国民经济和社会发展规划关系密切的主要有四个部分：一是人口与经济部分，如人口密度、素质，经济的规模及生产技术水平等；二是产业的布局和产业结构，它对区域资源潜力的发挥和持续发展有着根本性的影响和作用；三是社会、经济和环境之间的协调发展，这始终是区域可持续发展的主要目标；四是国民经济发展能够给生态保护提供多少资金，这是确定和实现可持续发展目标的重要保证。

2. 生态规划与国土空间规划的关系

国土空间规划是政府根据国家、区域、城市等不同层次的发展战略和目标，对国土空间进行统筹规划和布局的过程，强调空间的协调发展，以及对不同地区资源利用、生态环境、社会经济等因素的统筹考虑。建立国土空间规划体系是加快生态文明体制改革、建设美丽中国的关键举措。2019 年 5 月，中共中央、国务院发布国土空间规划的纲领性文件《关于建立国土空间规划体系并监督实施的若干意见》，明确提出要"强化国土空间规划对生态环境保护、自然保护地、林业草原等专项规划的指导约束作用"。可见，统筹生态环境保护因素，坚持生态优先、节约优先、保护优先原则，落实最严格的生态保护制度，是开展国土空间规划工作的内在要求。

生态规划与国土空间规划的关系主要体现在两个方面：一方面，生态规划作为一种理论和方法，通过对环境资源的承载力和生态适宜性的分析和评价，为国土资源的合理开发利用和综合整治提供技术支持和科学依据；另一方面，国土空间规划是生态文明价值观对空间规划学科的深度映射，代表着以生态资源保护为底线，以可持续发展为目标的全新的人地互动模式。生态规划包含所有国土空间规划体系下一系列以生态要素空间为对象以及以生态资源保护、管控和利用为目标的各级各类规划，例如生态空间规划、生态保护红线规划、生态修复规划、生态安全格局或生态网络规划、自然保护地体系规划等，因此，生态规划既可以作为一种专项规划，构成国土空间规划体系的重要组成部分，也可以在国土空间规划"五级三类"体系的不同层面发挥重要作用。

3. 生态规划与城市规划

城市规划是为确定城市性质、规模、空间发展方向，通过合理利用城市土地，协调城市空间布局和各项建设，实现城市经济和社会发展目标而进行的综合部署。城市的生态规划则是通过对城市各项生态关系的布局与安排，调整城市人类与城市环境的关系，维护城市生态系统的平衡，实现城市的和谐、高效、持续发展。

城市生态规划与城市规划的一致性表现在规划目标上都致力于人与自然的和谐共存，致力于城市社会、经济、环境效益的统一，通过合理规划建设，追求城市的可持续发展。

生态规划与城市规划的差异在于：①规划的核心差异。城市生态规划致力于将生态学的思想和原理渗透到城市规划的各个方面，并使城市规划"生态化"。它不仅关注城市的自然生态，也关注城市的社会生态；不仅重视城市现今的生态关系和生态质量，还关注城市未来的生态关系和生态质量，关注城市的可持续发展，其核心是系统中各种相互关联的生态关系的质量。②在规划原理和方法上，生态规划以生态学理论和原则为基本指导，运用相关学科的方法，并与城市规划的理论和方法结合，应用于生态规划中。而城市规划则有自身的规划理论及各层次和分支规划的理论与方法。③在规划内容上，生态规划紧紧围绕"生态"概念，针对系统生态问题进行研究。城市规划内容则较为广泛，不仅涉及土地和空间的物质性规划，也与社会经济发展、公共管理政策及管理等联系在一起。

城市规划和城市生态规划的相互关系主要有三个方面：一是城市生态规划属于城市规划范畴内的专项规划，因系统生态关系的关联性和复杂性，生态规划具有综合性特点，在城市规划中要专门进行研究并制定规划策略；二是城市生态规划以城市规划的理论和方法为指导，遵循城市规划在城市性质、城市发展战略、城市建设方针等方面的全局性规划战略与目标，在规划中综合考虑城市规划对经济、社会、政策、交通、设施等的规划布局；三是城市规划要借鉴和利用生态规划的思想和成果，将社会、经济、生态综合考虑，使土地、空间利用规划和社会经济规划符合并体现城市本身内在的生态潜力和生态价值。

4. 生态规划与环境规划的关系

环境规划是应用各种科学技术信息，在预测发展对环境的影响及环境质量变化的趋势基础上，为达到预期的环境指标，进行综合分析作出的带有指令性的最佳方案。目的是在发展的同时，保护环境，维护生态平衡。

环境规划分两个层次。一是环境宏观规划，通过对区域或城市未来发展对资源的需求分析，预测环境的主要问题和主要污染物的总量宏观控制要求，提出环境与发展的宏观战略；二是环境专项规划，包括空气、水、固体废物等具体的环境综合保护和整治规划。

生态规划不同于环境规划，环境规划侧重于环境，特别是自然环境的监测、评价、控制、治理、管理等，而生态规划则强调系统内部各种生态关系的和谐与生态质量的提高。生态规划不仅关注区域或城市的自然资源和环境的利用与消耗对人的生存状态的影响，也关注系统结构、过程、功能等的变化和发展对生态的影响。同时，生态规划还考虑社会经济因子的作用。

5. 生态规划与各专业规划的关系

专业规划是各行业部门所制定的本行业或部门今后一段时期内发展的内容、目标和进度安排，它更具有针对性和可操作性。而生态规划则是较部门规划更高一层次的规划，它主要从系统整体协调发展方面出发，以生态适宜性评价为基础，安排环境资源在不同行业与部门之间的分配，协调各部门之间的关系，从而能充分发挥资源的生态潜力，促进系统协调持续稳定发展。从这个意义上说，生态规划对各专业规划起着指导、规范和约束的作用。

第二节　生态规划的形成与发展

一、生态规划的萌芽阶段

生态规划作为一种学术思想，产生于 19 世纪末，是以美国地理学家马什（G. P. Marsh）、地质学家鲍威尔（J. W. Powell）和英国生物学家格迪斯（P. Geddes）为代表的学者关于土地生态恢复、生态评价、生态勘测、综合规划等方面的理论与实践。

Marsh 首次提出合理规划人类活动，使其与自然协调而不是破坏自然。他的这个原则至今仍是生态规划的重要思想基础。Powell 在其《美国干旱地区土地调查报告》中强调要制定一种土地与水资源利用的政策，选择适于干旱和半干旱地区的新的土地利用方式、新的管理体制及生活方式。这是最早建议通过立法和政策促进与生态条件相适应的发展规划。Geddes 倡导综合规划的概念，强调把规划建立在研究客观现实的基础上，周密分析地域自然环境潜力与限制对土地利用及区域经济的影响和相互关系。在他的著作《进化中的城市》一书中，从人与环境关系出发，系统地研究了决定现代城市成长与变化的动力，强调在规划中通过充分认识与了解自然环境条件，根据自然的潜力与制约来制定与自然相和谐的规划方案。

二、生态规划的形成与发展阶段

进入 20 世纪，生态规划经历了几次大的发展。第一个高潮是以霍华德（E. Howard）为代表发起的田园城镇运动，霍华德在其 1898 年发表的名著《明日——真正改革的和平之路》中提出，应建设一种兼有城市和乡村的理想城市，并称之为"花园城市"（garden city）。按照霍华德的设想，城市居民可以就近得到新鲜的农产品，农产品有最近的市场但又不限于当地，城市规模必须加以限制，每户居民都能方便地接触乡村自然景观（图 1-2）。霍华德的思想对现代城市规划起到重要作用，也为以后的生态规划理论和实践奠定了基础。

20 年代前后，以帕克（R. E. Park）为代表的美国芝加哥古典人类生态学派，应用生态学理论研究分析城市结构与功能，以及城市中人群的分布，从城市的景观、功能、开阔空间规划方面提出了城市发展的同心圆模式、扇形模式、多中心模式等观点（图 1-3）。极大地促进了生态学思想的发展，以及向社会学、城市与区域规划及其他应用学科的渗透。生态规划在这个背景下，理论与实践都得到发展，形成第二个发展高潮期。

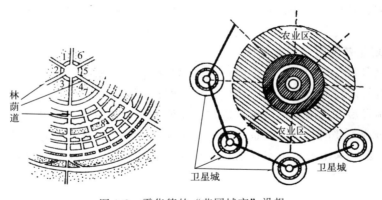

图1-2　霍华德的"花园城市"设想

1—图书馆；2—医院；3—博物馆；4—市政厅；5—音乐厅；6—剧院；7—水晶宫；8—学校运动场

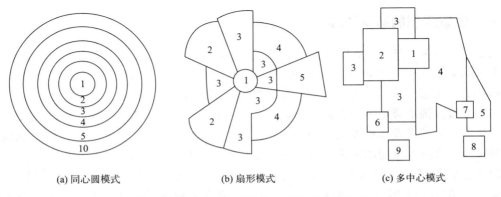

(a) 同心圆模式　　　　　(b) 扇形模式　　　　　(c) 多中心模式

图1-3　古典人类生态学的城市空间发展模式

1—中心商业区；2—轻工业区；3—下层社会聚居区；4—中层社会居住区；5—上层社会居住区；
6—重工业区；7—外国商业区；8—住宅郊区；9—工业郊区；10—往返地区

　　40年代美国规划协会开展了田纳西河流域规划、绿带新城建设等工作，在生态规划的最优单元、城乡相互作用、自然资源的保护等方面进行了大量探索研究。尤以麦凯（B. Mackaye）和芒福德（L. Mumford）的工作影响最大。芒福德是格迪斯（Geddes）的学生，他提出的以人为中心、区域整体规划和创造性利用景观建设自然而适宜的居住环境等学术观念，为其规划创作注入了巨大活力，被誉为当代伟大的生态学家之一。芒福德认为区域是一个整体，城市是它其中的一部分，城市及其所依赖的区域是城乡规划密不可分的两个方面，所以真正成功的城市规划必须是区域规划。他还特别强调自然环境保护对城市生存的重要性，指出"在区域范围内保持一个绿化环境，对城市文化来说是极其重要的，一旦这个环境被破坏、被掠夺、被消灭，那么城市也随之而衰退，因为两者的关系是共存共亡的"。在此期间，野生生物学家、林学家A. Leopold提出了著名的"大地伦理学"理论，并将其与土地利用、管理和保护规划相结合，为生态规划作出了巨大贡献。

　　在生态规划方法上，这一时期最主要的贡献是地图叠合技术的运用，曼宁（W. Manning）提出的生态栖息环境叠置分析法，为后来的麦克哈格（McHarg）生态规划法和地理信息系统空间分析法的发展奠定了基础。

　　第二次世界大战以后，面对全球性的生态环境危机，生态规划进入第三个高潮期，生态规划从传统的地学领域向其他学科领域广泛渗透，并出现了一大批具有交叉学科知识的生态规划人员。特别是以美国宾夕法尼亚大学的麦克哈格为代表进行的生态规划工作，为现代生态规划提供了理论与实践基础。在《结合自然的设计》一书中，麦克哈格结合海岸带土地开发、高速公路选线、流域开发、城市开敞空间规划、城市环境与人口分布、疾病、犯罪率等相互关系分析研究，提出了以适宜性为基础的综合评价和规划方法。被称为麦克哈格生态规划法，成为60年代至80年代生态规划广泛使用的方法。

三、现代生态规划阶段

进入20世纪80年代后，随着全球生态环境意识的不断提高和计算机技术的发展，在可持续发展理论、复合生态系统思想及地理信息系统技术的推动下，生态规划的理论和方法得到新的开拓。从以前强调人类活动服从自然特征和自然过程的生态决定论，开始注意人类本身的价值观念和文化经济特征的影响，综合考虑自然、生物（人）、文化的相互作用，应用越来越广。正如联合国人与生物圈计划第57集报告中所指出的："生态规划就是要从自然生态和社会心理两方面去创造一种能充分融合技术和自然的人类活动的最优环境，诱发人的创造精神和生产力，提供高的物质和文化生活水平。"

美国的瑞吉斯特提出了建设与自然平衡的人居环境——生态城市的理念，并提出向生态城市转型所需的策略，包括城市土地利用的概念性规划、生态经济规划、交通规划、功能规划和情景规划。J. Smyth在拟定美国加州文图拉县持续发展规划时，提出了"持续性规划的生态规划八原理"。德国学者F. Vester和A. V. Hesler在进行德国法兰克福城市生态规划工作中，基于生物控制论的原理，提出了生态灵敏度分析模型，将系统科学思想、生态学理论和城市规划融为一体，用来解释、评价和规划城市复杂的系统关系。

20世纪70年代以来，景观规划与景观生态学获得极大发展，二者相互融合，促进了景观生态规划理论与实践的发展。哈泊（Haber）基于奥德姆的分室模型，提出了土地利用分类系统并运用于集约化农业和自然保护规划中。雷兹卡（Ruzicka）和米可洛茨（Miklos）经过20余年的研究，发展并完善了一套景观生态规划体系（LANDEP），并成为国土规划的一项基础性研究工作。卡尔·斯坦尼兹（Carl Steinitz）提出了景观生态规划设计的6个层次框架，并在景观视觉分析、计算机和地理信息系统在规划中的应用，以及景观生态学在规划中的应用等诸多领域都有开创性的贡献。福尔曼（Forman）强调景观空间格局对过程的控制和影响作用，提出一个景观利用的格局优化生态规划途径。阿赫恩（Ahern）在其景观生态规划模式中强调对空间概念的设计和不同的规划策略的选择。Frederick Steiner从规划师如何开展生态规划、应从哪些方面入手进行生态规划出发，从生态环境的角度，总结规划技术与规划应用的经验，更将当前的规划实践与景观生态学、可持续发展的新理论较好地结合，并提出了包含11个步骤的生态规划框架。Daniel Smith和Paul Helmund首次提出了生态规划导则，在绿色廊道的规划中运用了生态概念。从近年来国外生态规划的实践来看，国外生态规划注重创造人与自然和谐，在生态城市的建设中，注重具体的设计特征和技术特征，强调针对现实问题提出具体可操作性的解决方案，理论与实践联系比较紧密。

我国的生态规划工作起步较晚，但发展较快，涉及的领域也十分广泛，并且从一开始就汲取了现代生态学的新成果，与我国的城市、农村的发展，生态环境保护与可持续发展主题相结合，在生态规划的理论与实践方面进行了大量卓有成效的探索，形成了自己的特色。在理论方面，马世骏、王如松提出了社会-经济自然复合生态系统理论，指出生态规划的实质就是调控复合生态系统中各亚系统及其组分之间的生态关系，协调人类活动与自然环境的关系，实现社会经济的可持续发展。在人居环境规划方面，吴良镛提出的以整体的观念来处理局部的问题的规划准则和"大中小城市要协调发展，组成合理的城镇体系，逐步形成城乡之间、地区之间的综合性网络，促进城乡经济社会文化协调发展"的观点，以及在长江三角洲、京津地区人居环境发展规划的研究实践，对我国城市发展规划和人居环境建设起到了巨大的推进作用。王如松等将系统科学思想与复合生态系统理论相结合，提出了可持续发展的生态整合方法，建立了一种辨识-模拟-调控的生态规划方法及人机对话的智能辅助决策方法——泛目标生态规划，并成功地应用于天津城市生态对策分析和马鞍山市的城市发展规划中。欧阳志云等将"3S"技术与生态适宜性评价方法相结合，在区域资源环境生态适宜性评价、野生动物栖息地动态评价、自然保护体系规划等方面进行了卓有成效的探索。王祥荣等进行了上海浦东新区建设生态规划。傅伯杰、肖笃宁等在景观生态规划的理论与方法方面开展了大量的探索研究工作，并应用于环渤海湾地区以及黄土高原、辽河平原、河西走廊等地区的土地利用发展规划、景观生态安全格局建设规划等工作中，出版了多部研究著作。黄光宇、杨培峰等通过大量的实践研究，对生态城市理论和空间生态规划方法进行了总结和探讨。杨志峰等通过对广州城市生态规划的研究，提出一套城市生态规划的关键技术与方法。俞孔坚提出了景观生态安全构建模式，并对城乡与区域规划的景观生态模式作了深入翔实的研究。以上各方面的工作极大地促进了我国生态规划工作的发展。

现代生态规划具有以下特点：

（1）以可持续发展为目标，应用范围不断扩大

自世界环境与发展委员会的报告《我们共同的未来》发表以来，持续发展的概念与内涵不断拓展。总的来说，持续发展的内涵可以包括 3 个方面：首先，可持续的发展应能与自然和谐共存，维护生态功能的完整性，而不是以掠夺自然和损害自然来满足人类发展的需要；其次，持续的发展应能协调当前发展的要求与未来世代发展要求的关系，这就要求在发展过程中合理利用自然资源，维护资源的再生能力，并使人类的生存环境得到最大的保护；第三，持续发展还能不断满足人类的生存、生活及发展的需求，使整个人类公平地得到发展，逐渐达到健康、富有的生活目标。

持续发展的内涵规定了生态规划的目标。现代生态规划综合运用生态学、生态经济学、系统科学、地理学等学科的知识，从复合生态系统整体出发，协调人与环境、社会经济发展与资源环境之间的相互关系，使生态系统结构与功能相协调，系统整体协调优化，可持续发展成为生态规划内在的追求目标。同时，现代生态规划已不局限于传统的土地利用规划，而是广泛应用于不同领域，涉及社会、经济、人口、资源和环境等诸多问题，规划对象从区域、城市、农村到保护区，既包含空间的规划，也有对体制、政策、行为等的规划。生态规划同生态工程、生态管理共同构成可持续发展生态建设的核心。

（2）更强调规划的生态学基础

20 世纪 60 年代以来的生态规划，虽然在理论和方法上得到了较大的发展，但它基本上仍承袭着 20 世纪初的传统，偏重生态学思想的应用，强调人的活动对自然环境的适应。在方法论上关心的是发展中所面临的自然环境与资源的潜力与限制，对自然生态系统自身的结构与功能，以及它们与人类活动的关系则显得有些"漠不关心"，也很少将现代生态学，尤

其是生态系统生态学与景观生态学的新成果应用于规划之中。现代生态规划更多地运用生态学知识，使规划建立在生态学合理的基础上。在规划中，通过深入分析城市与区域生态系统的结构与功能，物流、能流特征和空间结构、生态敏感性以及发展与资源开发所带来的生态风险等，维护与改善城市与区域的生态完整性。生态系统结构与功能完整，将成为生态规划的重要组成部分。

（3）突出生态合理性与时效性

20世纪60年代环境运动之初，生态规划在理论上与实践上主要是生态决定论，要求人类活动服从于自然保护的特征与过程，而对人类本身的价值观及文化经济特征不够注重。显然，这与当时环境运动的主流相适应，以至于后来人们将生态规划视为"生态保护"的同义词。后来开始注意到生态规划不只是生态学概念在城市、区域规划与资源开发中的应用，生态规划应该真正能从协调人与自然的关系的高度，综合自然、经济、文化的特征及其相互作用关系来指导规划实践。由于可持续发展的要求，生态规划必然从"生态决定论"的束缚中摆脱出来，实现自然环境、社会与经济的新的综合。生态规划以复合生态系统理论为指导，强调规划既要应用生态学的基本原理，体现生态的合理性，又要突出人的主观能动性，强调人对整个系统的宏观调控作用，从而实现系统结构与功能的完整与持续发展。

（4）新技术与方法的应用

随着系统生态学及其他学科的不断发展，以及计算机技术、遥感技术和地理信息系统技术的广泛应用，现代生态规划方法与手段也不断完善。遥感技术的应用能够在短期内快速获取区域各种最新的基础资料，并大大节省人力，提高了效率。数学模型的广泛应用和计算机强大的运算功能使得对复杂系统发展的预测更为定量和准确。地理信息系统技术的发展使空间特征数据的采集、存储、分析处理、转换及显示更为方便，已成为生态规划与管理的重要工具。

（5）由定性描述分析向定量模型和高度综合方向发展

生态规划涉及的是社会、经济、技术、环境、人类的心理和行为等各方面，具有复杂性和动态性，因而要求进行多目标、多层次的动态规划，必须要有高度综合和定量的研究方法来与其适应。现代生态规划已不再是某个人或某一学科就能完全承担的，它需要多学科的广泛参与和知识的相互渗透，也需要各学科先进技术的结合。从定性分析向定量模拟方向发展，计算机技术在生态规划中得到广泛的应用，使得多属性、大范围的空间模拟分析成为可能，从而推动定量分析与模拟在生态规划中的发展与应用。

（6）由"软科学"走向"软""硬"结合

规划是用来指导建设的，因而规划的最终目的就是要实施，否则就是一纸空文。现代生态规划注重宏观规划与具体生态设计的结合，将生态工程和生态技术引进到规划中，成为落实生态规划的得力工具。

◆ 思考题 ◆

1. 什么是生态规划？生态规划在生态建设中处于什么地位？
2. 怎样理解生态规划与其他规划的关系？
3. 现代生态规划的发展趋势与特点有哪些？

◆ 参考文献 ◆

［1］ 欧阳志云，王如松，等．区域生态规划理论与方法［M］．北京：化学工业出版社，2005.

［2］ 崔功豪，魏清泉，刘科伟．区域分析与区域规划［M］．北京：高等教育出版社，2006.

［3］ 章家恩．生态规划学［M］．北京：化学工业出版社，2009.

［4］ 王祥荣．生态与环境：城市可持续发展与生态环境调控新论［M］．南京：东南大学出版社，2000.

［5］ 王立科，王兰明．美国生态规划的发展（一）——历史与启示［J］．广东园林，2005，31（5）.

［6］ Steiner F，Young G L，Zube E H. Ecological planning：retrospect and prospect［J］．Landscape. Journal，1988，7（1）：31-39.

［7］ 陈波，包志毅．生态规划：发展、模式、指导思想与目标［J］．中国园林，2003，19（1）.

［8］ 戈峰．现代生态学［M］．北京：科学出版社，2002.

［9］ 傅伯杰，陈利顶，马克明，等．景观生态学原理及应用［M］．北京：科学出版社，2001.

［10］ 吴健，王菲菲，胡蕾．空间治理：生态环境规划如何有序衔接国土空间规划［J］．环境保护，2021，49（9）：35-39.

［11］ 吴岩，王忠杰，杨玲，等．中国生态空间类规划的回顾、反思与展望——基于国土空间规划体系的背景［J］．中国园林，2020，36（02）：29-34.

［12］ 福斯特·恩杜比斯．生态规划——历史比较与分析［M］．陈蔚镇，王云才，译．北京：中国建筑工业出版社，2013.

第二章

生态规划的理论基础

第一节　生态学理论

一、生态学的基本原理

传统的生态学是生物学的一个重要分支。一般而言，生物学有三大分支：形态学研究生物的形态结构；生理学研究生物的生理机能；生态学研究生物在环境中如何生活。长期以来，生态学的大部分分支，无论是动物、植物、微生物生态或是个体、种群、群落和生态系统生态，都主要是在以生物学为主的基础上进行研究的。但自第二次世界大战后，科学技术的飞速发展促进了工业的快速发展，物质文明也得到了迅速发展，与此同时，带来了资源竞争、环境污染和生态破坏等一系列严重问题。协调人与环境之间的关系，寻求可持续发展的途径已成为当今社会面临的迫切问题。生态学的基本原则引起了广泛的重视，人们越来越注意到，那些危害人类生存环境的、急功近利的、非理智的人类活动，是与生态学原理和目标背道而驰的，生态学的基本原理是适合于人类与环境协调发展的原理，因而生态学的原理被看作是社会可持续发展的理论基础。当今生态学与地学、经济学等其他学科相互渗透，在理论和方法上不断完善和创新，研究范围不断扩大，应用方面日益广泛，出现了一系列新的交叉学科。

在生态学的发展过程中，不同的学者对生态学的基本原理作了大量的研究，提出了多种多样的见解，归纳起来，生态学的基本原理主要有以下几个方面。

1. 整体有序原理

生态系统是由许多子系统或组分构成的，各组分相互联系，在一定条件下相互作用和协作而形成有序的并具有一定功能的自组织结构。系统发展的目标是整体功能的完善，而不单是组分的增长，一切组分的增长都必须服从于系统整体功能的需要，任何对系统整体功能无益的结构性增长都是系统所不允许的。

2. 相互依存与相互制约原理

生态系统内部各组分之间经过长期作用，形成了相互促进和制约的作用关系，这些作用关系构成生态系统复杂的关系网络。一切生物都通过竞争来夺取资源，以求自身的生存和发展；同时，面对有限的资源，生物之间又通过共生来节约资源，以求能持续稳定。该原则指出了保证生态系统稳定性的机制，要求人类在开发利用资源时，要注意整个生态系统的关系网，而不是局部。

3. 循环再生原理

地球的资源是有限的，生物圈生态系统能长期存在并不断发展，就在于物质的多重利用和循环再生。生态系统内部长期演化形成了复杂的食物网和生态工艺流程，使系统内每一组分既是下一组分的"源"，也是上一组分的"汇"，没有"因"和"果"及"废物"之分。这一原则提醒我们在实施可持续发展时要在系统内部建立和完善这种循环再生机制，使有限的资源在其中循环往复和充分利用，从而提高资源利用率，避免对生态环境的更大破坏。

4. 生态位原理

生态位（niche）最早由 Grinnell 于 1917 年提出，其定义为："恰好被一个种或一个亚种占据的最后分布单位。"1927 年，Elton 将生态位定义为"生物在其群落中的功能状态"，从而使生态位与栖息地（habitat）概念相区别。1957 年 Hutchinson 提出了生态位的多维超体积模式，他认为：生物在环境中受到多个而不是两个或三个资源因子的供应和限制，每个因子对该物种都有一定的适合度阈值，在所有阈值限定的范围内，任何一点所表征的环境资源组合状态上，该物种均可以生存繁殖，所有这些状态组合点共同构成了该物种在该环境中的多维超体积生态位。进而，他又提出了基础生态位和现实生态位的概念。1971 年，Odum 给生态位下的定义为：一个生物在群落和生态系统中的位置和状况，而这种位置和状况决定于该生物的形态适应、生理反应和特有行为。

区域或城市的生态位可以看作是区域或城市中的生态因子和生存关系的集合，它反映了区域或城市现状对于人类各种经济活动和生活活动的适宜程度，反映了其性质、功能、地位、作用及人口、资源、环境的优劣度，决定了其对不同类型的经济以及不同职业、年龄人群的吸引力。

5. 输入输出动态平衡原理

该原理又称协调稳定原则，涉及生物、环境、生态系统三个方面。生物一方面从环境中摄取物质，另一方面又向环境中返还物质，以补偿环境的损失。对一个相对稳定的生态系统，无论是生物、环境还是生态系统，物质的输入与输出是相对平衡的。如果输入不足，生物的生长发育受到影响，系统正常的结构和功能就不能得到有效维持和发挥。同样，输入过多，生态系统内部吸收消化不了，无法完全输出，就会导致物质在系统某些环节的积累，造成污染，最终破坏原来的生态系统。

6. 最小因子原理

德国农学家和化学家李比希（J. Liebig）指出，在多种影响农作物生长的因素中，作物的产量常常不是由需要量大的养分所限制，而是被某些微量的物质所限制。这就犹如由多块木板做成的水桶，当其中一块木板特别低时，它决定了水桶的容量。提高这块木板的高度就可使水桶的容量立刻增加。而当所有木板都处于同一高度时，增加其中某些木板的高度，并不能使水桶的容量增加。在生态系统中，影响系统组成、结构、功能和过程的因素很多，但往往是处于临界量的因子对系统的功能发挥具有最大的影响。改善和提高该因子的量值，就会大大增强系统的功能。

7. 环境资源有限性原理

一切被生物和人类的生存、繁衍和发展所利用的物质、能量、信息、空间等都可视为生物和人类的生态资源。生态平衡过程的实质就是对生态资源的摄取、分配、利用、加工、储存、再生和保护过程。自然界中任何生态资源都是有限的，都具有促进和抑制系统发展的双重作用。对任何一个生态系统来说，生态资源都是经过多种自然力长期作用形成的，当对其利用、开采强度与更新相适应时，系统保持相对的平衡，一旦利用强度超出极限，系统就会被损伤、破坏、甚至瓦解。

上述生态学的基本原理，是生态规划与设计中所必须考虑的。生态学作为生态规划的基础学科，要求在生态规划中必须站在区域生态整体性的高度，从生态演替的内在基础与人类生态系统各个角度来把握系统的空间格局、生态过程、功能特征、动态演替，为生态规划提供客观科学的依据，并在具体规划中得到充分体现。

二、系统生态学理论

系统生态学起源于 19 世纪末对湖泊和海洋的研究，虽然在 1935 年 A. G. Tansley 就提出了生态系统的概念，强调从系统的整体来研究生物的分布与环境之间的相互关系。但其方法论的形成则是 1942 年 Lindeman 有关湖泊生态系统营养动力学的研究。随着信息论、控制论、运筹学等学科的发展以及计算机技术的应用，在 20 世纪 50 年代以 Odum 兄弟为代表的关于生态系统物流和能流的研究，开创了系统生态学研究的新纪元，并引发了生态学研究领域的革命。进入 20 世纪 70 年代后，随着全球性的人口、资源、环境问题的出现，系统生态学的研究获得进一步的发展，众多的自然科学家和社会科学家投身于系统生态学的综合研究中，使系统生态学在研究广度和深度上不断拓展，理论和方法不断完善，并跳出传统自然科学的范畴，成为连接科学与社会的桥梁，以及人们认识与改造自然的一种系统方法论。与传统生态学不同，系统生态学有其特有的研究范畴和方法。

1. 以生态关系为主要研究对象

生态系统是一个十分复杂的系统，其范围可大可小，内容无所不包，目前从基因、细胞、器官、个体、种群、群落、景观、社区、城镇、区域、生物圈乃至整个地球，都作为生态系统受到广泛的关注。早期生态系统研究多关注其组成与结构，以及物流能流等有形的量，而对其中价值、信息、位势等无形量及各种关系的耦合作用研究较少，而这些正是生态学最活跃、最本质的东西。刘建国将所有具有生态学结构和功能的组织单元称为生态元（ecological unit），将能为目标系统储存、提供或运输物质、能量、信息，并与目标系统生存发展演替密切相关的系统称为生态库，这样系统生态学的研究对象可理解为以下三类关系的集合。

① 元-元关系：生态元与生态元之间的相互竞争、共生依赖支配关系。

② 元-库关系：生态元与生态库之间的需求-供给、开拓-恢复、改造-适应关系。

③ 元-系关系：低级生态元与高层次系统之间在时间、空间、数量、生态序上的各种相生相克、相乘相补、反馈调控及隶属关系。

这些关系通过物质代谢、能量转化、信息传递、价值变迁、生物迁徙等生态流构成一个自组织的系统，并通过各种生态过程实现系统的功能。在系统生态学研究中，主要关注这些生态关系的形成机理、作用规律和功效方面。

2. 关注生态过程的稳定性

生态系统的稳定性是系统生态学研究的一个重要理论问题，也是争议最大的问题。对于生态破坏及生态恢复的过程、机理、方式和途径已进行了大量深入的研究，但也给人们造成一种错觉，即生态学是保守的、平衡的、限制发展的科学，生态恢复过程是回归平衡、维持平衡的过程。这导致在制定许多政策和规划时出现发展与保护相互矛盾的问题。事实上，不论是自然生态系统还是人类生态系统，其发展演替过程总是同时受有利和不利两类因子的作用。当有利因子起主要作用时，系统呈近乎指数式的增长，但随着系统生态位的不断被占用，一些生态因子逐渐成为限制因子，使系统的发展受抑制，系统趋于平稳，呈 S 形增长。但生态系统的发展不同于单纯的种群增长，其具有主动适应环境、改造环境、突破限制因子束缚的趋向。因而，在不同的发展阶段系统的有利因子和限制因子是在不断变化的，系统的发展过程就不是一条 S 形曲线，而是一组 S 形曲线的组合，是一个不断演替进化，不断打破旧的平衡，出现新的平衡的过程。对系统发展稳定性的测度就不能仅局限于其抗性或恢复力指标，而必须从发展角度评价其发展进化每一个过程的速度和 S 形曲线的波动幅度是否持续与平稳。

3. 生态库与生态服务功能

生态系统是一个开放的系统，其范围往往很难确定，给研究工作带来很多不便。应用生态库概念，将研究对象简化为主体生态系统及其与各种生态库的关系，可大大简化生态系统的复杂性。生态库是主体生态系统存在的基础，并为其提供多种服务，我们称之为生态服务功能。对于人类社会来说，生态服务功能就是指生态系统与生态过程所形成及所维持的人类赖以生存的环境条件与效用（欧阳志云等，1999），它不仅为人类提供食物、医药及其他工农业生产的原料，而且维持了人类赖以生存和发展的生命支持系统。生态服务功能主要包括固定二氧化碳、释放氧气、稳定大气、调节气候、缓冲干扰、水源涵养与水文调节、土壤形成与保持、营养元素循环、废弃物处理、生物控制、传授花粉、提供生境、食物生产、原材料供应、作为遗传资源库、提供休闲娱乐场所、科研、教育、美学、艺术等。生态库提供的上述服务能力是有限的，如果主体生态系统对生态库的作用达到或超过这种极限，生态库会因被过度利用而降低其服务能力，其生态服务功能就得不到正常发挥。因此，搞清生态库与主体生态系统的关系及其服务功能容量，对于保证主体生态系统功能的正常发挥具有重要的作用。

4. 生态资源与生态价值

生态资源指一切可被生物的生存、繁衍和发展所利用的物质、能量、信息、时间及空间。生态系统的各种生态过程实质上就是对生态资源的摄取、分配、利用、加工、储存、再生及保护的过程。任何生态资源都不是无限的，根据其紧缺程度，获取难易度及付出的代价，生态资源具有不同的价值。这种价值不仅包括利用该资源可能获得的效益，即正价值，也包括该资源形成和存储时付出的但尚未得到补偿的价值，以及利用该资源时可能产生的消极影响的价值，即负价值。一切生态资源都具有一定的正价值，同时也具有一定的负价值，但二者在时空耦合上并不一定同步。稳定的自然生态系统通过长期的进化和自然选择，实现对生态资源的多层次利用和循环再生，输入与输出基本平衡，生产与消费之比接近 1，因而能实现持续发展。相反，人工生态系统由于多是以追求最大产出或最大效益为目标，生态资源的流动处于不平衡状态，一是过度开发利用资源的正价值，而忽视对资源的形成和储存价值的补偿，造成资源耗竭，持续生产能力下降，利用价值不断降低；二是资源投入多，产出少，造成资源在系统中大量滞留，对生态环境产生消极影响，形成负价值。这些现象都是由对生态资源及其价值认识不足，利用方式不正确，进而导致系统反馈调节机制减弱造成的。

因此，在进行资源开发利用和经济活动时，必须全盘考虑资源的生态价值，将资源的补偿及开发利用过程中的负价值纳入成本核算中，用于资源的恢复保育，实现可持续利用。

5. 生态综合的方法

生态系统与一般的物理系统有明显的不同，主要表现在其系统目标是多维的，环境是变化的，参数具有粗糙性、不完全性和不确定性。因而，研究方法就必须改变过去传统的单一逻辑推理、历史解析和机械模型的方法，而要用生态思维的方法，通过生态控制论原理来辨识、学习和调控生态系统的结构、功能与过程，将整体论与还原论、定量与定性、客观与主观、纵向控制与横向协调相结合，形成生态学特有的科学方法论。

三、景观生态学理论

景观生态学理论是生态系统理论的新发展，强调系统的等级结构、空间异质性、时间和空间的尺度效应、干扰作用、人类对景观的影响及景观管理。景观生态学理论为生态规划提供了有效的理论基础，概括起来主要有以下理论。

1. 景观异质性理论

异质性是景观生态学中的重要概念，用来描述系统和系统属性在时间和空间上的变异程度。景观异质性是景观尺度上景观要素组成和空间结构上的变异性和复杂性，是景观结构的重要特征和决定因素。异质性对景观的功能及其动态过程都有重要影响和控制作用。景观异质主要来源于环境资源的异质性、生态演替和干扰。

景观异质性研究主要侧重于三个方面：①空间异质性，即景观结构在空间分布的复杂性；②时间异质性，即景观空间结构在不同时段的差异性；③功能异质性，即景观结构的功能指标，如物质、能量和物种流等空间分布的差异性。空间异质性是指生态学过程和格局在空间分布上的不均匀性及其复杂性。具体地讲，空间异质性一般可理解为是空间缀块性和梯度的总和。而缀块性则主要强调缀块的种类组成特征及其空间分布与配置关系，比异质性在概念上更为具体化。因此，空间格局、异质性和缀块性在概念上和实际应用中都是相互联系，但又略有区别的一组概念。最主要的共同点在于它们都强调非均质性，以及对尺度的依赖性。

景观的异质性作为一个景观结构的重要特征，对景观的功能过程具有显著影响。例如，异质性可以影响资源、物种或干扰在景观上的流动与传播。异质性的存在也影响研究方法的选择。因为不仅抽样设计要考虑异质性因素，许多数据分析方法能否使用也在某种程度上由异质性的程度所决定。异质性是同抗干扰能力、恢复能力、系统稳定性和生物多样性密切相关的。异质性的存在，使人类可通过外界输入能量的调控，改变景观格局使之更适宜人类的生存。

2. 景观格局理论

景观是由大大小小的斑块组成，斑块的空间分布称为景观格局。景观格局是景观异质性的具体表现，同时又是包括干扰在内的各种生态过程在不同尺度上作用的结果。景观格局是许多景观过程长期作用的产物，同时景观格局也直接影响景观过程，不同的景观格局对景观上的个体、种群或生态系统的作用差别很大。

景观格局数量研究方法分为 3 大类：①主要用于景观组分特征分析的景观空间格局指数；②用于景观整体分析的景观格局分析模型；③用于模拟景观格局动态变化的景观模拟模型。这些景观格局数量方法为建立景观结构与功能过程的相互关系，以及预测景观变化提供了有效手段。景观格局数量研究方法发展迅速，新方法不断被提出。需要指出的是，这些方法不仅适用于景观生态学，也可用于其他学科，如地学、林学、农学和其他生态学分支学科的同类研究中。

景观空间格局指数包括两部分，即景观要素特征指数和景观异质性指数。景观要素特征指数是指用于描述斑块面积、周长和斑块数等特征的指标；景观异质性指数包括多样性指数、镶嵌度指数、距离指数及景观破碎化指数四类。应用这些指数定量地描述景观格局，可以对不同景观进行比较，研究它们结构、功能和过程的异同。

3. 干扰理论

干扰是景观异质性的一个主要来源，也是景观的一种重要生态过程。干扰可分为自然干扰和人类干扰，干扰可以出现在从个体到景观的所有生物系统层次上。干扰是空间上和时间上环境与资源异质性的主要来源之一，它改变资源和环境的质与量，以及所占据的空间大小、形状和分布。干扰可以破坏或改变一个生态系统，也可以是使某一生态系统得以维持和发展的因素。干扰对景观的作用往往表现为如下的5种空间过程：孔隙化，指在原有的景观上制造孔隙的过程，如风倒木或火烧形成的空地；分割，指一个景观组分被等宽的线状物（如道路等动力线）切割或划分的过程；碎裂化，指一个景观组分变成若干碎片的过程，通常是大面积不均匀地分割；萎缩，指某一景观组分斑块变小的过程；消失，指某一景观组分逐渐消失或被替代的过程。

景观生态学对干扰的研究主要包含4个方面的内容：①干扰对景观产生什么样的影响？②在异质景观上，干扰是怎样扩散的？③景观对干扰的抗性是否与景观格局有关？什么样的景观格局对干扰抗性更强？有无临界值？④人类干扰产生什么样的格局？它与自然干扰所产生的格局有什么异同？如何经营与管理景观？

4. 岛屿生物地理学理论

生境破碎化是生态体系构建所要解决的根本问题，而由E. O. 威尔逊和罗伯特·麦克阿瑟提出的"岛屿生物地理理论"则就生境破碎化影响到物种安全的原因展开分析与解释，该理论对岛屿上的生物进化、繁衍过程，岛屿上的生物群落与其来源地生物群落之间的差异性，以及岛屿上新生物种群到达岛屿的速度及新生物种群在岛屿上的灭绝速度的影响因素等三方面内容展开研究。因此，岛屿生物地理学理论可以说是理解生态体系构建的重要理论基础，具有较强的理论意义。

对于实现生物地理学、生态学等学科领域相关理论或假设的实验而言，岛屿可以提供自然实验室。陆桥岛、海洋岛是岛屿生物地理学中两个主要研究对象，岛屿生物地理学的有关理论也能够应用到研究岛屿状生境研究之中。目前，该理论在岛屿状生境研究中的研究主要集中在分析影响岛屿生物种群丰富度的因素，分析被建设用地包围的破碎性严重的生物栖息地、孤立雨林等较为孤立的区域内的物种情况。岛屿生物地理学理论认为保护区面积越大，能承担的物种丰富性越高。当生境类型相同时，单个大面积保护区比面积总和相等的被分割成多个面积较小的保护区承担更丰富的物种，更利于保护物种多样性。同时，根据岛屿生物地理学理论可知，各保护区之间的距离越短，即保护区相隔较近时，更利于物种保护；而轮廓形状规则的保护区比轮廓形状不规则的保护区在物种保护方面具有更高价值。Forman 和 Godron（1986）也指出，对于保护生物物种迁徙，保护生物物种多样性，在孤立源之间搭建出连接廊道是非常重要的途径。这些内容对生态体系构建具有重要的参考意义。

5. 等级理论

等级理论认为自然界是一个具有多水平分层等级结构的有序整体，在这个有序整体中，每一个层次或水平上系统都是由低一级层次或水平上的系统组成，并产生新的整体属性。在等级系统中，任何一个子系统都有自己上一级归属关系，是上一级系统的组成部分，同时，其对下一级系统有控制关系，即它由下一级子系统构成。Overton（1972）将该理论引入生态学，他认为，生态系统可以分解为不同的等级层次，不同等级层次上的系统具有不同的特征。

等级理论最根本的作用在于简化复杂系统，以便达到对其结构、功能和行为的理解和预测。许多复杂系统，包括景观系统在内，可认为是等级结构。将这些系统中繁多而又相互作用的组分按照某一标准进行组合，赋之以层次结构，是等级理论的关键一步。某一复杂系统是否能够被由此而化简或其化简的合理程度通常称为系统的可分解性。显然，系统具有可分解性是应用等级理论的前提条件。用来"分解"复杂系统的标准常包括过程速率（如周期、频率和反应时间等）和其他结构功能上表现出来的边界或表面特征（如不同等级植被类型分布的温度和湿度范围、食物链关系及景观中不同类型斑块边界等）。基于等级理论，在研究复杂系统时一般至少需要同时考虑三个相邻层次，即核心层、上一层和下一层。

6. 时间和空间尺度

尺度是景观生态学研究的一个重要概念。尺度是对所研究对象的一种限度，是对对象在不同层次上细节（分辨率）的一种反映，在不同的尺度上反映的细节的精度是不同的。在生态学上，空间尺度是指所研究生态系统的面积大小，而时间尺度是其动态变化的时间间隔。尺度是指研究系统过程中的空间分辨率、时间单位（空间尺度与时间尺度）。尺度蕴含了对细节的了解水平。时间和空间尺度包含于任何景观的生态过程中。在景观生态过程中，小尺度表示研究较小的面积或较短的时间间隔，因而有较高的分辨率，但概括能力低，而大尺度研究较大的面积或较大的时间间隔，分辨率较低，但概括能力高。生态过程和约束是与尺度有关的。

不同尺度的研究，揭示不同的内在规律。长期的生态研究，尺度往往是数年、数十年或一个世纪，短期的研究不足以揭示其变化发展的规律。大尺度主要反映大气候分异，中尺度主要反映地表结构分异，小尺度主要反映土壤、植物和小气候分异。景观生态学的研究基本上是在中尺度范围。

在生态系统和景观生态水平上进行长期的生态研究，尺度的扩展十分必要。一个单独监测研究点的结果常常隐含于"不可见地点"的研究结果中，这样就会造成研究结果的不明确性，生态网络研究便提供了一个更大范围的空间尺度研究。长期生态研究在空间尺度上分为几个层次：小区尺度、斑块尺度、景观尺度、区域尺度、大陆尺度以及全球尺度。尺度的研究也由不同的研究内容和目的而定。

在景观尺度上，比较不同景观结构和功能时，会发现景观内的物质运移、有机体的运动和能量的流动有所不同。这些不同的特征影响到物种的多样性、种群的分布，在研究环境变化、污染的迁移转化、土地利用和生物多样性等生态过程时必须要有足够的空间尺度才行。

值得注意的是，由于景观生态系统的复杂性，在研究中，需要利用某一尺度上所获得的知识或信息来推断其他尺度上的特征。这种方法称为尺度外推、尺度上推和尺度下推。而景观生态系统由于具有复杂性，外推十分困难，往往以计算机模拟和数学模型为工具。尺度外推是景观生态学中最具挑战的研究领域。

四、复合生态系统理论

1. 复合生态系统的组成与结构

20世纪80年代初，我国著名生态学家马世骏等在总结以整体、协调、循环、自生为核心的生态控制论原理基础上，指出人类社会是一类以人的行为为主导，以自然环境为依托，以资源流动为命脉，以社会体制为经络的人工生态系统，提出了社会-经济-自然复合生态系统理论。其组成结构可用图2-1表示。

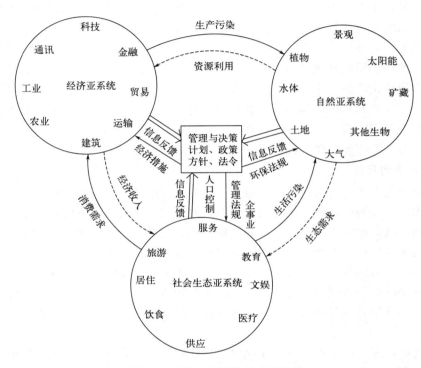

图 2-1　复合生态系统组成示意图

社会生态亚系统以人为中心，以满足人的生活、居住、就业、交通、文娱、教育、医疗等需求为目标，并为经济亚系统提供劳力和智力。

经济亚系统以资源为核心，由工业、农业、交通运输、建筑、贸易、金融、信息等子系统组成，以物质从分散向集中运转，能量从低质向高质集聚，信息从低序向高序的积累为特征。

自然亚系统以生物结构和物理结构为主，包括动植物、人工设施、人文景观和自然要素等。以生物与环境的协同共生及环境对社会经济活动的支持、容纳、缓冲和净化为特征。

复合生态系统的结构如图2-2，它由区域生态环境（物质供给的源、产品废弃物的汇和调节缓冲库）、人的栖息劳作环境（地理环境、生物环境、人工智能环境）、文化社会环境（文化、技术、组织等）相互耦合而成。

2. 复合生态系统的演化

复合生态系统的演化受两种过程的支配：

① 系统内禀增长率 r，这是系统发展的内在强机制，导致系统不断演化和发展。当环境容量很大时，系统呈指数增长。

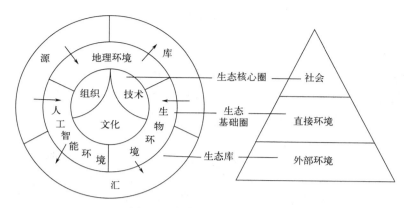

图 2-2　复合生态系统的结构

$$P = P_0 e^{r(t - t_0)}$$

式中，P 为系统发展规模指标；r 为系统的内禀增长率；P_0 为系统发展规模的初始指标；t、t_0 分别为系统发展某阶段和起始时间。

② 外部资源、环境承载力 K，这是系统维持生态平衡的内在弱机制，在一定范围内，维持系统的平衡和协调。

当人类活动影响很小时，系统的发展取决于资源的可获取程度 R，其呈双曲线模式。

$$R = \frac{1}{Jt}$$

式中，R 为 K 中可利用的部分；$J = r/K$，为生态参数，与系统内禀增长率 r 成正比，与资源环境承载力 K 成反比。

上述两过程的增长率为　$\dfrac{\mathrm{d}P}{\mathrm{d}t} = rp$，　$\dfrac{\mathrm{d}R}{\mathrm{d}t} = -JR^2$

设复合系统的发展程度 C 与 P、R 成比例，则

$$\frac{\mathrm{d}C}{\mathrm{d}t} = \frac{\mathrm{d}P}{\mathrm{d}t} + \frac{\mathrm{d}R}{\mathrm{d}t} = rP - JR^2 = rC\left(1 - \frac{C}{K}\right)$$

其发展具有以下三种情况（图 2-3）：

模式Ⅰ增长率高，发展迅速，但可持续能力低；模式Ⅱ稳定性好，但系统发展缓慢；模式Ⅲ则符合可持续发展的要求。

3. 复合生态系统生态控制论原理

生态控制论与传统的控制论相比，最大的特点是强调可行性，即合理、合法、合情、合意的综合。所谓合理指符合客观规律，合法指符合当时、当地的有关法令、法规，合情即符合人们的行为观念并为习俗所能接受，合意指符合决策者、利益相关者的意向。

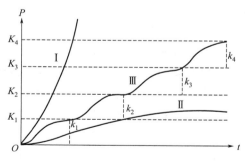

图 2-3　复合生态系统发展的不同过程
（王如松，2000）

王如松等在人类生态学研究中指出复合生态系统中存在以下控制论原理：

（1）胜汰原理

生态系统的资源承载力和环境容纳总量在一定时空范围内是恒定的，但分布是不均匀

的。这种差异导致了生态学的竞争，通过优胜劣汰促进发展。这是整个自然界和人类社会发展的普遍规律。

（2）拓适原理

任何生物有机体、地区、部门或企业的发展都有其特定的资源生态位。成功的发展必须善于拓展其资源生态位和调整需求生态位，以改造和适应环境。只开拓不适应，缺乏发展的稳度和柔度；只适应不开拓，则缺乏发展的速度和力度。

（3）生克原理

任何一个系统的发展都存在某种利导因子主导其发展，也存在某些限制因子抑制其发展，资源的稀缺性导致系统内部的竞争和共生机制。这种相生相克的作用是提高资源利用率，增强系统自生活力，实现持续发展的必要条件，缺乏任何一种机制的系统都是没有生命力的系统。

（4）反馈原理

复合生态系统的发展受两种反馈机制所控制，一是作用和反作用彼此促进，相互放大的正反馈，导致系统的无止境增长或衰退。另一种是作用和反作用彼此抑制，相互抵消的负反馈，使系统维持在稳态附近。正反馈导致发展，负反馈维持平衡，在持续发展的系统中正负反馈机制相互平衡。

（5）乘补原理

当一个系统整体功能发生变化时，系统的某些组分会趁机膨胀成为主导组分，使系统歧变；而有些组分则能自动补偿或代替系统原有功能，使系统趋于稳定。在复合系统调控时要特别注意这种相乘相补作用。要稳定一个系统，就要使补胜于乘；而要改变一个系统时，要使乘大于补。

（6）扩颈原理

系统发展的初期需要开拓与发展环境，速度较慢；进而适应环境，快速发展，呈指数式上升；最后受环境容量或某一瓶颈的限制，速度放慢，系统呈S形增长。但在复合生态系统中，人能不断地改造环境，扩展瓶颈，使系统出现新一轮的S形增长，并出现新的限制因子或瓶颈。复合生态系统正是在这种不断逼近和扩展瓶颈的过程中波浪式前进，实现持续发展。

（7）循环原理

物质循环利用是生物圈长期存在和不断发展的根本动因。复合生态系统的一切开发生产行为最终都要通过反馈作用于人类，只是时间早晚和强度的大小存在差异而已。要保持系统的持续发展，必须维持系统的物质循环再生过程。

（8）多样性和主导性原理

系统必须有优势种和主导组分才会有发展的实力，也必须有多样化的结构和多样性成分才能提高稳定性。主导性和多样性的合理匹配是实现持续发展的前提。

（9）生态发展原理

生态系统的发展是一种渐进有序的系统发育和功能完善过程。系统发展的目标是不断完善功能，而不是单纯的结构和组分增长；系统生产的目的在于提供服务功效，而非产品的数量或质量。

（10）机巧原理

系统在发展过程中机会和风险是均衡的，大的机会也往往伴随着高的风险。成功发展的系统善于抓住一切适宜的机会，利用一切可以利用的力量为系统提供服务，变害为利，避开风险，减缓危机，化险为夷。

4. 复合生态系统动力学机制

复合生态系统的动力学机制来源于自然和社会两种作用力。自然作用力是各种形式的能量，它们流经生态系统导致各种物理、化学、生物学过程和自然变迁。社会作用力有三个：一是经济杠杆——货币；二是社会杠杆——权力；三是文化杠杆——精神。货币刺激竞争，权力诱导共生，精神孕育自生，三者相辅相成构成复合生态系统的社会动力。自然作用力和社会作用力的耦合，导致不同层次的复合生态系统的发展。两种作用力的合理耦合和系统搭配是复合生态系统持续演替的关键，偏废其中任何一方面都可能导致灾难性的后果。当然，这种灾难性的突变也是复合生态系统的一种反馈调节机制，能进一步促进人们对复合生态系统的理解，调整管理策略，但付出的代价是巨大的。

第二节　系统科学理论

一、系统科学的基本理论

系统科学包括一般系统论、控制论、信息论、耗散结构理论、自组织理论、灰色系统理论等，它们从不同的角度对系统问题进行研究，形成和完善了系统论的概念和范畴，从系统的角度揭示客观事物和现象之间的相互联系、相互作用的本质和规律。

系统论的基本概念包括系统、层次、结构、功能、反馈、信息、平衡、涨落、突变和自组织等。系统是由两个以上要素构成的集合体，各要素之间存在着一定的联系和相互作用，形成特定的结构和功能，它从属于更大的系统。系统的特点包括以下几个。①系统的普遍性：物质世界是普遍以系统的形式存在并发展的，无论是微观的粒子还是宏观的天体，无机物还是有机物，从基因水平到整个生物圈，都是由不同要素组成的系统。②系统的目的性：系统的行为是有一定目的的，并通过系统的活动来实现。③系统的整体性：整体性是系统科学的基本原理，它强调系统虽然是由不同要素组成的，但决不是要素的简单拼凑，而是各要素之间彼此内在地、必然地联系组成的一个整体，具有各要素所不具有的新的特征。④系统的层次性：任何一个复杂的系统都是由若干不同等级的子系统构成的，低级的系统是高级系统的组成部分，决定着高级系统的组成结构，而高级系统又是低级系统存在的基础，控制着低级系统的行为和发展。层次指系统组织的等级秩序性；结构是系统各要素之间相互关联、相互作用的表现形式；功能指系统维持自我发展和对外部环境所表现出的性质、能力、功效；反馈是系统输入与输出之间的相互作用和系统自我调节的过程；信息通常指包含在各种传播形式中的知识内容，具有信源对信宿的不确定性含义，在系统论中指不确定性的度量、系统的组织程度、能量和物质在时空分布的不均匀性表现等；平衡是在一定条件下，系统所处的相对稳定状态；涨落指系统偏离平衡状态的情况；突变则是在外部条件连续变化时系统发生在临界点上的不连续性；自组织是系统自发形成有序性结构的性质和能力。

控制论是研究生物系统、机械系统或二者共同组成的系统中控制和通信的过程。信息、控制、反馈、通信等概念是控制论的理论基础。

与任何一门传统自然科学不同的是，对于各种动态物质系统，控制论并不追究其具体的物质构造和能量变化的过程，而是着重从物质和能量所负载的信息角度考察各种系统的功能，探索它们在行为方式上的联系和一般规律。因此，控制论的基本问题就是如何在不同的系统中实现相同的或相似的控制过程。系统的这种目的性运动是通过信息过程完成的，所以控制论意义上的"控制"乃是指信息控制。信息控制的具体机制在于反馈。反馈又可以分为正反馈和负反馈，正反馈倾向于加剧系统正在进行的偏离目标的运动，是系统区域不稳定的状态；负反馈倾向于反抗系统正在偏离目标的运动，是系统趋向于稳定、实现动态平衡的负反馈。简而言之，"一切有目的的行为都可以看作需要负反馈的行为，生物系统和机械系统一样通过负反馈来达到控制的目的"。这就是控制论的基本理论观点。

控制论研究表明，信息作为系统内部及不同系统间的重要联系所在，是任何控制系统实施控制的依据。因此，信息与控制是密切相关的。

信息论主要研究通信系统中信息传递和信息处理问题。不确定性是信息论的核心概念，香农将信息定义为：减少可能事件出现的不确定性的量度，信息量等于不确定性减少的数量。基于这个思想，香农、维纳进一步提出了信息的量化公式。具体而言，如果有 n 个可能事件，每个事件出现的概率分别为 P_1，P_2，…，P_n，那么在没有干扰的情况下，接受的每个信息的平均信息量为：

$$I = -\sum_{i=1}^{n} P_i \log_2 P_i$$

据此就可以对信息进行精确计算。从上述信息量的数学表达式中可以看出，信息与信息"熵"这个物理量有着密切的关系。对于一个系统来说，信息描述的是它的有序程度，而热力学中的熵则表示其无序程度，实际上，信息就等于负熵。我们通常把这个熵称为信息熵。

在当代科学技术综合理论的发展过程中，信息的概念已从单纯的统计信息拓展到语义信息、价值信息和模糊信息，信息传递和信息处理的理论也已超出通信领域，进入其他许多相关学科，进而形成了以信息论为基础，涉及控制论、电子学、计算机科学、自动化技术和人工智能，以及心理学、语言学、经济学、社会学、数学、物理学和生物学等领域的新的大跨度的信息科学。

整体性作为一般系统论的核心概念，同样也是控制论和信息论的基本出发点。如果说，系统论主要研究系统的结构组织的话，那么，控制论和信息论则更加偏重系统的行为方式的研究。

一般系统论、控制论和信息论对系统的整体性、系统行为的不确定性及其调控方式等作了系统描述。然而，这样一个整体有序的结构到底是如何形成的呢？对于这个问题的解答，引发了关于系统的更深层次的探讨。到20世纪60年代末，通过对开放的非平衡态系统自组织过程的研究才开始取得真正的突破，现代系统科学随之得到了进一步发展。

二、生态规划中应用的主要系统科学原理

生态规划中应用的系统科学的基本原理主要有以下几种。

1. 整体性原理

系统论认为，系统的性质和发展规律存在于系统各要素相互关联和相互作用之中，而不是各要素孤立的特征和活动的简单加和。必须从系统的整体和全局进行分析，正确处理整体和局部之间的辩证关系，反对孤立地研究各组成部分或从个别方面思考和解决问题。

2. 关联性原理

关联性原理与整体性原理密切相关，强调研究分析系统各组成要素之间及系统各层次之间的相互联系和关系。

3. 结构性原理

从系统的结构是系统内部所有要素之间关联方式的反映出发，强调系统的结构决定其功能，结构的不同和改变相应地导致系统的功能发生变化。

4. 开放性原理

该原理指出系统与环境密不可分，系统和环境之间不断进行着物质、能量和信息的交换，互相联系，互相作用，并在一定条件下可以相互转化。

5. 系统的动态性原理

强调系统不是静止不变的，而是在不断变化和发展的，系统的结构和各要素在时间上是不断变化的，同时系统与环境之间也在不断进行物质、能量和信息的交换，系统的平衡是一种相对平衡。

第三节 地理学理论

一、地域分异规律

地域分异现象是自然界存在的一种普遍现象。地域分异规律是由太阳辐射、海陆位置和海拔高度等因素的空间差异引起的自然生态环境与生物群落在空间地域上发生分化及由此产生的差异。地域分异规律一般包括纬度地带性、经度地带性、垂直地带性和地方性规律。

纬度地带性是指由太阳辐射能按纬度分布不同引起的气候、植被、土壤、农业生物与耕作制度等在纬向上的分异规律。经度地带性是指由距海远近即海陆位置不同而导致地理环境和生物群落等在经向上的分异规律。垂直地带性是指由地形、地质结构而导致地理环境和生物群落等在垂直高度上的分异规律。地方性规律主要是由局地地形、地面组成物质及地下水埋深等因素引起，具有系列性、组合性及重复性等表现形式。

地域分异具有多层次多系统的特点，它由时间系统、空间系统和物质系统组成，共同构成一个时-空-物复合系统（如图 2-4 所示）。地域分异系统是一个复合系统，不管这个系统在空间上有多大、时间上有多久；或者，在空间上有多小、时间上有多短，它都是一个复合系统单元，其结构具有耗散结构的特征，它是一个开放的有序结构。系统内与系统外不断地进行着物质、能量和信息的交流。太阳辐射在自然地理环境中形成负熵流，使自然地理系统的总熵降低，从而提高地域分异系统的有序度。系统内与系统外的物质、能量、信息交流得越多越频繁，系统的有序度就越高。系统内的物质、能量、信息的阻抗是系统涨落的动力机制，它是系统功能的启动器，系统的建立、发展、崩溃和再发展与其密切相关。地域分异规律一般要遵循自然法则，要充分发挥系统内部功能、协调外部功能，不断调整系统结构，使其朝着有利于系统进化的方向发展。

地域分异是自然生态系统及其生态要素（如气候、植被、土壤等）在空间上表现出来的客观现象，因此，在生态规划过程中必须遵循地域分异规律，特别是在开展大范围大尺度的生态规划时。地域分异规律对生态规划有以下几个方面的指导作用。

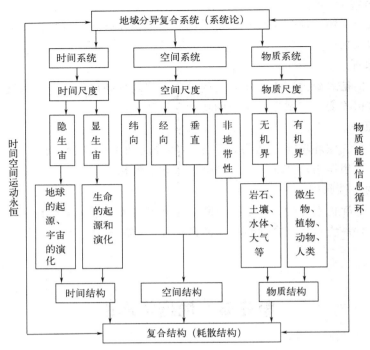

图 2-4　地域分异结构图式

（1）宏观指导作用

地域分异规律要求在生态规划过程中，针对不同的地区，在总体上必须根据其热量带、气候带、植被带和土壤带等来进行总体生态功能分区，在此基础上来优化布局相应的农林牧副渔等生产门类和建设项目，原则上要求在不同的气候带和土壤带上应安排与之相适应的农、牧、水产、林业等生产项目。例如，在我国南方地区和北方地区、东部湿润地区和西部干旱地区，分布着不同的作物生产类型和动物生产类型，因此，如果我们在北方地区规划种植荔枝和龙眼，而在南方地区规划种植苹果和核桃，显然就违背了地域分异规律，这样的规划不是一个科学的规划。

（2）局地指导作用

尽管地域分异规律主要反映的是大尺度上的变化规律，但它同样可用以指导一些局部地区的生态规划。例如，对于丘陵山区，可以利用垂直地带性规律来指导山地不同高度带上的土地利用模式选择与生产布局。又如，由于局地的地形与地貌的起伏变化，常形成一些特殊的局地小气候，因此，可以利用这些小气候资源，发展一些特色的种植业（如反季节蔬菜、水果等）。再如，在一些特殊母质或水文地质上发育的土壤上，可以规划布局种植一些特色的作物。

二、经济地理学理论

经济地理学是以人类经济活动的地域系统为中心内容的一门学科，包括经济活动的区位、空间组合类型和发展过程等内容。以生产为主体的人类经济活动，包括生产、交换、分配和消费的整个过程，是由物质流、商品流、人口流和信息流把乡村和城镇居民点、交通运输站点、商业服务设施以及金融等经济中心连接在一起而组成的一个经济活动系统。这一系列经济活动都是在具体的地域内进行的，因此，以地域为单元研究世界各国、各地区经济活动的系统和它的发展过程，成为经济地理学研究的特殊领域。由于不同的理论，对于区域内资源配置的重点和布局主张不同，以及对资源配置方式选择不同，形成了不同的理论派别。

（1）平衡发展理论

平衡发展理论是以哈罗德-多马新古典经济增长模型为理论基础发展起来的。其中包含两种代表性理论，即罗森斯坦-罗丹的大推进理论和纳克斯的平衡发展理论。

罗森斯坦-罗丹的大推进理论的核心是外部经济效果，即通过对相互补充的部门同时进行投资，一方面可以创造出互为需求的市场，解决因市场需求不足而阻碍经济发展的问题；另一方面可以降低生产成本，增加利润，提高储蓄率，进一步扩大投资，消除供给不足的瓶颈。纳克斯的平衡发展理论认为，落后国家存在两种恶性循环，即供给不足的恶性循环（低生产率—低收入—低储蓄—资本供给不足—低生产率）和需求不足的恶性循环（低生产率—低收入—消费需求不足—投资需求不足—低生产率），而解决这两种恶性循环的关键，是实施平衡发展战略，即同时在各产业、各地区进行投资，既促进各产业、各部门协调发展，改善供给状况，又在各产业、各地区之间形成相互支持性投资的格局，不断扩大需求。因此，平衡发展理论强调产业间和地区间的关联互补性，主张在各产业、各地区之间均衡部署生产力，实现产业和区域经济的协调发展。

平衡发展理论的出发点是促进产业协调发展和缩小地区发展差距。但是一般区域通常不具备平衡发展的条件，欠发达区域不可能拥有推动所有产业同时发展的雄厚资金，如果少量资金分散投放到所有产业，则区域内优势产业的投资得不到保证，不能获得好的效益，其他产业也不可能发展起来。即使发达区域也由于其所处区位以及拥有的资源、产业基础、技术水平、劳动力等经济发展条件不同，不同产业的投资会产生不同的效率，因而也需要优先保证具有比较优势的产业的投资，而不可能兼顾到各个产业的投资。所以平衡发展理论在实际应用中缺乏可操作性。

（2）不平衡发展理论

不平衡发展理论是以赫希曼为代表提出来的。他认为，经济增长过程是不平衡的。该理论强调经济部门或产业的不平衡发展，并强调关联效应和资源优化配置效应。在他看来，发展中国家应集中有限的资源和资本，优先发展少数"主导部门"，尤其是"直接生产性活动"部门。不平衡增长理论的核心是关联效应原理。关联效应就是各个产业部门中客观存在的相互影响、相互依存的关联度，并可用该产业产品的需求价格弹性和收入弹性来度量。因此，优先投资和发展的产业，必定是关联效应最大的产业，也是该产业产品的需求价格弹性和收入弹性最大的产业。凡有关联效应的产业——不管是前向联系产业（一般是制造品或最终产品生产部门）还是后向联系产业（一般是农产品、初级产品生产部门）都能通过该产业的扩张和优先增长，逐步扩大对其他相关产业的投资，带动后向联系部门、前向联系部门和整个产业部门的发展，从而在总体上实现经济增长。

不平衡发展理论遵循了经济非均衡发展的规律，突出了重点产业和重点地区，有利于提高资源配置的效率。这个理论被许多国家和地区所采纳，并在此基础上形成了一些新的区域发展理论。

（3）区域分工贸易理论

分工贸易理论最先是针对国际分工与贸易而提出来的，后来被区域经济学家用于研究区域分工与贸易。早期的分工贸易理论主要有亚当·斯密的绝对利益理论、大卫·李嘉图的比较利益理论，以及赫克歇尔与奥林的生产要素禀赋理论等。

绝对利益理论认为，任何区域都有一定的绝对有利的生产条件。若按绝对有利的条件进行分工生产，然后进行交换，会使各区域的资源得到最有效的利用，从而提高区域生产率，增进区域利益。但绝对利益理论有一个明显缺陷，就是没有说明无任何绝对优势可言的区域如何参与分工并从中获利。

比较利益理论认为，在所有产品生产方面具有优势的国家和地区，没必要生产所有产品，而应选择生产优势最大的那些产品进行生产；在所有产品生产方面都处于劣势的国家和地区，也不能什么都不生产，而可以选择不利程度最小的那些产品进行生产。这两类国家或区域可从这种分工与贸易中获得比较利益。比较利益理论发展了区域分工理论，但它不能对比较优势的形成做出合理的解释，并且与绝对利益理论一样，它是以生产要素不流动作为假定前提的，与实际情况并不完全相符。

生产要素禀赋理论认为，各个国家和地区的生产要素禀赋不同，这是国际或区域分工产生的基本原因。如果不考虑需求因素的影响，并假定生产要素流动存在障碍，那么每个区域利用其相对丰裕的生产要素进行生产，就处于有利的地位。生产要素禀赋理论补充了斯密和李嘉图的地域分工理论，但仍存在一些不足之处：一是该理论舍弃了技术、经济条件等方面的差别，并假定各生产要素的生产效率是一样的，从而把比较优势当成是绝对和不变的；二是在分析中所包含的生产要素不够充分；三是完全没有考虑需求因素的影响；四是对自由贸易和排除政府对贸易的干预的假定等与现实不符。

利用分工贸易理论指导生态经济功能分区，具有十分重要的意义。因为合理的分工贸易，有利于地区间的相互支援和协作，充分利用各地的自然条件和劳动力资源，从而提高劳动生产率。分工贸易是一种既稳定而又非常活跃的过程，与各地区经济发展条件紧密相关。地域差异是地域分工贸易的物质基础，区域生产专业化是分工贸易的具体表现。地域分工具有以下特性：①地区生产的产品不仅为了本地区消费，还必须通过交换和贸易才能最终实现消费；②一定的运输手段和商品贸易的存在是地域分工发展的前提；③分工贸易得以实现的原动力在于经济效益；④分工贸易发展的必然结果是导致经济区的形成。

（4）梯度转移理论

梯度转移理论源于弗农提出的工业生产生命周期阶段理论。该理论认为，工业各部门及各种工业产品，都处于生命周期的不同发展阶段，即经历创新、发展、成熟、衰退等四个阶段。此后威尔斯和赫希哲等对该理论进行了验证，并做了充实和发展。区域经济学家将这一理论引入到区域经济学中，便产生了区域经济发展梯度转移理论。该理论认为，区域经济的发展取决于其产业结构的状况，而产业结构的状况又取决于地区经济部门，特别是其主导产业在工业生命周期中所处的阶段。如果其主导产业部门由处于创新阶段的专业部门所构成，则说明该区域具有发展潜力，因此将该区域列入高梯度区域。该理论认为，创新活动是决定区域发展梯度层次的决定性因素，而创新活动大都发生在高梯度地区。随着时间的推移及生命周期阶段的变化，生产活动逐渐从高梯度地区向低梯度地区转移，而这种梯度转移过程主要是通过多层次的城市系统扩展开来的。

事实上，无论是在世界范围，还是在一国范围内，经济技术的发展是不平衡的，客观上已形成一种经济技术与生产力梯度。有梯度就有空间推移。梯度推移理论认为，首先让有条件的高梯度地区，引进掌握先进技术和资金，加快发展，然后逐步依次向二级梯度、三级梯度的地区推移，以带动整个国家和区域经济的发展。随着经济的发展，推移的速度加快，也就可以逐步缩小地区间的差距，实现经济分布的相对均衡。

梯度转移理论也有一定的局限性，主要是难以科学划分梯度，有可能把不同梯度地区发展的位置凝固化，造成地区间的发展差距进一步扩大。

（5）增长极理论

增长极理论最早由佛朗索瓦·佩鲁提出。汉森对这一理论进行了系统的研究和总结。该理论从物理学的"磁极"概念引申而来，认为，一个活跃发展的经济空间中存在着若干个中心或极，产生类似"磁极"作用的各种离心力和向心力，每一个中心的吸引力和排斥力都产生相互交汇的一定范围的"场"。这个增长极可以是部门的，也可以是区域的。

增长极理论认为，区域经济的发展主要依靠条件较好的少数地区和少数产业带动，应把少数区位条件好的地区和少数条件好的产业培育成经济增长极。通过增长极的极化和扩散效应，影响和带动周边地区和其他产业发展。增长极的极化效应主要表现为资金、技术、人才等生产要素向"极点"聚集；扩散效应主要表现为生产要素从"极点"向外围转移。在发展的初级阶段，极化效应是主要的，当增长极发展到一定程度后，极化效应削弱，扩散效应加强。

增长极理论主张通过政府的作用来集中投资，加快若干条件较好的区域或产业的发展，进而带动周边地区或其他产业发展。这一理论的实际操作性较强。但增长极理论忽略了在注重培育区域或产业增长极的过程中，也可能加大区域增长极与周边地区的贫富差距和产业增长极与其他产业的不配套，影响周边地区和其他产业的发展。

（6）点轴开发理论

点轴开发理论最早由波兰经济学家萨伦巴和马利士提出。点轴开发理论是增长极理论的延伸，但在重视"点"（中心城镇或经济发展条件较好的区域）增长极作用的同时，还强调"点"与"点"之间的"轴"即交通干线的作用，认为随着重要交通干线如铁路、公路、河流航线的建立，连接地区的人口流和物流迅速增加，生产和运输成本降低，形成了有利的区位条件和投资环境。产业和人口向交通干线聚集，使交通干线连接地区成为经济增长点，沿线成为经济增长轴。在国家或区域发展过程中，大部分生产要素在"点"上聚集，并由线状基础设施联系在一起而形成"轴"。

该理论十分看重地区发展的区位条件，强调交通条件对经济增长的作用，认为点轴开发对地区经济发展的推动作用要大于单纯的增长极开发，也更有利于区域经济的协调发展。改革开放以来，我国的生产力布局和区域经济开发基本上是按照点轴开发的战略模式逐步展开的。我国的点轴开发模式最初由陆大道提出并系统阐述，他主张我国应重点开发沿海轴线和长江沿岸轴线，以此形成"T"字形战略布局。

（7）网络开发理论

网络开发理论是点轴开发理论的延伸。该理论认为，在经济发展到一定阶段后，一个地区形成了增长极即各类中心城镇和增长轴即交通沿线，增长极和增长轴的影响范围不断扩大，形成了多条增长轴，在较大的区域内形成商品、资金、技术、信息、劳动力等生产要素的流动网及交通、通信网。在此基础上，网络开发理论认为，加强增长极与整个区域之间生产要素交流的广度和密度，促进地区经济一体化，特别是城乡一体化；同时，通过网络的外延，加强与区外其他区域经济网络的联系，在更大的空间范围内，将更多的生产要素进行合理配置和优化组合，促进更大区域内经济的发展。

网络开发理论适合在经济较发达的地区应用。由于该理论注重推进城乡一体化，因此它的应用，将有利于逐步缩小城乡差距，促进城乡经济协调发展。

第四节　环境容载力理论

一、环境容载力的概念

环境容载力的概念是对环境容量与环境承载力两个概念的合二为一。环境容量与环境承载力是环境系统的两个方面，它们紧密联系，共同体现和反映出环境系统的结构、功能和特征，但两者各有侧重。通过对环境容载力的评估，可以确定环境容量和环境承载力，建立环境质量的生态调控指标，从而确定区域社会经济与生态环境相适应的发展规模，是生态环境研究的重要理论。

1. 环境容量

环境容量是指一定时间、空间范围内的环境系统在一定的环境目标下对外加的某种（类）污染物的最大允许承受量或负荷量。它是一个变量，包括两个组成部分，即基本环境容量（或称差值容量）和变动环境容量（或称同化容量）。前者可通过拟订的环境标准减去环境本底值求得，后者指该环境单元的自净能力。这是狭义环境容量的概念，后来该概念又扩展到社会经济领域，成为广义的环境容量概念，即指某区域环境对该区域发展规模及各类活动要素的最大容纳阈值。这些活动要素包括自然环境的各种要素（大气、水、土壤、生物等）和社会环境的各种要素（人口、经济、建筑、交通等）。

2. 环境承载力

环境承载力是指在一定时期、一定的状态或条件下、一定的区域范围内，在维持区域环境系统结构不发生质的变化、环境功能不遭受破坏的前提下，区域环境系统所能承受的人类各种社会经济活动的能力，即环境对区域社会经济发展的最大支持阈值。它可看作区域环境系统结构与区域社会经济活动的相适宜程度的一种表示。

3. 环境容载力

由上述可见，环境容量强调的是区域环境系统对自然灾害的削减能力和人文活动排污的容纳能力，侧重体现和反映环境系统的自然属性，即内在的自然秉性和特质；环境容载力则强调在区域环境系统结构和功能正常的前提下，环境系统所能承受人类社会经济活动的能力，侧重体现和反映环境系统的社会属性，即外在的社会秉性和特质，环境系统的结构和功能是其承载力的根源。在区域的社会发展过程中，环境容量和环境承载力反映的是环境质量的两个方面，前者是环境质量的表现基础，反映的是环境质量的"量化"特征；后者是环境的优劣程度，反映的是环境质量的"质化"特征。一般来说，环境容量是以一定的环境质量标准为依据，反映的是环境质量的"量变"特征，而环境承载力是以环境容量和质量标准为基础的，反映的是环境质量的"质变"特征。

环境容载力概念的提出主要源于对环境容量及环境承载力两个概念的有机结合与高度统一，也是环境质量的量化与质化的综合表述。从一定意义上讲，没有环境的容量和质量就没有环境承载力，环境的容载力就是环境容量和质量的承载力。因此，环境的容载力定义为：自然环境系统在一定的环境容量和环境质量支持下对人类活动所提供的最大容纳程度和最大支撑阈值。简言之，环境容载力是指自然环境在一定纳污条件下所支撑的社会经济发展的最大发展能力。它可看作环境系统结构与社会经济活动的相适宜程度的一种表示，环境容载力可以用环境容量分值和环境承载力指数来综合评价。在区域生态环境建设规划中，依据环境容载力评价结果，预测环境容量变动和承载力变动趋势，其结果可作为生态环境功能分区的主要依据。环境容载力的结构如图 2-5 所示。

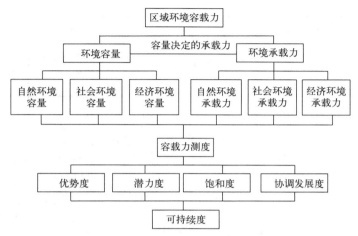

图 2-5　环境容载力结构示意图

显然，环境容载力是联系区域社会经济活动与生态环境的纽带和中介，反映区域社会经济活动与环境结构及功能的协调程度。区域环境容载力功能的大小与环境系统功能的强弱成对应的正相关，即环境系统功能是通过其容载力大小来实现和反映，而环境容载力大小则是其功能在质与量上的综合衡量。

二、环境容载力理论的基本内容

环境容载力理论的基本内容是：在一定的时期及地域范围内，一定的自然条件和社会经济发展规模条件下，一定的环境系统结构和功能条件下，其环境容载力是有限的，且具有相对稳定性。同时，随着时间的推移和环境条件的改变，环境容载力会发生改变，且具有可调控性的特点。环境容载力的研究内容及相应计算指标见表 2-1。

表 2-1　环境容载力研究内容及其相应计算指标

环境容载力		大气环境	水环境	土地环境	社会经济环境
环境容量	标准时空容量	大气质量分三级	水环境分五类	土地质量分等级	社会经济发展分四个层次
	污染物极限容量	大气污染物排放量	废水排放量	废物排放量	污染源企业排放量
	人口极限容量		水环境人口容量	土地人口容量	经济人口容量
	生态容量 生态占用量		人均占有和城市利用的水资源、水量；污水时空排放强度；水生态破坏和控制	人均占有和城市利用的土地、固废时空排放强度；土地生态破坏和控制	社会经济密度人均占有的经济总量、污染物人均排放量；生态经济损失；环境质量达标的生态区

续表

环境容载力		大气环境	水环境	土地环境	社会经济环境
环境承载力	基本承载力	气候资源指数：平均降水、无霜期、≥10℃、年日照时数	水资源指数：水资源支持度、丰富度、紧缺度、利用强度	土地资源指数：土地资源支持度-适宜度、植被覆盖率、利用强度	社会经济消费指数：社会消费品总额、城市用电量、城市供水量、城市煤气销售量
	污染物承载力	大气污染指数：SO_2、NO_2、总悬浮微粒（TSP）、CO……	水污染指数：生化需氧量（BOD）、挥发酚、溶解氧（DO）、非离子氢、总砷……	排放密度指数：单位国土面积的废气、废水和废物排放量	排放强度指数：人均固体废物量、人均废水量、人均废气量
	抗逆承载力	气候变异指数：干燥度指数、受灾率	生态脆弱指数：水土流失率、草地退化率、地震灾害频率、地形起伏指数	生态调控指数：① 污染物调控指数：废水处理率、废气处理率、废物处理率；② 环境调控指数：环境质量退化控制率、森林覆盖率、自然保护率	社会经济调控指数：环保投资、环保投资占GDP比例、生态示范区比例、烟尘控制区比例、噪声达标区比例
	动态承载力	气候变化趋势	水环境变化趋势	土地变化趋势	社会经济发展趋势

三、环境容载力理论在生态规划中的指导作用

1. 在制定区域社会经济发展目标中的指导作用

根据环境容载力理论，一方面，我们可以根据一个区域的资源环境状况，制定该区域未来的人口发展规模、产业发展结构及规模、社会经济发展的各项目标，并可确定在某一经济发展水平下环境保护与建设所需达到的标准，如水质量等级标准、大气质量等级标准、土壤质量等级标准以及社会经济环境质量标准等；另一方面，对于一个区域既定的社会经济发展规模与水平，来分析评价、预测该区域所需资源环境的基本数量，如水资源数量、土地资源数量、人力资源数量。环境容载力理论为生态规划和社会经济发展规划提供了确定适宜社会经济发展规模的依据。它在一定程度上可保证生态规划的客观性和合理性，使我们在制定规划时不至于"盲目冒进"，也不至于"畏缩保守"，从而使资源环境与社会经济发展达到一个协调发展的状态。

2. 在城市生态规划中的应用

城市是在一个特定有限的空间与资源环境范围内，人口与社会经济高度发展与高度密集的复合生态系统，同时也是一类生态较为脆弱的生态地域，因此，在进行城市生态规划时更需遵循环境容载力理论，例如，城市的人口容量、城市的工业发展规模与污染物的排放、城市交通车辆数量与大气污染物排放及空气质量、城市人口与生活用水的动态需求、城市产业结构与生产用水的动态需求、城市生态建设（如绿地）与生态用水的需求、城市生态环境质量标准与人类生活（生存）质量之间的协调、城市建设用地与农业用地和生态用地之间的平衡等问题，均要以环境容载力理论为指导，否则，不可能制定出一个合理的生态规划。

第五节　可持续发展理论

一、可持续发展的概念与内涵

可持续发展是指既满足当代人的需要，又不对后代满足其需要的能力构成危害的发展。它旨在保护生态的持续性、经济的持续性和社会的持续性。《21世纪议程》明确指出，可持续发展是改变单纯的追求经济增长而忽略生态环境保护的传统发展模式；由资源型经济过渡到技术型经济，综合考虑经济、社会、资源、生态和环境效益。它包含了三个重要的概念：①需要，尤其是世界上处于贫困状态人民的基本需要，应当放在特别优先的地位来考虑。②限制，即环境与资源在一定技术水平和社会组织下对满足当前和未来的需要所施加的限制。③平等，即当代人与后代人在利用环境和资源上机会的平等，同代人中不同国家、不同区域、各社团之间的平等。

实现可持续发展需要遵循三个基本原则：公平性原则、持续性原则、共同性原则（见图2-6）。可持续发展所要解决的核心问题有人口问题、资源问题、环境问题与发展问题，简称PRED问题。可持续发展的核心思想是：人类应协调人口、资源、环境和发展之间的相互关系，在不损害他人和后代利益的前提下追求发展。可持续发展的目的是保证世界上所有的国家、地区、个人拥有平等的发展机会，保证我们的子孙后代同样拥有发展的条件和机会。

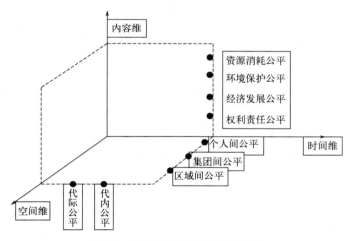

图 2-6　可持续发展的公平性内涵

可持续发展的要求是人与自然和谐相处，认识到对自然、社会和子孙后代的应负的责任，并有相应的道德水准。可持续发展是把发展与环境作为一个有机的整体，它包括5个方面的内涵：①可持续发展不可否定经济增长，尤其穷国或贫困地区的经济增长，但单纯的经济增长不等于发展，发展不等于可持续，可持续发展不等于供求平衡；②可持续发展要求以自然资产为基础，同环境承载力相协调；③可持续发展要求以提高生活质量为目标，同社会进步相适应；④可持续发展承认并要求产品和服务在价格中体现出自然资源的价值；⑤可持续发展的实施以适宜的政策和法律体系为条件，强调"综合决策"和"公众参与"（张坤民等，1999）。

二、可持续发展的度量

可持续发展的水平，通常由下面五个基本要素及其之间复杂的关系来衡量。

资源的承载能力是可持续发展的基本支持系统，指一个国家或地区按人口平均的资源数量和质量，以及它对空间内人口的基本生存和发展的支撑能力。如果在世代公平的前提下能够得到满足，则具备可持续发展的条件，如不能满足，则必须依靠科技进步来挖掘开发替代资源，使资源的承载力保持在区域人口需求的范围之中。

① 区域的生产力。是一个国家或地区在资源、人力、技术和资本的总体水平上，可以转化为产品和服务的能力。可持续发展要求这种能力在不危及其他子系统的前提下，应与人的需求同步增长。

② 环境的缓冲能力。人类对区域的开发，对资源的利用，对生产的发展及废弃物的排放和处理等，均应维持在环境容量的允许范围之内。

③ 过程的稳定能力。即在系统发展过程中，要避免因自然波动和社会经济波动而带来灾难性的后果，可以通过培植系统的抗干扰能力或增加系统的弹性来维持其稳定性。

④ 协调能力。指人的认识能力，人的行为能力、决策能力和调整能力，要适应总体发展水平。

三、可持续发展理论在生态规划中的指导作用

可持续发展理论要求我们在进行生态规划时，一定要注意现实基础与未来发展目标的合理把握。不能不顾自然资源条件的承载能力，制定过高或超前的社会经济发展目标；也不能因为过分强调保护生态环境，而压低未来社会经济发展的应有水平。因此，在制定生态规划近期规划、中期规划、远期规划时一定要充分把握可持续发展原则。否则，制定出来的规划将是不可持续的发展规划。

可持续发展理论要求我们在进行生态规划时，要充分考虑区域公平性原则，即要求我们不仅要考虑规划区内部各地区之间的公平问题，而且也要考虑规划区与其周边地区的生态资源环境利用和社会经济之间的协调发展问题。具体而言，在制定生态规划时，要考虑生态规划与其他已制定的地区发展规划、部门发展规划相衔接，也要注意生态规划与规划区周边地区的相关规划相呼应。

可持续发展理论要求我们在进行生态规划时，要充分考虑区域共同性与参与性原则。可持续发展需要各地区、各部门以及公民的共同参与，因此，在生态规划过程中要尽量采用公民参与的方法，如采用问卷调查、与规划区领导和群众座谈和征求意见等方式，充分考虑社情民意，这样制定出来的规划将更具有可操作性。

第六节　循环经济理论

一、循环经济的基本概念

所谓循环经济，本质上是一种生态经济，它要求运用生态学规律而不是机械论规律来指导人类社会的经济活动。与传统经济相比，循环经济有其不同之处。传统经济是一种由"资源—产品—污染排放"单向流动的线性经济，其特征是高开采、低利用、高排放。在这种经

济中，人们高强度地把地球上的物质和能源提取出来，然后又把污染和废物大量地排放到水系、空气和土壤中，对资源的利用是粗放的和一次性的，通过把资源持续不断地变为废物来实现经济的数量型增长。与此不同，循环经济倡导的是一种与环境和谐的经济发展模式。它要求把经济活动组织成一个"资源—产品—再生资源"的反馈式流程，其特征是低开采、高利用、低排放。所有的物质和能源要能在这个不断进行的经济循环中得到合理和持久的利用，以把经济活动对自然环境的影响降低到尽可能小的程度。

循环经济在发展理念上就是要改变"重开发、轻节约"，片面追求 GDP 增长；重速度、轻效益；重外延扩张、轻内涵提高的传统的经济发展模式。把传统的依赖资源消耗的线性增长的经济，转变为依靠生态型资源循环来发展的经济。循环经济既是一种新的经济增长方式，也是一种新的污染治理模式，同时又是经济发展、资源节约与环境保护的一体化战略。

循环经济的内涵包括了三个层次的含义：

① 实现社会经济系统对物质资源在时间、空间、数量上的最佳运用，即在资源减量化优先为前提下的资源最有效利用。

② 环境资源的开发利用方式和程度对生态环境友好，对环境影响尽可能小，至少与生态环境承载力相适应。

③ 在发展的同时建立和协调与生态环境的互动关系，即人类社会既是环境资源的享有者，又是生态环境的建设者，实现人类与自然的相互促进、共同发展。

二、循环经济的基本原则

循环经济要求以 3R 原则为经济活动的行为准则。3R 即减量化（reduce）、再利用（reuse）和再循环（recycle）。

1. 减量化原则

减量化原则旨在从输入端进行控制，减少进入生产和消费流程的物质量，从而在经济活动的源头上节约资源和减少污染物的排放。在生产实践中，减量化原则要求生产厂家通过减少生产产品原材料的使用量、重新设计制造工艺和利用先进科技手段来节约资源和减少废弃物排放，尽可能使产品体积小型化和重量轻型化。产品包装追求简单朴实而不是豪华浪费，从而达到减少废弃物排放的目的。在消费方面，要求人们尽可能少地使用一次性物品，尽可能多地购买和使用耐用性强的可循环使用的物品。

2. 再利用原则

再利用原则旨在从过程上进行控制，目的是提高产品和服务的利用效率。它要求产品和包装能够以初始的形式被多次使用。在生产中，常要求制造商使用标准尺寸进行设计，以便于更换部件而不必更换整个产品，同时鼓励发展再制造产业；在生活中，鼓励人们购买能够重复使用的物品，同时，尽量将可维修的物品返回市场体系供别人继续使用。

3. 再循环原则

再循环原则旨在从输出端进行控制，要求生产出来的物品在完成其使用功能后能重新变成可以利用的资源而不是无用的垃圾。物质循环通常有两种方式：一是资源循环利用后形成与原来相同的产品，二是资源循环利用后形成不同的新产品。循环原则要求消费者和生产者购买循环物质比例大的产品，以使循环经济的整个过程实现闭合。

以上原则中，减量化原则属于输入端控制方法，旨在减少进入生产和消费过程的物质量；再利用原则属于过程控制方法，目的是提高产品和服务的利用效率；再循环原则是输出端控制方法，通过把废物再次变成资源以减少末端处理负荷。

三、循环经济理论在生态规划中的指导作用

1. 对区域产业经济发展规划的指导作用

根据循环经济倡导的新的系统观、价值观、经济观、生产观和消费观，可以从宏观上指导制定一个地区产业经济发展的总体方向，以及各个产业之间的相互衔接与结构协调，使不同地区之间、不同部门之间的生产、加工、流通、消费等各环节保持有序通畅的物流、能流、资金流与信息流，从而减少资源的中间浪费，提高废物的资源化再利用率，以实现节约型国民经济和节约型社会的发展目标。在循环经济发展的指导下，一般要求在制定一个地区的经济发展规划时，要特别加强生态产业园区的规划与建设，以及静脉产业体系（静脉产业一般包括所有废弃物的综合回收再利用、资源化和无害化处置产业）的建设规划（见图2-7）。

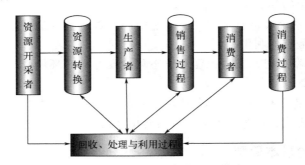

图 2-7   社会静脉产业体系的构建

2. 对生态产业结构设计的指导作用

循环经济的 3R 原则还可以用以指导区域生态产业结构的过程设计。例如一个具体的生态农业项目的设计、生态工业产业链结构的设计以及工农业、城乡产业之间结构设计等。这方面的实践案例很多。在进行生态农业模式设计时，可以综合运用间作技术、套种技术、轮作技术、复合农林业技术、复合种养技术、区域农业景观生态配置技术、农业产业化技术来组装配套与集成生态农业模式。在我国长期的传统农业生产实践中，已形成了一大批成功的生态农业模式，如猪-沼-果模式、基塘系统模式、鸭稻共作复合生态农业模式以及庭院以沼气为纽带的循环经济模式（见图2-8）。在进行生态工业模式设计时，则要求严格遵循 3R 原则，建立物质闭路循环（横向耦合与纵向闭合），构建生态工业产业链，加强新工艺和环境

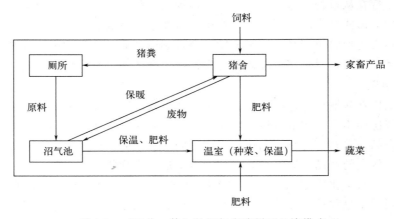

图 2-8   "四位一体"的沼气庭院循环经济模式

友好技术的设计，建立清洁生产体系，提高资源和废物在产业链之间的循环利用效率；同时，进行产品生命周期设计，实现工业产品的小型化、轻型化、非物质化的生产目标。在我国，贵港生态工业园区是较早应用循环经济理论的实践案例（见图 2-9）。

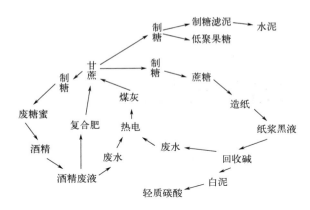

图 2-9　贵港生态工业园区循环经济生产模式示意

◆ 思考题 ◆

1. 生态学的基本原理有哪些？
2. 在生态规划中应用了哪些系统科学的原理？
3. 简述社会-经济-自然复合生态系统的组成、结构及发展演替的动力学机制。
4. 环境容量与环境承载力有何不同？
5. 为什么说发展循环经济是建设节约型社会的有效途径？

◆ 参考文献 ◆

[1]　Odum E P，Barrett G W. 生态学基础［M］. 第5版. 陆健健，王伟，等译. 北京：高等教育出版社，2009.

[2]　周鸿. 人类生态学［M］. 北京：高等教育出版社，2001.

[3]　李博. 生态学［M］. 北京：高等教育出版社，2000.

[4]　蔡晓明. 生态系统生态学［M］. 北京：科学出版社，2000.

[5]　谭跃进，高世楫，周曼殊. 系统学原理［M］. 长沙：国防科技大学出版社，1996.

[6]　杰弗斯. 系统分析及其在生态学上的应用［M］. 朗所，王献溥，陈灵芝，译. 北京：科学出版社，1983.

[7]　邬建国. 景观生态学——格局、过程、尺度与等级［M］. 北京：高等教育出版社，2000.

[8]　傅伯杰，陈利顶，马克明，等. 景观生态学原理及应用［M］. 北京：科学出版社，2001.

[9]　Naveh Z，Lieberman A S. Landscape ecology theory and application，2nd edition，New York：Springer Verlag，1993.

[10]　杨达源. 自然地理学［M］. 南京：南京大学出版社，2001.

[11]　李小建. 经济地理学［M］. 北京：高等教育出版社，1999.

[12]　王铮，邓锐，葛昭攀登. 理论经济地理学［M］. 北京：科学出版社，2002.

[13]　热海提，王文兴. 生态环境评价、规划与管理［M］. 北京：中国环境科学出版社，2004.

[14]　彭晓春，谢武明. 清洁生产与循环经济［M］. 北京：化学工业出版社，2009.

第三章
生态规划的方法与程序

第一节　生态规划的内涵、目的与原则

一、生态规划的内涵

生态规划是运用生态系统整体优化的观点对规划区域内的自然生态因子和人工生态因子的动态变化过程和相互作用特征予以相当重视，研究区域内物质循环、能量流动、信息传递等生态过程及其相互关系，提出资源合理开发利用、环境保护和生态建设的规划对策，以促进区域生态系统良性循环，保持人与自然、人与环境关系持续共生、协调发展，实现社会的文明、经济的高效和生态的和谐。生态规划与传统的规划思维相比，具有很大的不同，主要体现在以下几个方面。

1. 以人为本

生态规划强调从人的生活、生产活动与自然环境和自然生态过程的关系出发，追求系统总体关系的和谐，各部门、各层次之间的和谐，人与自然的和谐。

2. 以资源环境承载力为前提

生态规划强调系统的发展立足于当地的资源环境承载力，要求充分了解系统内部资源与自然环境特征及其环境容量，了解自然生态过程的特征与人类活动的关系，在此基础上确定科学合理的资源开发利用规模和人类社会经济活动的强度和空间布局。

3. 规划标准从量到序

生态规划特别注重系统的可持续发展，在规划中强调对生态过程和关系的调节，以及系统复合生态序的诱导，而非单纯的系统组分数量的多少。

4. 规划目标从优到适

传统规划多基于数学方法和物理系统，即假设系统的关系为 $Y = f(X, c)$，X 为系统组分的特征，Y 为系统在某时刻的发展状态，f 是因果关系函数，c 为常量。当知道了系统组分 X 的特征后，就可以根据因果关系得到系统 Y 的状态，该方法是规划一些物理系统的好方法。但是由于区域是以人为中心的复合生态系统，不同于简单的物理系统，当用该方法进

行规划时，往往要基于许多假设得出"最优规划"，其规划结果在实践中很难实现。生态规划则不同，它是基于一种生态思维方式，强调系统思想、共生思维和演替思想，注重系统过程，采用进化式的动态规划，引导一种实现可持续发展的进化过程。系统思想强调系统是一个功能整体，而不是个简单组分的集合，因而规划的核心是对系统整体功能的调节，而不是针对每一个组分细节关系。共生思维强调人与环境的协同共生，而协同共生是不同利益组分之间的竞争妥协和不同目标之间的调和，是不断变化的，因而对于系统来说不存在最优，目标空间犹如一个球体，没有哪一个方向和哪一点是最优的，目标优劣的评判完全取决于管理者、决策者和公众的主观偏好（王如松，1996）。演替思想强调生态系统的各种关系和环境是不断变化的，问题也是在不断变化，生态规划的重点是要弄清这些问题，在一定的范围内调节系统的发展过程，使其功能正常发挥，向持续高效稳定的方向发展。

二、生态规划的目的与任务

1. 生态规划的目的

尽管对生态规划有不同的理解，但从前面的各种定义中可以发现都强调了生态规划要体现以下几个方面：①保护人类健康，提供人类生活居住的良好环境；②对土地资源、水资源、矿产资源等进行合理的利用，提高其经济价值；③保护自然生态系统的多样性和完整性。这与当前强调的绿色持续发展是一致的。因而，生态规划的目的可以总结为：依据生态控制论和系统论的原理，调解系统内部各种不合理的生态关系，提高系统的自我调节能力，在有限的外部投入条件下，通过各种技术的、行政的、行为的诱导手段实现因地制宜的可持续发展。其具体可用以下公式来表示：

$$生态序 = F(效率、公平性、持续性)$$

效率包括人类社会经济活动中物质、能量、信息、资金、劳力等的利用效率，传统的效率是基于资源承载力无穷和环境容量无限的观念下的产品投入产出效率，没有考虑到经济活动对资源和环境的区域和长期的代价，以及资源开发和环境影响的生态恢复效率。而生态规划工作则充分考虑到发展无废物或少废物，应用生态学原理发展和利用各种可再生资源及多功能、多目标的生态产业。如物质利用效率方面要充分考虑产品的投入-产出效率、生产过程中废弃物的回收效率、产品消费过程中的废弃物回收效率等。

公平性包括人际间生产关系、生存环境、资源分享等方面的世代公平、区域公平、体制公平、过程公平。世代公平包括过去人类活动对现在生产和生活环境的累积影响效应，现在人类的经济开发活动对未来子孙后代的潜在影响；区域公平性包括人类活动对当地的、区域的、资源产地的和市场腹地的直接或间接影响；体制公平包括部门内部各个生产环节之间的纵向耦合关系，部门之间的横向关系以及与外部的协调共生关系。过程的平稳性包括系统正负反馈强度的匹配性，发展的速度与波动的幅度，主导性与多样性，依赖性与独立性之间的平衡程度等。

持续自生能力是指自然生态的活力（水的流动性、气的扩散畅通性、土壤的活性、植被覆盖率和生物多样性特点等）、经济的活力（可再生资源的利用、资金周转率、科技进步的贡献、市场竞争力、产品功能的多样性等）和社会活力（体制灵活性、决策者的生态成熟度、群众的生态意识、信息反馈的灵敏度等）三方面的内容（王如松，2000）。

2. 生态规划的基本任务

探索不同层次生态系统发展的动力学机制和控制论方法，辨识系统中局部与整体，眼前与长远，环境与发展，人与自然的矛盾冲突关系，寻找调和这些矛盾的技术手段、规划方法、管理工具。具体包括以下几个方面：

① 充分了解自然环境、自然资源的性能，以及自然生态过程特点和与人类活动的相互关系。

② 使系统的发展立足于具体的社会经济条件和自然资源的潜力，形成系统社会经济功能与生态环境支持服务功能的互补与协调，突出系统优势。

③ 追求系统总体关系的协调，强调系统发展的高效和持续性，改善和提高系统的自我调控和自我发展能力。

三、生态规划的基本原则

（1）整体性原则

生态规划从系统分析的原理和方法出发，强调规划目标与区域总体发展目标的一致性，追求社会、经济和生态环境的整体效益。

（2）趋适开拓原则

生态规划以环境容量、资源承载力和生态适宜度为依据，寻求最佳的区域或城乡生态位，不断开拓和占领空余生态位，充分发挥生态系统的潜力，强化人为调控能力，促进可持续发展的生态建设。

（3）协调共生原则

复合生态系统具有结构的多元化和组成的多样性特点，子系统之间及各生态要素之间相互影响，相互制约，直接影响着系统整体功能的发挥。在生态规划中坚持共生就是要使各子系统合作共存、互惠互利，提高资源利用效率；保持系统内部各组分、各层次及系统与周围环境之间相互关系的协调、有序和相对平衡。

（4）区域分异原则

不同地区的生态系统有不同的结构、生态过程和功能，规划的目的也不尽相同，生态规划必须在充分研究区域生态要素功能现状、问题及发展趋势的基础上进行。

（5）高效和谐原则

生态规划是要建设一个高效和谐的社会-经济-自然复合生态系统，因此生态规划要遵守自然、经济、社会三要素原则，以自然为规划基础，以经济发展为目标，以人类社会对生态的需求为出发点。

（6）可持续发展原则

生态规划遵循可持续发展原则，在规划中突出"既满足当代人的需要，又不危及后代满足其发展需要的能力"的原则，强调资源的开发利用与保护增值同时并重，合理利用自然资源，为后代维护和保留充分的资源条件，使人类社会得到公平持续发展。

四、生态规划的模式与主要类型

1. 生态规划的主要模式

在生态规划的发展历史上，出现了许多重要的规划途径和模式，具有代表性的有以下几种模式：

（1）景观规划模式

麦克哈格在其著作《设计结合自然》（*Desige With Nature*）中建立了一个遵循自然的

设计模式，并通过案例分析对生态规划的工作流程和应用方法进行了全面探讨，该模式的核心是根据区域自然环境和自然资源特性，对其进行生态适宜性分析，以确定利用方式与发展规划，使自然的利用与开发及人类的活动与自然特性、自然过程协调统一起来。哈佛大学的斯坦尼兹（Steinitz）将景观规划总结为六个层次与六个相关模型：①表述模型，景观的状态如何描述；②过程模型，景观内部是如何运转衔接的；③评价模型，景观功能目前运转状况如何；④变化模型，景观将发生怎样的变化，如何解决问题；⑤影响模型，景观变化可能带来什么影响；⑥决策模型，景观是否应被改变，怎样改变。该途径的前三个阶段说明如何认识和分析问题，后三个阶段着重于如何解决问题。

（2）景观生态学模式

福尔曼（Forman）在研究美国马萨诸塞州康科德城的规划中，提出了基于景观生态学原则的景观格局利用优化方法，其核心是将景观生态学原则与不同的土地规划任务相结合，以发现景观利用中的问题，寻找解决这些问题的生态学途径。纳维（Naveh）等在研究地中海式景观动态保护管理中，从景观动态保护规划、管理和教育等方面进行综合景观生态研究，提出了通过促进资源和土地利用临界面的新的控制论共生现象，解决人类社会与自然界不和谐问题的实际方法。左拉维尔德（Zonneveld）详细介绍了土地利用的景观生态评价途径，强调土地利用类型的需要与土地单元的质量相适应，将社会经济分析与环境影响评价结合到土地评价过程中，并强调了规划实施后的评价与监督过程。

（3）环境影响评价模式

由摩根（Morgan）和特里威克（Treweek）分别提出的环境影响评价途径与其他生态规划途径有很大的不同，它是对环境的影响进行识别、描述、预测和评价，通过进行环境影响评价，环境要素将在某一尺度上，如农业、交通、城市发展、林业、资源管理等，与环境规划相结合，从而促进区域经济与环境协调发展。

（4）生态系统管理模式

20世纪80年代起，可持续发展的呼声日益增高，人们认识到必须改变传统的单一追求生态系统最大产量的观点，转向寻求生态系统可持续性的观点，资源管理也要从单一管理目标转向系统资源管理。1998年，麦加利哥（McGarigal）提出一套生态系统管理模式，包括待选的管理方案的确定及其影响评价、监测计划等。其目的是保护异质景观中物种和自然生态系统，维持正常的生态学和进化过程，合理利用资源，确保生态系统的可持续性。

（5）乡村规划模式

欧洲是开展农业和乡村规划较早的地区，并形成较为完善的理论和方法体系，如捷克的LANDEP体系等。1999年，戈理（Golley）和贝洛特（Bellot）基于环境系统观点，提出一种新的乡村规划模式，将规划过程分为：①确定目标和目的；②规划目录编制，结合公众参与；③问题诊断；④待选方案的评价和比较，成本效益分析；⑤方案的实施；⑥监督。其特点是突出公众的参与和方案多标准的分析评价。

（6）系统分析与模拟模式

基于系统论、生物控制论的系统分析与模拟是大尺度生态规划的一个重要方向。自奥德姆提出基于分室模型的区域生态系统模型后，德国的Vester和Hesler提出了城市与区域生态规划的灵敏度模型，其特点是对系统进行模拟，并通过政策试验来对各种规划方案进行比较。

2. 生态规划的类型

生态规划的空间尺度不同、规划对象不同及学科方向不同，可划分出多种类型。

（1）按地理空间尺度划分

① 区域生态规划。区域生态规划是制定区域土地政策、土地法律、土地利用规划和环境管理政策的基础。其主要任务是：编制区域自然、社会、经济和生态目录；对区域发展的中长期规划制定要点，特别是提出各种不同的可供选择的土地利用及基础性公共设施、社会设施、交通运输等方案。

② 景观生态规划。景观是一组或以相类似方式重复出现的相互作用的生态系统所组成的异质性陆地区域，它与区域不同，存在着类似生态条件的综合体。景观生态规划主要通过研究景观格局与生态过程及人类活动与景观的相互作用，在景观生态分析、综合及评价的基础上，提出景观最优利用方案和对策与建议。强调空间格局对生态过程的控制和影响，通过调整景观格局来维持景观功能的健康和安全。

③ 生物圈保护区规划。生物圈保护是全球性的生态环境建设问题，其主要目标是保证生物圈现有生物多样性的完整性和永续利用。在保护区建设规划中，应用生态学原理正确处理保护、开发、利用的关系，将保护、科研、生产、旅游等多层次、多目标规划有机结合，指导保护区的建设。

（2）按地理环境和生存环境划分

有陆地生态规划、海洋生态规划、城市生态规划、农村生态规划等生态规划。其中城市生态规划和农村生态规划是当前城市和农村发展建设的重要内容，并受到政府和规划部门的高度重视。城市是一个以人为主体的人工生态系统，具有高度聚集、不完全开放和自我调节能力弱的特点，在城市生态规划中特别强调对经济、人口、资源和环境的协调规划。国际人与生物圈计划第 57 集报告中指出：生态城市规划是要从自然生态和社会心理两个方面创造一种能充分融合技术和自然的人类活动的最优环境，激发人的创造精神和生产力，提供高的物质和文化水平。农村生态规划主要是自然生态的利用、保护和建设规划，包括森林、草原、水资源、土壤、动植物等资源的利用、保护和建设规划，以及水土流失、土地沙化、盐碱化、草原退化、洪涝灾害等的综合治理规划。特别是不同层次的生态农业建设规划是当前农村生态规划的主要课题。

（3）按社会科学门类划分

主要有经济生态规划、人类生态规划、民族文化生态规划等。其中随经济生态学的发展，经济生态规划发展较快，成为区域经济发展规划的重要组成部分。经济生态规划突出两个观点，一是整体生态系统观点，将城市、农村、城乡接合部视作区域大系统的一部分；二是环境经济学观点，将经济发展与环境质量看作一个辩证统一体，用环境经济整体观指导社会经济活动，兼顾社会经济发展的全局利益和自然生态过程的良性循环。

第二节　生态规划的主要方法

一、生态规划的方法论

生态规划的对象是复杂的复合生态系统，其组成结构及其生态关系是复杂多样的，又具有动态的、模糊的、不确定的特点，完全照搬应用传统的方法很难得到满意的效果。随着生态学及其他相关学科的发展，生态规划也逐渐发展和形成了一套将整体论与还原论、定量分析与定性分析、客观评价与主观感受、硬方法与软方法相结合的生态综合方法论。使得对系统有了更为真实的认识，规划能有效地指导实际工作。

1. 生态规划方法论的先决条件

F. Archibugi（1997）指出："在解决城市和区域环境问题时，如果首先不是解决一些标准和方法论大问题，而是先考虑采取技术的手段，那么，将是对资源和精力的极大浪费。"他提出了在生态规划方法论范畴中的三个先决条件：①合适规模的评价和规划的空间单元，评价和规划的区域范围应是功能影响区域，只有正确确定功能影响范围，城市和区域发展及运行过程中所产生的压力和不平衡才有机会得到消解和释放，并达到一定程度的新陈代谢和平衡。②土地利用矩阵，城市或区域环境及环境问题是受系统活动所需资源与自然环境所能提供的资源之间的平衡状态的影响和制约的，土地利用矩阵是生态规划的最基本要求和先决条件。该矩阵包括计算和评级模型，是一个资源利用机会成本的评价工具，也是决策工具之一。③容量指标和参数的定义，容量指标和参数体系可清晰地对规划行为和规划结果作出测度和分类，它由水平方向和垂直方向的指标共同构成，通过对纵向和横向各个参数之间平衡状态的控制，就有可能选择较为理想的规划方案。

2. 模式识别的方法

生态规划强调整体性原则，工作的重点是认识和理解系统组分的相互关系，掌握系统的特点。基于还原论的传统思维方法是将研究对象分解为一个个相对独立的组分，根据组分之间存在的一定因果关系或数量变动规律，通过系统关系和初始条件来对系统的发展进行研究。这种方法适合于简单的并且不考虑外在影响、时滞效应和反馈环的物理系统，但对于具有自组织自调节功能且与环境协同进化的生态系统就不一定适合。因为生态系统在演替过程中其各种参数、生态关系环境条件是不断变化的，问题也在相应发生变化，我们不可能获得足够的精确的微观信息来完全确定它的发展状态。生态的模式识别方法就是以系统的各种生态关系为对象，将系统内部结构看作灰箱或黑箱，通过信息反馈来辨识系统的总体特征。两种方法的区别就如图 3-1 所示，图（a）是传统的物理思维方法，我们将图划分为一个个栅格，在近处对每一个方格的灰度值、方格的边长等进行了精确的研究，但仍无法得知整张图所反映的是什么；图（b）是生态的模式识别方法，我们从远处来观察整张图，并且忽略局部具体的细微结构，结果我们马上认出这是一张美国总统林肯的头像轮廓。

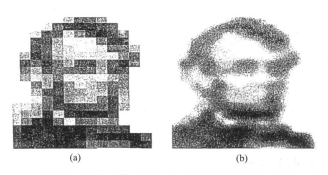

(a)　　　　　　　　　　(b)

图 3-1　传统方法识别与生态的模式识别的差别

3. 关键因素辨识法

生态系统在发展演替过程中，总是存在有利于系统发展的环境或生物因子，以及促进系统组分增长的正反馈过程。同时，也必然存在一些制约系统发展的限制因子和维持系统发展稳定的负反馈过程。它们之间的相互作用决定了系统的发展过程，从而构成系统发展的关键因素。建立科学合理的指标体系，采用多种方法对其进行分析评价，犹如庖丁解牛一样，可以使我们辨识复合生态系统的组成、结构与功能，明确系统的优势和劣势，关键的反馈环节和生态过程，以及系统发展过程中存在的主要风险和机会。使规划更具有针对性，发展目标更切实可行。

4. 局部行为模拟法

生态系统的复杂性决定了我们不可能完全模拟系统，也没有必要去把每一个细微的环节都搞清楚。在进行生态系统评价与规划时，我们主要关心的是对系统发展起重要作用的环节和问题，因此，在系统关键因素辨识的基础上，从问题的诊断、生态过程的识别、人类行为和政策的检验分析入手应用各种模型和方法进行问题和过程的局部模拟，并以此为基础构建系统模型，模拟系统的整体行为。

5. 面向过程的交互式优化法

数学模型与方法在生态规划中的应用日趋广泛，但其本质是根据固定的法则对系统进行优化的过程。而我们所面对的社会-经济-自然复合生态系统存在着十分复杂的生态关系，系统的参数、过程和关系是在不断发生变化的，按固定法则得出的理想控制模式很难适用于该系统。因此，数学模型和方法所得出的结果只能作为规划的参考，而不是规划的最终目标，生态规划必须跟踪系统的发展过程，参考各种优化结果，通过规划者、决策管理者及各方面的合作综合，权衡利弊，协调矛盾，探索一种合理的健康的系统发展模式。正如 Simon 所指出的，人的认识能力是有限的，规划实施的每一步都产生新的情况，新情况又为新的规划提供出发点。这就犹如绘画一样，其过程是画家与画布之间相互反馈的过程，画布上每一新的画点都不断地刺激画家产生新的灵感去创造新的画面，引导画家涂上新的颜色，逐渐变化的模式不断地改变画家的构思……。钱学森指出："开放的复杂巨系统由于具有开发性和复杂性，……我们必须依靠宏观观察，只求解决一定时期发展变化的方法，所以任何一次解答都不可能是一劳永逸的，它只能管一定的时期，过一段时期宏观背景变了，巨系统成员本身也会有变化，因此开放的复杂巨系统只能作比较短期的预测计算，过一时期要根据宏观观测，对方法作新的调整。"目前在很多生态规划中应用的决策支持系统就是这一方法的体现，它将数据库、模型库、专家知识库有机结合起来，根据系统的动态发展给出各种评价和预测，并通过人机交互的方式与决策管理者相互交流，实现系统的动态调控。

6. 公众参与的综合规划法

以人为本是生态规划的一大特色，一个规划是否可行，不仅取决于规划者的知识水平和能力，更重要的是必须得到公众、决策管理者、投资者的认可。在生态规划中必须通过社会调查、座谈交流等方式广泛倾听各方面的意见，并在规划中予以充分考虑。综合参与还包括各方面的知识、技术、方法及手段的综合应用，通过跨学科、跨部门、跨区域的规划，引导系统向经济高效、生态良性、社会活力的方向持续发展。

二、7种主要的生态规划方法

1. 适宜性评价方法

（1）适宜性评价的概念

适宜性（suitability）是指某种事物内在属性满足主体需求的程度。景观适宜性（landscape suitability）是指土地的自身属性与人类社会需求（社会、经济、政治、个体因素等）

的匹配程度。因此适宜性评价是指用来评估土地自身性质与人类社会需求的匹配程度的方法。

刘易斯·霍普金斯指出：土地适宜性分析的成果就是为每一种土地用途编制一套图，这些图能够反映出每一块土地的特点以及土地用途的适宜性水平。麦克哈格认为适宜性是由土地内在自然属性所决定的对特定用途的适宜或限制程度。恩杜比斯强调适宜性是利用景观的自然特征作为确定土地适宜性的基础，给特定用途规划一块适宜的土地区域。

适宜性分析具有三个特点：①由土地内在属性和人类社会的需求共同决定。②需要对土地进行区域划分。③分析成果是一套适宜性地图。

（2）适宜性评价方法

适宜性评价方法是在叠图法基础上发展起来的。最早有文献记载的是1912年沃伦·曼宁利用投射板进行了图纸的叠加分析，叠加了土壤、植物、地形信息及各要素与土地利用之间的关系，完成了马萨诸塞州贝尔利卡镇规划手工叠加技术案例。1950年，杰奎琳·蒂里特在《城乡规划教科书》中首次明确探讨了叠加分析技术的理论框架，列举了包括地貌、水文、岩石类型和土壤排水等生态因素叠加形成土地特征解释图的案例。其后，在研究和实践中安格斯·希尔、菲利浦·列维斯和麦克哈格等对叠图法进行了进一步改良。1961年，安格斯·希尔利用"分解-比较-重归-排序"的方法完成了加拿大安大略省土地和森林部门研究及安大略省规划。这一操作的主要步骤是：①特定土地区域的土地单元划分。②土地单元的分解。③针对特定用途对土地单元进行重组和排序。④给出不同土地的主导利用方式。安格斯·希尔叠加的因子为植被、土壤、气候、野生动物数量、土地资源调查等，他的方法侧重景观地理格局、环境的生物物理特性，是运用完善的数据信息叠加技术完成土地分类及适宜性分析的首个典型案例，他的方法也是生态因子叠加和土地适宜性评价方法的雏形。1962年，菲利浦·列维斯首次提出将景观感知和视觉特征与自然物理特征相联系的研究方法，其分析过程为"资料收集-制图-叠加-分析-评估"，通过对农业资源、自然资源、生态资源等因子的叠加，完成了威斯康星州自然资源评价及威斯康星州环境规划。直到1969年，麦克哈格在前人的基础上，利用"千层饼"适宜性分析技术，对生物因素（动物、植物、人类活动）和非生物因素（土壤、气候、地貌等）加以分析，首次在叠图技术中增加了生态因子的分析，在其著作《设计结合自然》中详细描述了麦克哈格式的适宜性分析叠图法，以及大量实践应用案例。随着适宜性分析因子的不断增加，叠图法也因为叠加因子数量大、数据处理复杂等局限而发展受阻，而计算机技术因具有可以高效快速处理数据的优点正好可以解决这一问题。1960年，汤姆林森通过收集和绘制加拿大农村地区的信息来评价该地区的土地能力，实现了世界上第一例地理信息系统的应用。1964年，霍华德·费舍尔在哈佛大学成立了计算机图形和空间分形实验室，开发了许多系统和软件。1968年，汤姆林森首次使用了"地理信息系统"一词。1969年麦克哈格的"千层饼"方法（图3-2）也成为推动地理信息系统发展的重要事件。随着科研和商业应用的发展，直到20世纪末，地理信息系统已经能够高效存储、处理和分析大量数据，成为处理地图叠加因子分析的重要工具，也是生态规划和设计中的重要工具，其中最出名的地理信息系统应用软件就是美国Esri公司推出的ArcGIS系列。

（3）适宜性评价的原则与过程

1996年，美国俄勒冈州立大学的皮斯和宾夕法尼亚大学的库格林在新版《土地评估与场地评价指导手册》中确定了5个关键的土地利用适宜性分析原则（表3-1）。

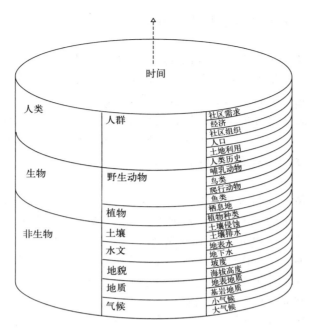

图 3-2   麦克哈格的"千层饼"适宜性分析模型

（麦克哈格《设计结合自然》，1992，天津大学出版社）

表 3-1   适宜性评价的基本原则

基本原则	内涵
目的性原则	评价系统的设计应具有明确的目的性，即评价过程和结果应该能够回答"我们将从评价得分中得到何种信息"
清晰性原则	每个因子的数据信息和打分情况都应该是清晰、明确的
简略性原则	应避免多余的评价因子
连续性原则	评价体系应可重复使用，即各因子应有明确的度量标准和概念定义，以保证其在不同地块中赋值的连续性
客观性原则	评价体系应具有客观性，即有着类似或相同特征的地块能够得到近似或相同的成分

适宜性评价方法的具体过程见图 3-3，包括：①确定评价目标；②选定叠加因子；③划分土地单元；④单一因子评价；⑤叠加因子评价；⑥土地利用建议。

2. 生态系统模拟与评价方法

生态系统模拟与评价方法以生态系统生态学理论为基础，基于生态系统层级理论、能量多级转化、物质流动和信息传递等功能，对生态系统状况进行模拟和对生态系统功能进行综合评价。

（1）生态系统模拟方法

生态系统模拟在空间规划设计中的应用目的主要是帮助理解研究区域或研究复杂的生态系统，从而帮助规划和设计人员辨识系统的特征，更好地进行生态的空间规划和设计。生态系统模拟分析主要应用于四个层次：①个体及种群；②群落与生态系统；③景观；④生物圈与地球生态系统。这些模拟分析中的许多子模型能够在特定的规划或设计项目中应用。

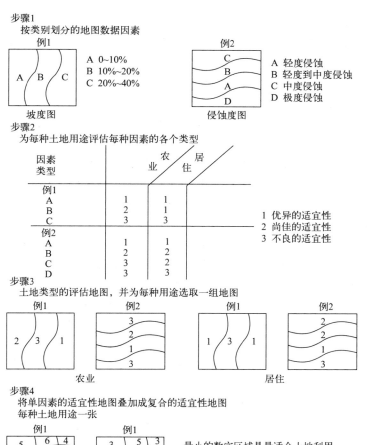

图 3-3　适宜性评价方法的具体过程

(斯坦纳《生命的景观：景观规划的生态学途径》)

表 3-2　不同层次生态系统模拟分析的特点

模拟分析层次	主要模型	模型实质	应用领域
个体及种群	个体或种群生长模型、动植物的生理生态模型、种群竞争模型、土壤-植物-大气系统的物质能量交换模型等	模拟在一个生境中单种的动植物个体出生、成长及其死亡过程，还有种内竞争和种间相互作用，主要分析生境中生物之间的相互作用	生物栖息地保护、生物多样性保护项目
群落与生态系统	生态系统生产力模型、生物地球化学循环模型、食物链（网）模型、物种迁移与演替模型、物种分布格局模型等	概述了生态系统生产力模型、生物地球化学循环过程的改变，从而反应生物群落对气候变化的响应	土壤修复、河流修复、生物保护及生态廊道构建、物种保护规划
景观生态系统	土地利用模型、生态系统景观格局模型、社会发展模型等	研究景观生态系统的动态变化在空间、时间尺度上的变化，可以借助计算机	土地镶嵌体布局、景观修复项目
生物圈与地球生态系统	地球化学循环模型、生物圈水循环模型、中层大气循环模型、生物圈植被演替模型、生物圈生产力演化模型、全球变化模型等	研究自然生态系统中碳和其他矿物营养物质的潜在通量和蓄积量	全球环境保护策略、土地历史演进过程等

（2）生态系统评价方法

生态系统评价方法总体上可以分为两类：一是对生态系统所处的状态进行评价；二是对生态系统功能的评价。

生态系统状态方面的评价由于研究较早，目前有相当多的研究成果，在评价的理论与技术方面都比较成熟。包括生态系统环境质量评价、生态系统健康评价、生态系统多样性评价、生态系统敏感性与脆弱性评价、生态风险评价、生态环境影响评价及生态预警评价等方面的内容。

生态系统综合评价（IEA）是分析生态系统提供的对人类发展具有重要意义的生产及服务能力。这种能力对于满足人类的需要非常重要，而且最终可能会影响到一个国家的发展。生态系统综合评价包括对生态系统的生态分析和经济分析，也考虑到生态系统的当前状态及今后可能的发展趋势。

生态系统综合评价具备以下两个基本的特征：①评价的地域性。评价的重点是生态系统本身，即在一个特定的地点下生物系统及其相关的自然环境，并考虑到影响系统的社会经济因子，这些因子或许是"本地的"（如耕作）或许是"遥远的"（如大气 CO_2 浓度的变化）。这些具有本地或空间特征的因子信息也可以被综合，用来分析区域或全球变化的趋势和过程。②评价的多维性。生态系统评价是提供一系列指示因子，评价它们如何影响生态系统，同时评价生态系统的变化如何影响整个系列的生产和服务功能。

在生态系统评价中已经被应用于生态规划设计领域的模型有奥德姆分室流模型、压力-状态-响应模型（PSR 模型）、累积效应评估模型（CEA 模型）、人工智能和语义建模模型（ARIES 模型）、生态系统服务社会价值模型（SolVES 模型）和生态系统服务综合评估与权衡模型（InVEST 模型）等。目前应用最广的是 InVEST 等生态系统服务评价模型。生态系统服务关系到人类福祉，对其进行评估和研究有助于生态系统的可持续管理。生态系统评价模型对规划设计中场地现状评价、场地问题识别有非常重要的作用，能够为决策者和管理人员提供信息和反馈。

3. 景观生态学方法

景观生态学与生态规划具有紧密联系。与生态系统生态学相比，景观生态学更强调异质性、尺度性和高度综合性，它的特点是景观综合、空间结构、宏观动态、区域建设和应用实践。景观生态学方法可以针对规划对象（场地）进行模拟、评价、预测和优化，主要应用于目标导向的生态安全格局构建、尺度导向的生态安全格局构建、区域景观生态优化、生态管理及景观结构模拟等方面。

（1）景观格局分析

景观空间格局指大小或形状不同的斑块在景观空间上排列方式或空间分布的总体样式，是景观过程的产物，包括空间异质性、空间相关性和空间规律等内容。空间格局决定着资源的分布和组分，影响着景观的各种生态过程。分析景观空间格局，从看似无序的景观斑块镶嵌中发现景观格局的潜在规律性，进而与生态过程相联系，确定决定景观格局形成的因子和机制。福尔曼将景观格局划分为分散的斑块景观、网状景观、交错景观、棋盘状景观四大类。Zonneveld 则将景观格局分为镶嵌格局、网状格局、散点格局、点阵格局、带状格局、交替格局和渐变格局七大类。随着计算机技术、地理信息系统、遥感技术和模型方法的进步，可以通过景观格局指数与模型等方法来描述景观格局特征。

① 景观格局指数。景观格局指数包括景观要素特征指数和景观异质性指数两个部分。

景观要素特征指数用于描述斑块面积、周长和斑块数等特征；景观异质性指数包括多样性指数（diversity index）、镶嵌度指数（patchiness index）、距离指数（distance index）、景观破碎化指数（landscape fragmentation index）四类。

② 景观格局分析模型。景观的组成和结构、景观中斑块的性质和参数的空间相关性、景观格局的空间梯度、格局在不同尺度上的变化、景观格局与景观过程的相互关系等都可以采用景观格局分析模型进行研究。目前应用比较广泛的模型包括空间自相关分析、变异矩和相关矩、空间局部插值法、趋势面分析、地统计学、波谱分析、小波分析、分形几何学、细胞自动机等。这些方法在揭示景观空间异质性规律、生态系统直接相互作用和空间格局的等级结构等方面发挥着重要作用。

（2）景观动态模拟

景观动态模拟模型可以帮助我们建立景观结构、功能和过程直接的相互关系，是预测景观未来变化的有效工具。

① 零假设模型。零假设模型又称为中性模型（neutral model）、随机模型（random model）。零假设模型的宗旨是在假定某一特定景观过程不存在的前提条件下建立期望格局，然后将其与实际数据进行比较，以揭示景观过程与实际数据间的关系。其中渗透模型（percolation model）是景观生态学中一个重要的零假设模型，它以相变物理学的渗透理论为基础，利用二维渗透网络来模拟随机景观格局，可用于研究火、病虫害和物种在景观中的传播，景观中斑块的集聚性状和空间结构，资源在不同尺度上的可利用性等。

② 景观空间动态模型。景观空间动态模型研究景观的格局和过程在时间、空间上的整体动态变化。通常是将研究的景观网格化，每一个网格表述一个具有一定空间体积的景观基本空间单元，其所表示的空间面积大小与使用的尺度和精度有关。不同数量的单元组成大小不同的景观斑块，每个单元的变化影响着斑块的性质及景观空间格局。马尔可夫链（Markov chain）模型是常用的景观空间动态模型。其采用转移矩阵来模拟景观斑块从一种类型转变为另一种类型的动态规律及变化的空间位置。如果转移概率不随时间而改变，并且这种转移概率仅与斑块的前一时间点的状态有关，这种动态就可以用马尔可夫链模型来表示。

③ 景观过程模型。景观过程模拟模型研究某种生态过程如干扰或物质扩散在景观空间发生、发展和传播，主要模拟干扰现象或物质在景观上的扩散速率、景观空间异质性和其他因素对扩散的影响。景观过程模型把景观视为一个网格，干扰现象或物质在景观上的扩散是在空间单元里逐个进行的。所模拟的扩散可以是单向性的，也可以是双向性的。目前应用较为广泛的是元胞自动机（cellular automata，CA），其是一种时间、空间和状态均离散的格子动力学模型，具有描述局域相互作用、局部因果关系的多体系统所表现出的集体行为和时间演化能力。随着地理信息系统（GIS）计算的应用，可以通过 GIS 对景观格局进行格栅化，为应用元胞自动机进行复杂景观动态模拟带来极大方便。

（3）景观结构优化方法

① 生境单元集合体法。生态单元是具有相同属性（地形、土壤、植被结构等）的最小土地空间单元，也是独特的生物、非生物集合组成的生态系统在空间上的表现。相似的生境单元有规律地重复出现，聚集成大的生境单元集合体（景观类型）。由于生境单元集合体被视为具有自我调节能力的整体，土地评估的目的在于说明生境单元集合体内部及之间的相互关系，以使其保持稳定的状态和持续的产出。因此，土地评估重点考察预期的土地利用下生境单元集合体的稳定性、脆弱性及易损性。由荷兰景观生态学家们提出的生境单元研究方法

如下：

a. 确立项目目标、范围及数据要求，明晰调查评估的类型。

b. 确定列入考虑范围的不同土地利用类型，以及各类用地的需求与限制。

c. 确定需要绘制的生境单元集合体，并评估其属性。

d. 评估土地利用需求与土地属性，并综合考虑经济、社会及环境影响，确保土地利用决策与土地属性达到最佳匹配。

e. 在上一步骤的结果上进行土地适宜性评分。

f. 将结果提交利益相关者。

g. 提出土地的最优利用建议。

② 廊道-斑块-基质空间框架法。福尔曼与戈登在提出廊道-斑块-基质空间框架的同时，还提出了使用该框架指导土地利用配置的程序。该程序通过廊道-斑块-基质之间的相互作用分析、斑块相对均一性分析、斑块改变后的恢复时间分析及因果关系模拟，达到管理景观异质性与变迁的目标。在《土地镶嵌体：景观与区域生态学》一书中，福尔曼举例说明了如何将该程序运用于马萨诸塞州波士顿的康科德开发空间网络规划（图3-4）。

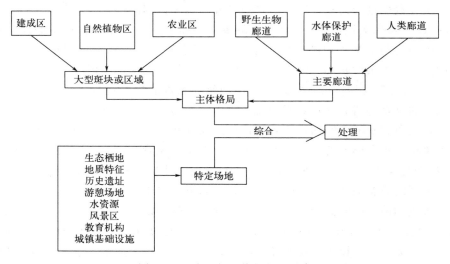

图 3-4　开发空间网络规划的程序

（福尔曼《土地镶嵌体：景观与区域生态学》，中国建筑工业出版社，2018）

③ 栖息地网络分析法。荷兰学者威姆·汀莫曼（Wim Timmermans）与罗伯特·斯内普（Robert Snep）使用由荷兰瓦赫宁根绿色世界研究所开发的"栖息地布局的景观生态分析与原则"专家模型（LARCH），评估了城市和乡村地区生态空间网络的可持续性。评估结果用于建立可持续的栖息地网络，为动物种群提供生存场所。LARCH方法主要包括以下步骤：

a. 用植被分布图确定某一物种的潜在栖息地。栖息地的承载力由栖息地面积和性质决定。某些栖息地的植被是理想的栖息地，而其他类型则是边缘栖息地。承载力数据由专家提供。

b. 辨识栖息地斑块、扩散廊道和隔离带的空间布局（大小、形状），确定当地种群与复合种群的分布位置。相互靠近的斑块能够进行日常物种交换，属于同一栖息地网络。距离较远或由高速公路等隔离带分隔的斑块不属于同一栖息地网络。扩散距离以内的当地种群属于同一复合种群，无法产生相互作用的当地种群不属于同一复合种群。

c. 根据前面步骤得到的数据被记录到数据库，用LARCH模型计算研究区域的生态结构，主要数据包括各斑块及整个网络的空间形态及承载力、扩散廊道和当地复合种群位置等。

d. LARCH模型可以在个体数量及关键种群存活的基础上评估复合种群栖息地网络的可持续性。

④ 景观生态优化法。M. 卢奇卡与L. 米克洛什的景观生态优化法的目标是寻求生态方面最优的景观利用方式，并指出空间布局不合理引起的生态问题。该方法体系包括了景观生态的全面分析、综合各部分分析结果、特定区域景观评价、提出最优化的空间布局方案等。

该方法强调了3个问题：

a. 景观的既定生态属性适应土地利用的功能需求的程度如何？即特定的区域能够开展何种强度的活动？

b. 区域内特定活动的布局对该地的生态属性产生了何种影响？

c. 当前的自然过程、景观特性（稳定性、平衡性、抵抗力、弹性与恢复力）及人类改造活动处于何种状态？

这些问题通过景观生态数据调查与分析和对景观利用进行优化两个阶段进行回答（图3-5）。

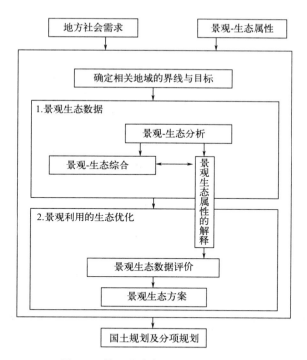

图3-5　景观生态与土地利用优化法

（福斯特·恩杜比斯《生态规划：历史比较与分析》，中国建筑工业出版社，2013）

4. 人类生态学方法

人类生态学是一门跨自然科学和社会科学的综合性学科，致力于研究人与自然、社会和建筑环境之间的关系。人类生态学研究的目的是将人与地区的最佳关系应用付诸实践。人类生态研究始终聚焦于生物物理系统与人文系统相互作用的机制、意义及变迁。人类与环境的相互作用中，首要的联系机制即是文化适应（culture adaptation）。该方法应用人类生态学、层级与尺度原理、城市规划及景观设计学等学科原理，侧重尺度等级和生态秩序以及人类生态系统理念的输出，在设计结合自然的适宜性评价基础上，提出了景观过程与结构的重要性。

该方法使用人类与生物物理环境之间的相互作用信息，来指导建成环境与自然景观的最优利用决策。重点分析人类如何影响环境并被环境影响，以及与环境相关的决策如何影响人类。该方法的核心是寻求景观和社会现象在空间上的一致性以及过程上的联系。主要解决的问题包括：人们如何评价、使用及适应景观？景观的哪些方面被谁评价？以哪种方式被评价？在特定景观镶嵌体中的特定场所，人们有哪些价值和利益取向？人们如何与景观联系？景观对他们来说意味着什么？人类如何适应景观带来的变化和压力？有效的社会适应机制（social mechanisms for effective adaptation）是怎样的？景观决策中谁受益谁受损？人文生态学规划方法的主要过程如图 3-6 所示。

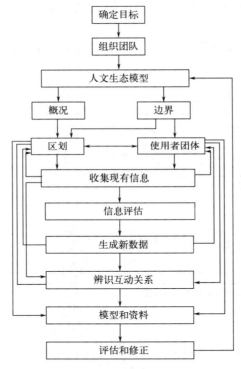

图 3-6　人类生态学规划方法的主要过程

（《生态规划：历史比较与分析》，福斯特·恩杜比斯 著，陈蔚镇 王云才 译，中国建筑工业出版社，2013）

5．地理设计方法

地理设计是一种通过地理语汇对设计方案进行影响模拟的规划和设计方法。Esri 公司将地理设计定义为在地球生命区（地理景观）中创建实体的思维过程。

地理设计的基本思想是我们生存的地理空间条件决定了我们设计空间的内容和方式，它决定了我们如何调整和适应周围环境。因此，任何依赖于或以某种方式改变环境背景的设计相关活动都可以被认为是地理设计。1993 年，德国著名空间规划学家昆兹曼（Kunzmann）

在《地理设计：机会还是风险》中，首次使用了 geodesign 这一词汇，用于讨论空间规划问题。2012 年，哈佛大学教授斯坦尼兹（Carl Steinitz）出版了系统介绍地理设计的著作《地理设计框架》。根据斯坦尼兹的定义，地理设计是一种方法，它以地理环境和系统思维（而不是形象思维）为依托，与寻求改变的解决方案和（通常）以数字技术作为支持的影响模拟密不可分。

地理设计有三个关键词：①"地理"意味着这些分层规划的元素是地理属性的（如地质、土壤、水文、道路、土地利用等）。②"信息"意味着实证主义和科学方法论。③"系统"意味着使用计算机技术进行系统的信息处理。图 3-7 为地理设计的框架。

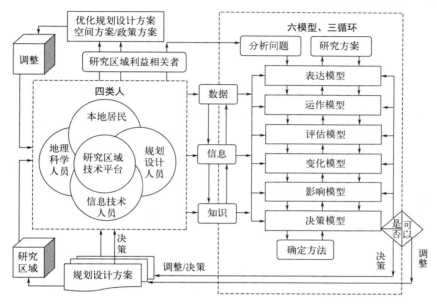

图 3-7　地理设计框架

（根据杨言生、李迪华的《地理设计：概念、方法与实践》改绘）

斯坦尼兹认为规划是解决问题的决策导向过程，是决策的支持论据，是"自上而下"的影响和作用过程，它更关注规划过程的目标和即将解决的问题，并强调以此为导向，进行数据的采集，以寻求多样化的解决方案。他认为规划设计必须解答 6 个至关重要的问题：①景观该如何表达？②景观如何运转？③目前景观是否运作良好？④景观可能发生何种改变？⑤这些改变会导致什么差异？⑥应该如何改变景观？斯坦尼兹在这一基础上，通过六大模型解决这些问题。其中，表述模型、过程模型和评价模型侧重于如何认识问题和分析问题，即认识世界，包括考察及评估地理环境现状；而改变模型、影响模型和决策模型则着重于如何解决问题，即改造世界，包括对地理环境的干预及如何干预。地理设计法主要应用地理学、生态学、社会学、信息科学、城市规划及景观设计学等学科原理，侧重多个步骤的循环使用或组合使用，主要用于分析和调查。

6. 综合生态规划方法

综合生态规划法由斯坦纳（Steiner）提出，在其 1991 年出版的《生命的景观：景观规划的生态学途径》一书中，斯坦纳提出了一套包含 11 个步骤的生态规划框架。

斯坦纳生态规划框架的核心思想包括：

① 遵循人类生态学的指导。斯坦纳的生态规划框架是以人类生态学为科学基础和指导

思想的。他认为，人类生态学的主要元素包括：语言、文化和技术；构造、功能和变化；边缘和范围；相互作用、综合和制度；多样性；适应。他主张"生态应该包括人类自身"，因为自然界和人类社会不是各自孤立存在的，而是共存于错综复杂的、相互影响的生态系统之中。他提倡运用人类生态学的思想来指导规划设计，并试图以生态上合理的方式来实现规划目标。

② 提倡公众参与。在欧美国家，公众参与作为一种规划技术和规划理念已被广泛应用，在斯坦纳的生态规划框架中，"公众参与"便处于核心地位，并贯穿整个生态规划过程。他强调生态规划是一个动态的过程，必须考虑规划项目涉及的各方利益主体，通过特别工作组、市民及技术咨询委员会和邻里规划委员会等方式广泛倾听各方面的意见，并在规划中予以充分考虑。只有这样，规划才能真正解决所面临的迫切问题，获得大众的支持，从而便于实施。"持续的公众参与和社区教育"在景观规划方案的发展过程中处于核心地位，规划的每一步都必须融进公共教育和公共参与，甚至一个规划的成功很大程度上取决于有多少受影响的民众参与到其决策过程中，因此，公众参与应贯穿整个生态规划过程。

③ 重视设计。"设计"是赋予形体并在空间上布置要素，它在斯坦纳的生态规划框架中有着重要的地位，这也是该框架与其他生态规划模式的区别之一。斯坦纳认为将设计纳入规划的过程之中，可以帮助决策者和公众想象和理解所作决策的后果，也有助于将设计与更为综合的社会行动与政策联系起来。设计可以采用多种表达方式，通过专家研讨会和公共参与等方式，集思广益，再由景观设计师来实现。景观设计师在景观规划的基础上进行详细设计，体现了协调生态与美学在设计中的关系的重要性，这与麦克哈格的生态规划方法的侧重点不同。

麦克哈格极为注重调查、分析与综合，在其生态规划模式中，环境数据的采集和处理方法至关重要，景观设计师宁可牺牲环境设计的美感，也要满足生态发展的需要。因此，麦克哈格的"千层饼"模式被认为是环境决定论的一种生态规划模式。虽然斯坦纳深受宾夕法尼亚大学生态规划模式的影响，并继承了麦克哈格的生态规划思想，但是他在强调生态适宜性分析的同时，也极为强调景观设计师的"设计"在这一方法中的重要地位，重视发挥规划者的能动性。

这一框架具有三大优点：综合应用多个学科；适用于各级决策者的管理；能够综合解决社会和环境两方面的问题。综合生态规划法应用人类生态学、社会学、信息技术、城市规划及景观设计学的原理，侧重不同模块的动态使用以及目标的确立、实施、管理及公众参与，并以生态上合理的方式来实现。

7. 图式法

"图式"的概念最早由德国古典哲学家伊曼努尔·康德于 1781 年提出，到 1930 年进入认知心理学，出现了图式理论（schema theory），这一理论在很多学科中都有发展和应用。20 世纪中期，亚历山大在其著作《建筑模式语言：城镇·建筑·构造》中进一步研究了模式和图式在建筑领域的应用，这种模式语言更注重关系而非形态，图式之间有层级关系和嵌套特征。安妮·斯派恩编写的《景观的语言》一书强调景观的阅读与理解，书中提到的"字、词、句"语言系统推动了图式语言方法论的发展。西蒙·贝尔编写的《景观：图式、感知与过程》更强调景观空间的感知，书中对生态规划设计的研究、实践和教学对"景观图式"教育思想的形成起到了关键的作用。2010 年，伊丽莎白·伯顿编写的《图解景观设计史》用连环画、案例研究和插图故事来描述空间，这在风景园林的思想源泉和方法探究方面具有重要的学术价值和现实意义。

图式法的操作主要是通过原型提取或原理推导，最终形成相应的图式，遵循"原型或原理"→"图式语言"→"设计图"的步骤。综合图式法是结合原型、图式和原理的综合方法，还可以进一步结合不同模型来进行场地的评估或测算，最终实现与空间规划设计的结合。德拉姆施塔德和福尔曼等人编写了《景观设计学和土地利用规划中的景观生态学原理》，书中根据能够用图式表达的斑廊基原理及斑块、廊道和基质各自不同大小、性质和形状的排列，结合景观生态学中的边缘和边界及连接度理论，绘制了几十组空间图式，其中有描述斑块、廊道和基质的自身属性的描述性图式（如生态最优的斑块形式等），也有能够直接应用于设计的与生物多样性或物种运动有关的对比性图式。至今，图式语言已经在建筑、规划、设计、生态等多个方面开展应用。

（1）原型提取法

原型提取法是指以景观生态规划设计项目或土地为原型，提取其中的设计手法或土地平面布局，最终总结为图式的方法。根据亚历山大的图式语言内涵，一个地方的特征是由发生在那里的事件赋予的，而空间图式又与事件图式相关联。因而观察重复发生的事件是发现图式的方法，这就是提取土地平面布局方法的意义，而对项目原型图式的提取和总结，也有助于实践的发展。

原型提取法的目的是归纳、总结能够实现生态效益的项目及其规划设计方法，构建实现生态介入空间的一种途径，从字、词、词组、句法四个层次出发，结合生态学、地理学、气象学等学科来说明、总结生态的规划设计手法图式。其主要步骤为：生态案例的选取、设计要素提取（字）、设计形式提取（词）、形式空间组合的提取（词组）和设计秩序提取（句法），最终可以汇集成设计的图式库。原型提取法的基本特征见表3-3。

表3-3　原型提取法的基本特征

分类	以项目为原型的规划设计图式		以景观为原型的空间布局图式	
字	设计要素	地形、水体、建筑物、道路、植物等	景观要素	动物、植物、地形、水体、建筑物、道路等
词	设计形式	直线、曲线、方形、圆形等	空间基本单元	树丛、草滩、湖塘、山丘、谷地等
词组	形式空间组合	地形＋水体、地形＋植物、水体＋植物等	空间组合与格局	森林、草地、湿地、河流等
句法	设计秩序	平行、并置、重复、插入等	生态过程	物种扩散与迁移、物质流动与循环、能量传递、地域分异、干扰过程等

（2）原理推导图式

原理推导图式主要是指根据生态学原理归纳、演绎、推导出的生态学图式（图3-8），目前的研究主要以景观生态学方法推导为主，其方法的本质是基于斑块、廊道、基底模式和景观格局与过程理论，研究斑块、廊道、基质及其排列组合的不同性质对生物种群数量和动态变化的影响，将这种性质和部分线性关系图解化。

（3）综合图式法

综合图式法是原型提取法和理论推导法的综合使用，原型提取法从实践和归纳角度推动图式语言的发展，理论推导法从研究和推导角度推动图式语言的发展，二者出发点不同，但有一定的重合，最终殊途同归成为综合图式法。

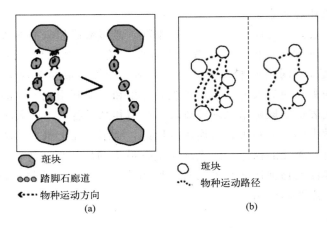

○○○ 踏脚石廊道
◂‑‑‑ 物种运动方向
(a)

○ 斑块
‑‑‑‑ 物种运动路径
(b)

图 3-8　原理推导图式示意

（根据德拉姆施塔德《景观设计学和土地利用规划中的景观生态学原理》中国建筑工业出版社，2010，改绘）

（a）同一起点和终点的廊道和踏脚石数量越多，物种迁移越容易，迁移路径越丰富；（b）网络中可替代路径或

环路越多，物种运动的效率越高，因为它们减少了廊道内可能出现的裂口、干扰等负面影响

第三节　生态规划的程序与内容

一、生态规划的程序

生态规划目前尚无统一的工作程序。麦克哈格在其著作《结合自然的设计》中，提出了一个规划的生态学框架，并通过案例研究，对生态规划的工作程序及应用进行了探讨，对后来的生态规划影响很大，成为生态规划的一个基本思路，随着生态规划实践应用的不断深入，形成了不同的规划程序。

1. 麦克哈格的生态规划程序

麦克哈格基于大量实践案例，提出了以土地适宜性分析为核心的"千层饼"生态规划方法，在生态规划中得到广泛应用。该方法分为七个步骤（如图 3-9 所示）：

① 确定规划范围与规划目标；

② 广泛收集规划区域的自然与人文资料，包括地质、地理、气候、土壤、野生动物、

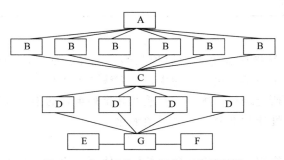

图 3-9　麦克哈格生态规划工作程序图

A：确定研究范围及目标；B：收集自然、人文资料；C：提取分析有关信息；D：分析相关环境与资源的性能及

划分适宜性等级；E：资源评价与分级准则；F：资源不同利用方向的相容性；G：综合发展（利用）的适宜性分区

自然景观、土地利用、人口、交通、文化、人的价值观调查等诸多方面内容，并分别绘制在地图上；

③ 根据前述收集到的资料，按照规划目标的要求，提取分析有关信息；

④ 分析各种资源环境条件的性能及其对特定利用方向的适宜性等级；

⑤ 根据规划目标，建立资源评价与分级的准则；

⑥ 分析和评价资源对不同利用方向的兼容性；

⑦ 确定综合利用和发展的适宜性分区。

2. 斯坦纳综合生态规划程序

斯坦纳认为生态规划是运用生物学及社会文化信息，就景观利用的决策创造可能的机遇及约束。虽然现实中的规划过程往往不是依据线性与理性的模式展开的，但为了将问题说清楚，仍可把规划过程表述为简单的组织框架。他在格迪斯、芒福德和麦克哈格的传统规划程序的基础上，创立了一个更为全面的生态规划框架。如图 3-10 所示，一共有 11 个相互影响的步骤。

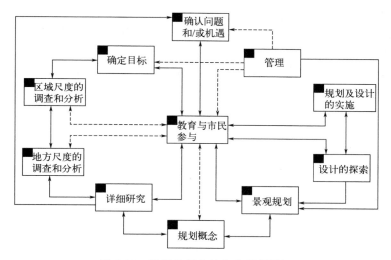

图 3-10　斯坦纳创立的生态规划框架

（弗雷德里克·斯坦纳《生命的景观：景观规划的生态学途径（第二版）》，中国建筑工业出版社，2004）

在第 1 步中，一个或一组相关的问题被规划者或一个组织确认。这些问题是带有疑问性的或者为这个地区的人或环境提供了某种机遇。第 2 步针对问题确立目标。然后在第 3 步和第 4 步中对生物物理与社会文化过程进行调查与分析，首先是针对大尺度，例如河流流域和相应的区域单元，其次在特定的尺度上进行，例如小的汇水区或地方行政单元。第 5 步进行详细研究，将调查与分析的信息与问题和目标联系起来。适宜性分析即为此类详细研究中的一种。第 6 步包括各种概念与各种方案的提出。在第 7 步，从这些概念中得到景观规划方案。系统化的教育及市民参与将贯穿整个过程。这种参与在每一步中都很重要，尤其在第 8 步向公众解释规划时更为重要。第 9 步，针对如单个的土地使用者或场地等的特定尺度，进行详细设计。这些设计及规划在第 10 步予以实施，在第 11 步对规划进行管理。

3. 复合生态系统生态规划程序

王如松基于社会-经济-自然复合生态系统的观点，认为生态规划流程应当包括以下内容：

① 生态位辨识，即辨识规划区域的人口、资源、环境、市场的优势、劣势、问题与潜力。

② 生态过程评价，评价系统的物质代谢、信息反馈、资金融通及人口流动过程的健康程度。

③ 生态效益分析，包括经济效益、环境效益、社会效益、生态服务功能等的综合评价。

④ 生态产业规划，发展的力度与稳度，结构的优势度与多样性，可利用资源的利用率和循环率，经济、社会和生态资产的增长率和波动幅度。

⑤ 生态体制规划，管理体制、政策法规的改革力度，部门、单位间的横向耦合度，对外开放及共生程度，内部的自组织、自补偿能力及信息网络的通畅性和灵敏度。

⑥ 生态文明规划，决策者、企业家及群众的文化素质、生态意识、伦理道德、价值取向、社会风尚、社会公益及能力建设体系。

⑦ 生态景观规划，土地利用格局、环境质量、景观标识度及和谐度、生物多样性。

⑧ 生态风险评价，对居民身心健康、经济持续能力、社会安定及环境安全的威胁程度及风险减缓对策。

⑨ 生态监测与监督，从时间、空间、数理化、结构及序理几方面监测物、事、人的变化动态，及时得到决策部门、普通民众和社会舆论及外部的监督。

⑩ 管理信息系统，利用地理信息系统、遥感分析、系统科学及计算机技术逐步建立完善数据库、图库、方法库和知识库。

具体生态规划流程见图 3-11。

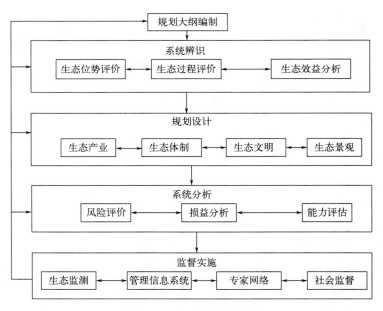

图 3-11　生态规划流程图
（王如松《中小城镇可持续发展的生态整合方法》）

4. 区域发展生态规划程序

欧阳志云提出区域发展生态规划由生态调查、生态评价、生态决策分析三个方面，七个步骤构成。

首先，明确规划范围和规划目标。笼统提出区域发展作为规划目标，显然太泛，可操作性差，应在这个总目标下分解出具体任务。

其次，根据规划目标与任务收集区域自然资源与环境、人口、经济产业结构等方面的资料与数据。

第三，区域自然环境与资源的生态评价和生态经济分析，主要运用生态学、生态经济学、地学及其他相关学科的知识，对区域与规划目标有关的自然环境和资源的性能、生态过程、生态敏感性及区域生态潜力与限制因素进行综合评价。

第四，区域社会经济结构分析。运用经济学和生态经济学理论分析评价区域农业、工业及其他经济产业部门的结构、资源利用及投入产出效益等，寻求区域社会经济发展的潜力和社会经济问题的症结。

第五，按区域发展及资源开发的要求，分析评价各相关资源的生态适宜性，然后综合各单项资源的适宜性分析结果，分析区域发展或资源开发利用的综合生态适宜性空间分布。

第六，根据发展目标，以综合适宜性评价结果为基础，制定区域发展与资源利用规划方案。

最后，运用生态学与经济学知识，对规划方案及其对区域生态系统的影响以及生态环境的不可逆性进行综合评价。

二、生态规划的主要内容

1. 生态调查

生态调查的目的在于收集规划区域内的自然、社会、人口、经济等方面的资料和数据，为充分了解规划区域的生态过程、生态潜力与制约因素提供基础。由于规划的对象与目标不同，所涉及的因素的广度与深度也不同，因而生态调查所采用的方法和手段也不尽相同。

（1）实地调查

实地调查是收集资料的最直接的方法，尤其在小区域大比例尺规划中，实地调查更为重要。

（2）历史调查

人类活动与自然环境长期相互作用与影响，形成的资源枯竭、土地退化、环境污染、生态破坏等问题多是历史上人类不适当的活动直接或间接导致的。在生态调查中，对历史过程进行调查了解，可以为规划者提供探索人类活动与区域环境问题之间关系的线索。

（3）公众参与的社会调查

生态规划强调以人为本，体现公众参与。因此，通过社会调查，了解区域内不同阶层的人们对发展的要求和所关注的焦点问题，在规划中充分体现公众的意愿。同时，通过社会调查，进行专家咨询、座谈，可将专家的知识与经验结合于规划中。

（4）遥感调查

近年来，遥感技术发展迅速，为及时准确获取区域空间特征资料提供了十分有效的手段。随着地理信息系统的发展与应用，遥感资料的处理得到技术上的保障，已成为生态规划的重要资料来源。

在生态调查中，根据生态规划的要求，往往将规划区域划分为不同的单元，将调查资料和数据落实到每个单元上，并建立信息管理系统，通过数据库和图形显示的方式将区域社会、经济和生态环境各种要素空间分布直观地表示出来，为下一步的生态分析奠定基础。

2. 生态分析与评价

生态分析与评价主要运用生态系统及景观生态学理论与方法，对规划区域系统的组成、结构、功能与过程进行分析评价，认识和了解规划区域发展的生态潜力和限制因素。主要包括以下几个方面的内容。

（1）生态过程分析

生态过程是由生态系统类型、组成结构与功能所规定的，是生态系统及其功能的宏观表现。自然生态过程所反映的自然资源与能流特征、生态格局与动态都是以区域的生态系统功能为基础的。同时，人类的各种活动使得区域的生态过程带有明显的人工特征。在生态规划中，受人类活动影响的生态过程及其与自然生态过程的关系是关注的重点。特别是那些与区域发展和环境密切相关的生态过程如能流、物质循环、水循环、土地承载力、景观格局等，应在规划中进行综合分析。

（2）生态潜力分析

狭义的生态潜力指单位面积土地上可能达到的第一性生产力，它是一个综合反映区域光、温、水、土资源配合的定量指标。它们的组合所允许的最大生产力通常是该区域农、林、牧业生态系统生产力的上限。广义的生态潜力则指区域内所有生态资源在自然条件下的生产和供应能力。通过对生态潜力的分析，与现状利用和产出进行对比，可以找到制约发展的主要生态环境要素。

（3）生态格局分析

人类的长期活动，使区域景观结构与功能带有明显的人工特征。原来物种丰富的自然植物群落被单一种群的农业和林业生物群落所取代，成为大多数区域景观的基质。城镇与农村居住区广泛分布，成为控制区域功能的镶嵌体，公路、铁路、人工林带（网）与区域交错的自然河道、人工河渠及自然景观残片等共同构成了区域的景观格局。不同要素、区域的基质，构成生态系统第一性生产者，而在山区和丘陵区，农田则可能成为缀块镶嵌在人工、半人工或自然林中。城镇是区域镶嵌体，又是社会经济中心，它通过发达的交通网络等廊道与农村及其他城镇进行物质与能量的交换与转化。残存的自然斑块则对维护区域生态条件、保存物种及生物多样性具有重要意义。

无论是残存的自然斑块，还是人工化的景观要素及其动态，均反映在区域土地利用格局上。而生态规划的最终表达结果也反映在土地利用格局的改变上。因此，景观结构与功能的分析及其格局动态评价对生态规划具重要的实际意义。

（4）生态敏感性分析

在复合生态系统中，不同子系统或景观斑块对人类活动干扰的反应是不同的。有的生态系统对人类干扰有较强的抵抗力，有的则具有较强的恢复力，也有的既十分脆弱，易受破坏，也不易恢复。因此，在生态规划中必须分析和评价系统各因子对人类活动的反应，进行敏感性评价。根据区域发展和资源开发活动可能对系统的影响，生态敏感性评价一般包括水土流失评价、自然灾害风险评价、特殊价值生态系统和人文景观及重要集水区的评价等。

（5）土地质量与区位评价

区域的气候条件、地理特点、生态过程、社会基础等最终反映在区域的土地质量和区位特征上。因此，对土地质量和区位的评价实际就是对复合生态系统的评价与分析的综合和归纳。土地质量的评价因用途不同而在评价指标、内容、方法上有所不同。如在绿地系统规划中对土地质量的评价涉及的是与绿化密切相关的气候、土壤养分与土壤结构、水分有效性、植物生态特性等属性。区位的评价是为城镇发展与建设、产业的布局等提供基础，涉及的评价指标包括地质地貌条件、水系分布、植被与土壤、交通、人口、土地利用现状等方面。对于评价指标和属性，可采用因素间相互关系构成模型形成综合指标，也可采用加权综合或主成分分析等方法，找出因子间的作用关系和相对权重，最终形成土地质量与区位评价图。

3. 决策分析

生态规划的最终目的是提出区域发展的方案与途径。生态决策分析就是在生态评价的基础上，根据规划对象的发展与要求，以及其资源环境及社会经济条件，分析与选择在经济学与生态学上合理的发展方案与措施。其内容包括：根据发展目标分析资源要求，通过与现状资源的匹配性分析确定初步的方案与措施，再运用生态学、经济学等相关学科知识对方案进行分析、评价和筛选。

（1）生态适宜性分析

是生态规划的核心，也是生态规划研究最多的方面。目标是根据区域自然资源与环境性能，按照发展的需求与资源利用要求，划分资源与环境的适宜性等级。自麦克哈格提出生态适宜性图形空间叠置方法以来，许多研究者对此进行了深入研究，先后提出了多种生态适宜性的评价方法，特别是随着地理信息系统技术的发展，生态适宜性分析方法得到进一步发展和完善，其具体的方法将在第六章中作详细介绍。

（2）生态功能区划与土地利用布局

根据区域复合生态系统结构及其功能，对于涉及范围较大而又存在明显空间异质性的区域，要进行生态功能分区，将区域划分为不同的功能单元，研究其结构、特点、环境承载力等问题，为各区提供管理对策。区划时综合考虑各区生态环境要素现状、问题、发展趋势及生态适宜度，提出合理的分区布局方案。

土地利用布局要以生态适宜度分析结果为基础，参照有关政策、法规及技术、经济可行性，划分出各类用地的范围、位置和面积。

（3）规划方案的制定、评价与选择

在前述分析评价的基础上，根据发展的目标和要求，以及资源环境的适宜性，制定具体的生态规划方案。生态规划是由一系列子规划构成的，这些规划最终是要以促进社会经济发展、生态环境条件改善及区域持续发展能力的增强为目的的。因此，必须对各项规划方案进行下面三方面的评价：

① 方案与目标评价。分析各规划方案所提供的发展潜力能否满足规划目标的要求，若不满足则必须调整方案与目标，并作进一步分析。

② 成本-效益分析。对方案中资源与资本投入，及其实施结果所带来的效益进行分析、比较，进行经济上可行性评价，以筛选出投入低、效益高的措施方案。

③ 对持续发展能力的影响。发展必须考虑生态环境，有些规划可带来有益的影响，促进生态环境的改善，有的则相反。因此，必须对各方案进行可持续发展能力的评价，内容主要包括对自然资源潜力的利用程度、对区域环境质量的影响、对景观格局的影响、自然生态系统不可逆性分析、对区域持续发展能力的综合效应等方面。

生态规划由总体规划及若干相关的子规划组成，包括系统生态规划与调控总体规划、土地利用生态规划、人口适宜性发展规划、产业布局与结构调整规划、环境保护规划、绿地系统建设规划等。必要时，相关规划还应提供较为详细的生态设计方案。

◆ 思考题 ◆

1. 生态规划的目的与任务是什么？
2. 生态规划的基本原则有哪些？
3. 生态规划有哪些基本类型？
4. 说明现代生态规划的基本步骤和主要内容。

◆ 参考文献 ◆

[1] 陈涛．试论生态规划［J］．城市环境与城市生态，1991，4（2）：5.

[2] 王如松，迟计，欧阳志云．中小城镇可持续发展的生态整合方法［M］．北京：气象出版社，2001.

[3] 王如松，周启星，胡聃．城市生态调控方法［M］．北京：气象出版社，2000.

[4] 刘天齐．区域环境规划方法指南［M］．北京：化学工业出版社，2001.

[5] 麦克哈格．设计结合自然［M］．芮经纬，译．天津：天津大学出版社，2006.

[6] 福斯特·恩杜比斯．生态规划：历史比较与分析［M］．陈蔚镇，王云才，译．北京：中国建筑工业出版社，2013.

[7] 杨言生，李迪华．地理设计：概念、方法与实践［J］．国际城市规划，2013，28（1）：94-97.

[8] 弗雷德里克·斯坦纳．生命的景观：景观规划的生态学途径［M］．第2版．周年兴，译．北京：中国建筑工业出版社，2004.

[9] 欧阳志云，王如松．区域生态规划理论与方法［M］．北京：化学工业出版社，2005.

[10] 李博．生态学［M］．北京：高等教育出版社，2000.

[11] 德拉姆施塔德．景观设计学和土地利用规划中的景观生态学原理［M］．朱强，黄丽玲，俞孔坚，译．北京：中国建筑工业出版社，2010.

[12] 福尔曼RTT.土地镶嵌体：景观与区域生态学［M］．朱强，黄丽玲，李春波，等译．北京：中国建筑工业出版社，2018.

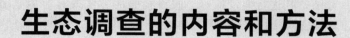

第四章
生态调查的内容和方法

第一节 生态调查的程序和方法

生态调查是指调查了解区域资源环境与社会经济的特征及其相关作用关系的过程。由于在生态规划中，要求在调查与了解区域基本情况时，不仅要关心自然环境、自然资源与区域社会经济发展的状况，还要求注重两者之间相互关系与相互作用，并强调只有在充分了解它们之间的相互作用关系的基础上，才能制定出生态上合理、经济上可行的区域发展规划来。故此为了与传统区域规划的调查阶段相区别，称之为生态调查。

一、生态调查的程序

生态调查程序大体分为四个阶段：生态调查的准备阶段、野外调查的实施阶段、资料加工处理阶段和调查报告的编写阶段。

其中，在生态调查的准备阶段里，调查清单的制定是一个十分重要的工作，对未来调查报告的形成影响巨大。因此，往往在规划工作开始之前，由多学科的专家组成专家组，共同制定一个详细的调查清单。麦克哈格及其同事曾建立了大家所熟知的生态调查分层模型，在这个模型中，包括社会、文化、生物与自然环境三个方面，涉及区域地质、地貌、土壤、水文、气候、植物、动物及人等许多方面，后来麦克哈格还在这个模型的旁边加上了一个时间坐标，以强调在生态调查中，还必须注意区域自然环境及社会文化因素的动态过程。

如果说麦克哈格的分层模型还带有自然决定论的影子，那么，维斯特（Vester）、博伊登（Boyden）以及麦克哈格后来的工作，均大大扩展了区域社会文化特征，以及它们相互关系的因素的调查内容。如 Boyden 在中国香港城市的生态学研究中，曾列出一个十分详尽的生态调查清单，在这个清单中，尤其重视自然过程、人类活动与社会、文化因素及其相互关系。

野外调查的实施主要是按照上一阶段制定好的清单进行数据收集。具体的方法见生态调查方法。

资料的加工处理主要指三个方面。一是资料的整理：原始数据往往是不能直接进行分析的，根据现场调查的类型和目的，将资料整理成所需要的形式。整理过程包括：①原始调查表格的整理、核对，重新找到调查对象，核实漏填、误填项目，删除缺项太多的调查表格。②现场调查资料数据库的建立和资料输入，根据样本大小可选择合适的软件建立数据库，资料输入时最好设计能自我纠错的功能，资料输入需要恰当的编码。二是描述性统计。描述调查对象的一般特征。三是推断性统计。推断性统计主要是计算相关的指标，主要是各种统计方法，并进行假设检验。假设检验的方法既有单因素分析方法，也有多因素分析方法。如 χ^2 检验、回归分析等。

调查报告的编写是对上述调查的总结和分析。大体包括五个方面：①调查目的；②调查范围；③调查方法；④调查结果；⑤调查结论。

二、生态调查的方法

生态规划的对象与目标不同，对所涉及因素的广度与深度的要求也不一样。资料的收集通常针对规划目标所规定的特殊要求，如在区域发展生态规划中，农业土地利用规划所涉及的资料包括气候条件、土地质量、社会经济状况、现状土地利用等，而区域中城镇与工业布局的发展规划则更注重交通条件、经济发展水平、原料基地与市场等因素。尽管不同生态规划目标所要求的资料不同，但资料获得的方法手段往往有其共同之处。通常包括历史资料的收集、实地调查、公众参与与遥感技术的应用四类。

1. 实地调查方法

通过实地调查，获取所需资料，往往是生态规划收集资料的直接方法。在区域规划与城市规划中，通常需要通过实地调查，收集或补充有关气候、地形、地貌、水文、土壤、生物、植被、土地利用、人口、城镇、基础设施的分布格局以及水体、大气环境质量、水土流失资料，尤其在小区域大比例尺的规划中，实地调查更为重要。实地调查获得各种气候、地理、生物、社会经济资料的方法涉及很广，并与其相应的学科形成方法体系，在这里不拟作深入介绍。

还应指出的是，由于受时间或经费的限制，实地调查往往是针对规划目标十分重要而又缺乏的资料进行调查。严格意义上讲，除在尚无人类活动的区域外，实地调查往往是补充性质的调查，以弥补历史资料的不足与不完善，或对遥感资料的解译与校正。

2. 历史资料收集方法

由于在区域或城市的生态规划中，不可能对所涉及的范围就所有有关的因素进行全面的实地考察，因此，收集历史资料在规划中占有重要地位，不仅可以通过对资料的收集与分析，了解区域与城市的过去及其与现在的关系，而且历史资料还将提供实地调查所不能得到的资料，以作为规划的基础，故此，对历史资料的收集一直为传统规划所重视。在生态规划中，十分重视人类活动与自然环境的长期相互影响与相互作用，尤其像资源衰竭、水土流失加剧、土地退化、水体与大气污染、自然生境与景观的破坏等区域生态环境问题均与过去人类的活动有关，而且往往是不适当人类活动的直接或间接后果，因此，对历史资料的调研在生态规划中尤为重要，它可以给规划者提供一条线索，以探讨人类活动与区域环境问题的关系。

对历史资料的收集，不仅要注重区域与城市自然和社会经济的发展变化的时间过程，还要重视这些因素与特征的空间格局变化过程。将时空特征综合起来分析，以对区域和城市进行深入了解。

3. 公众参与方法

生态规划强调公众参与。通过社会调查，了解区域各阶层人们对发展的要求以及所关心问题的焦点，以便在规划过程中体现公众的愿望。同时，还可以通过社会调查，进行专家咨询，将对规划区域十分了解的当地专家的经验与知识应用于规划之中（详见第三节）。

4. 遥感调查的方法

近年来，遥感技术发展很快，为迅速准确地获取空间特征资料提供了十分有效的手段。随着地理信息系统技术的发展及其在生态规划中的应用，遥感资料将成为生态规划的重要资料来源。

第二节 生态调查的基本内容

生态调查的内容主要取决于规划的目标与任务。在区域发展规划中，生态调查的目的在于对区域自然环境条件、经济状况、社会发展水平以及区域生态系统及景观特征较系统地认识与了解。

一、自然环境与自然资源状况调查

1. 地理特征因素

地形地貌是生态环境的基本要素，也是生态系统发生发展的基础和载体，它影响局地乃至区域的光、热、水、土、气的再分配，对生物的生长、发育及其空间分布有巨大影响。因此，在进行自然环境野外调查时，对地形地貌的辨识、描述以及定量观测是一项主要而基础的工作。对地形地貌进行观测时，可通过实地情况和地形图。对地面特征线、地面形态、地貌结构、地貌组合以及空间布局进行综合观察，具体步骤如图 4-1 所示。对地形地貌形态进行描述时，按照地貌的等级，分三个层次进行描述：首先对大地貌，如山地、高原、丘陵、台地、盆地和平原进行描述；然后对次级地貌，如谷地、阶地、洪积扇、河漫滩等进行描述；再次是对地貌要素，即组成某种地貌的最基本单元（棱、角、面）的描述，如对阶地的阶地面及斜坡进行描述。对形态特征的计量，即对地貌形态进行定量分析，如对山地究竟多高，坡度究竟多大等进行较为详细的描述。因此，有关地貌的面积、长度、高度、坡度、深度、密度等都要有定量数据进行说明。

图 4-1 地形地貌形态观测步骤

地形地貌是在历史与现代的自然和人为条件下形成的，不同的地貌经历了不同的地貌水文过程，形成一些富有特色的地貌类型，在考察这些地貌时，应从具体的地貌特征出发，进行综合的分析研究，同时，还要结合所调查地区已有的各种比例尺的地图和分辨率的遥感影像进行综合分析与说明。

2. 地质构造

地质基础是地形地貌发育及其生态环境形成的基础。野外地质状况调查，通常包括矿物组成的鉴定、岩性分析、岩层产状的测量、地质构造的观测以及地质过程的分析等内容。这些都是地质学研究的主要内容。但为了了解研究区域的基本地质状况，对地质构造状况的调查也十分重要，它对于深刻理解和认识一些地貌的形成及其相关生态现象与过程极为有益。同时，收集和利用已有的地质图，获取有关区域的地形特征以及地层与岩石的类型、产状、时代、分布等信息，综合分析各种地质现象的特点和规律。

3. 气象气候因素

气候是一个最直接的综合生态环境因子。不同的气候条件具有不同的太阳辐射水平、温度状况、水分状况和风力状况等，并伴有一些极端的天气现象，它们直接对生物的生长和发育、生物种类和数量及其分布产生影响，并控制和影响局地和区域的热量过程、水文过程、地貌过程、地球化学过程、生物学过程及其他生态学过程，对自然环境和生态系统的发生、发展和变化，以及人类的生产和生活具有重要影响。因此，在自然环境调查时，加强对气象气候的观察具有十分重要的意义。气象气候因素调查主要包括调查气温、降水与蒸发、风况、霜雪等，注意极端气象的调查。

另外，实际调研中，还需要对许多重要的小气候类型，如农田小气候、森林小气候、防护林小气候、保护地小气候、湿地小气候进行调研。这些小气候都是生物生存的具体环境，开展小气候调查具有重要意义。小气候观测的一般指标主要包括太阳辐射、空气温度与湿度、降水、风向和风速、二氧化碳浓度、土壤湿度和温度、蒸散量、叶面温度，以及这些气候要素所决定的环境的辐射平衡、热量平衡、水分平衡、二氧化碳输送和水汽输送等，具体观测和调查内容根据研究目的的不同而确定。

4. 水文因素

水体是地球上一种主要的生态环境类型，水对水生生物的生长和区域生态环境（气候调节、地下水分布、旱涝灾害）等具有重要的影响。水体主要包括海洋、湖泊、河流、塘堰、沼泽、湿地以及水稻田等。野外水文因素的调查主要是收集河流水系、流量、流速、洪枯比，以及水体本身的理化性质（如水温、水下辐射、透明度、浊度、泥沙含量、悬浮物、pH值、Eh、电导率、溶解氧）等，注意极端水文条件的调查。

5. 土壤因素

土壤是覆盖在地球陆地表面的一层不断演变着的松散的自然客体，是绿色植物赖以生长、繁殖不可替代的自然资源，土壤作为一个重要的生态环境因子，是陆地上动植物生长的支撑载体和养分物质来源，也是土壤微生物和土壤动物生长与生存的重要容器。因此，加强对土壤环境的调查与观测是生态调查的一项重要内容。

土壤环境调查与观测主要包括对土壤剖面、土壤温度、土壤水分、土壤空隙度、土壤团聚体组成、土壤机械组成、土壤水吸力、土壤田间持水量等的调查与观测。对于土壤化学及其生物学指标的调查与测定请参考相关书籍。

6. 植物种群和植物群落因素

植物种群是指在某一特定时间内占据某一特定空间的同种植物的集合体。植物群落调查的内容包括种群的大小、种群的密度、种群的年龄结构、种群的增长动态及种群间的相互作用。植物群落是指在一定时间、一定地段或生境中各种植物种群所构成的集合。植物群落的野外调查包括植物群落的空间结构（垂直结构、水平结构）以及群落的时间结构（群落的季节变化和演变）、植物群落的生活型分析以及群落的物种多样性分析等内容。

在野外调查中，植物种群和植物群落调查通常是结合在一起进行的，采用的方法类似。但由于植物群落生态研究地域性很强，不同的国家和地区形成了不同的研究传统，从而形成了不同植物群落学研究学派——法瑞学派、苏联学派、英美学派。现在影响较大是法瑞学派和英美学派。通过样地确定的代表群落地段通常是由一个或若干个取样单位，一般称为样地或样方法的分离或连续的群落片段组成的，具体要求之一是取样的植物群落必须是一致的。下面对法瑞学派和英美学派野外调查进行简单介绍。

在研究植物种群或群落时，无法对一个种群或群落的整体进行全面的研究。因此，有必要从所研究的种群或群落中选取一定范围进行研究。法瑞学派一般采用典型选择原则，即在每一个群丛个体中选一个典型的、一致性的群落地段作为样地。一般对一个植被类型要选择 10 个左右的样地，多几个更好。每一个群丛个体不管面积大小，通常只选一个样地，如图 4-2 所示。法瑞学派的选样，即使是主观的典型选样，每个群丛个体只选一个样地，实际上这也带有随机的客观性。

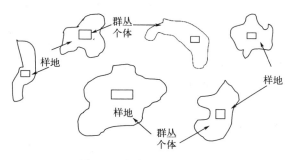

图 4-2　法瑞学派选样特点

英美学派选样特点一般有三种。一是典型选样：按主观的要求选样；二是定距或系统选样：按一定距离或一定方式选样；三是随机选样：任意的、不规则的选样。这一学派常常在一片群落地段上系统或随机选样，如图 4-3 所示。

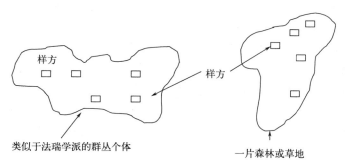

图 4-3　英美学派选样特点

一般通过多优度-群聚度、物候期记录、生活力记录、Raunkiaer 生活型类别识别、冠幅、冠径和丛径记录、盖度（总盖度、层盖度、种盖度）等对群落进行调查。设计如表 4-1 所示。

表 4-1　植物群落野外样地记录表（表头设计）

群落名称_____　样地面积_____　野外编号_____　第____页

层次名称_____　层高度_____　层盖度_____　调查时间____　记录者_____

编号	多优度-群聚度	植物名称	高度		粗度		物候期	生活力	生活型	附记
			一般	最高	一般	最高				

二、生态环境质量状况调查

随着人口增长、工业化和城市化的快速发展，生态环境日益恶化。了解和掌握研究区的生态环境质量状况已成为生态规划、环境质量评价等工作必须获取的资料之一。一般而言，生态环境质量状况调查内容主要包括各种生态环境现状及问题、各种人工环境现状及问题。但随着调查的目的、调查主要关注对象的不同，生态调查的内容也会有差异。例如欧阳志云等（1993）在桃江农村发展及土地利用生态规划中提到，生态调查内容涉及自然环境与自然过程、人工环境、经济结构、社会结构等方面，更多关心与农村发展有关的因素。在调查收集桃江县自然、人口及经济资料与数据时，一方面广泛收集历史资料，以研究其时间过程；另一方面收集反映空间特征的资料，并结合实地考察以分析其空间特征分布及其变化。下面以中国西部地区生态环境现状调查为例，对生态环境状况调查的内容进行介绍。

中国西部地区是指新疆、青海、宁夏、甘肃、陕西、四川、重庆、贵州、云南、西藏、广西和内蒙古等十二个省（区、市）。西部地区地域广阔，经纬跨度大，地形、地貌类型复杂多样。区内气候条件差异显著，西北干旱少雨、西南温湿多雨、青藏高原寒冷。自然条件的恶劣与多变，地形地貌的复杂与多样，导致我国西部地区生态环境脆弱，土地荒漠化严重，自然资源和生物多样性资源丰富，同时，西部地区也是我国几大江河的发源地。实施西部大开发战略，加快中西部地区的发展，是党和国家领导人在新世纪做出的重大决策，这对于扩大内需、推动新世纪国民经济持续增长，对于促进各地区经济协调发展，具有十分重要的意义。但同时也必须注意到，西部地区生态环境脆弱，在实施西部大开发战略中，保护并逐步改善西部的生态环境对于开发西部和实现西部地区的持续、健康发展至关重要。在这种情况下，及时、全面地掌握西部地区的生态环境现状，开展西部地区生态功能区划和规划，是十分必要和适时的。

中国西部生态环境现状调查中，内容涉及自然环境现状及问题、人工环境现状及问题等两大问题 7 个方面 160 个指标，具体内容见表 4-2。

表 4-2　中国西部生态环境现状调查（生态环境调查部分）

生态环境调查		指标
土地	土地利用现状（hm²）	土地总面积、耕地面积、园地面积、林地面积、草地面积、居民点及工矿用地面积、交通用地面积、水域面积、未利用土地面积等 9 项指标
	水土流失	水土流失总面积、水土流失面积占总土地面积的比例、水土流失面积年扩展速率（hm²/a）、土壤水力侵蚀流失量[t/（hm²·a）]等 4 项指标
	沙漠化	沙漠化(石漠化)土地总面积、沙漠化(石漠化)土地面积占土地总面积的比例、沙漠化(石漠化)土地面积年扩展速率、风蚀和沙化耕地面积、风蚀和沙化草地面积等 5 项指标
	盐渍化	盐渍化及次生盐渍化土地面积、盐渍化及次生盐渍化土地面积比例、次生盐渍化土地面积年扩展率等 3 项指标
	土壤酸化	酸雨影响面积、土地酸化面积、土地酸化面积比率、土地酸化面积年扩展率等 4 项指标
	耕地	耕地总面积、基本农田面积、水浇地面积、旱作农田面积、污染和酸化耕地面积、退耕还林面积、退耕还草面积、退耕还湖面积、坡改梯面积、非农业占用耕地面积比率等 10 项指标
植被	森林	林业用地面积、有林地面积、疏林地面积、灌木草地面积、未成林造林面积、苗圃地面积、森林覆盖率、平原绿化率、活立木总蓄积、森林资源消耗量、木材产量、历年林产品加工企业数量、木材消耗总量及来源、1949 年以来分年代平均森林火灾受害面积、1949 年以来分年代平均森林病虫害面积、1949 年以来分年代平均森林病虫害防治面积、1949 年以来分年代红树林面积等 17 项指标
	草地	草地总面积,可利用草场面积,可利用草场理论载畜量,草地实际载畜量,草地超载率,退化草地面积,可利用草场年减少速度,草地鼠害面积,草地开垦面积,工矿交通等占用草地面积,人工草地面积,改良草地面积,围栏草地面积,轮牧草地面积,年末牲畜存栏总数,年末牲畜存栏总数中山羊比重,舍饲、半舍饲养殖比重等 17 项指标
水	水资源现状	地(州)水资源总量,各流域水库、堤坝设计总库容,各流域水库、堤坝实际蓄水量,各流域年输沙量等 4 项指标
	地表水资源	地表水多年平均资源量、农业灌溉用水比例、工业用水比例、生活用水比例、水库富营养化个数及比例、湖泊富营养化个数(个)及比例、水库富营养化面积（hm²）及比例、湖泊富营养化面积(hm²)及比例等 8 项指标
	地下水	地下水年平均资源量、地下水矿化度、地下水允许开采量、地下水实际开采量、地下水实际开采量中农业利用比率、地下水实际开采量中工业利用比率、地下水实际开采量中生活利用比率、地下水水位年均下降深度、地面沉降面积、地面沉降速度等 10 项指标
	湿地	天然湿地面积及占土地总面积比、人工湿地面积及占土地总面积比、天然湿地围垦面积、天然湿地面积减少率、湿地恢复面积等 5 项指标
	冰川	冰川面积、冰川年积累量、冰川年均消融量、冰川年均后退速率等 4 项指标
生物多样性	物种	国家重点保护植物种数及名称、国家重点保护动物种数及名称、当地分布的中国特有动植物种数及名称、主要保护物种资源变化情况、国家重点保护动物栖息地破坏和保护管理情况等 5 项指标
	保护区建设与管理	自然保护区建设与管理、风景名胜区建设与管理、森林公园建设与管理等 3 项指标

续表

生态环境调查		指标
农村生态环境	农药使用及污染情况	主要农药品种及其施用量、年均农药施用总量、单位面积平均施用量、施用农药面积占全部耕地面积的比例、重大污染事故的次数及其污染面积和经济损失、重点县(区、市)等6项指标
	化肥使用情况	主要化肥种类、年均化肥施用总量、单位面积施用量、施用化肥面积占全部耕地面积的比例、重点县(区、市)等5项指标
	农膜污染情况	农膜使用面积、平均使用量、使用面积占全部耕地面积的比例、平均残留率、重点县(区、市)等5项指标
	秸秆利用及畜禽养殖环境污染情况	秸秆综合利用率、秸秆主要利用方式、畜禽粪便年产生量、畜禽粪便处理率、畜禽粪便污染面积、重点县(区、市)等6项指标
工矿开发	矿产开发	矿产资源总数、矿山企业类型及数量、近年已建和在建矿区类型及数量、矿产开发历次破坏土地面积、矿产开发造成土壤污染面积、矿产开发破坏土地恢复面积、矿产开发污染土地治理面积等7项指标
生态灾害	生态破坏	1949年以来历次水灾影响面积、1949年以来历次旱灾影响面积、1949年以来历次病虫害影响面积、生态破坏区域内的贫困人口数、主要生态破坏和灾害造成的生态灾民数、主要生态破坏和灾害造成的经济损失、主要生态破坏和灾害造成的作物产量下降比例等7项指标
	地质灾害	地质灾害类型、发生地点、影响范围、泥石流发生频率、灾害点密度等3项指标
	沙尘暴	历年沙尘暴次数、历年沙尘暴发生地点、强度、影响范围、天数、水平能见度、历次沙尘暴天数、沙尘暴最大风速等4项指标
	江河断流	断流河流名称、历年断流时间、历年断流天数、历年断流区段长度、主要过境河流名称及流量变化等5项指标
	干旱、洪涝、赤潮	1949年以来分年代干旱频率、1949年以来分年代洪涝灾害发生频率、1949年以来分年代赤潮发生频率等3项指标

三、社会经济状况调查

通过社会调查，可以帮助人们认识社会、了解社会、分析社会问题和社会现象、解释与预测社会发展变化。由于人类活动对环境的影响越来越大，通过社会调查，可以帮助人们了解人类活动对环境所带来的影响，以及人们在周边环境变化后所采取的适应措施。社会调查依据调查对象不同，设计了不同调查方法进行调研。有关调查对象的确定、调查方法的设计等将在第三节公众参与调查中作较为详细的说明，本节以中国西部地区生态环境现状调查为例，对社会经济状况调查的内容进行介绍。

中国西部生态环境现状调查中，很重要的一部分内容就是对研究区的社会经济状况进行调研，内容涉及社会经济基本状况、土地利用现状、农村环境、工矿基本状况、生态示范区域生态农业建设与管理等5个方面43个指标，具体内容见表4-3。

表 4-3　中国西部生态环境现状调查（社会经济调查部分）

社会经济调查	指标
社会经济基本状况	总人口、人口自然增长率（‰）、人口密度（人/km²）、人口结构（农业人口，非农业人口）、财政收入（万元）、国内生产总值（万元）、国内生产总值、三产构成（%）（第一产业：第二产业：第三产业）、农民年均纯收入（元）、贫困人口比例（%）、单位 GDP 能耗（万元国内生产总值消耗能源）（吨标准煤）、单位 GDP 耗水量（万元国内生产总值耗水量）（m³）
土地利用现状	土地总面积（hm²）、耕地面积（hm²）、园地面积（hm²）、林地面积（hm²）、草地面积（hm²）、居民点及工矿用地面积（hm²）、交通用地面积（hm²）、水域面积（hm²）、未利用土地面积（hm²）
农村环境	农村能源结构包括生产用能与生活用能的比例（%）、生物质能源与非生物质能源的比例（%）、生物质能源在生活用能中的比例（%）、生物质能源在商品能源中的比例（%）、绿色食品及有机食品基地建设包括基地名称、品种、面积（hm²）、年产量（t）、年销售额（万元）
工矿基本状况	矿产资源总数（种）、矿山企业类型及数量、近年已建和在建矿区类型及数量、矿产开发历年破坏土地面积（分林地、草地、耕地面积和其他用途的面积）（hm²）、矿产开发造成土壤污染的面积（hm²）、矿产开发破坏土地恢复面积（分林地、草地、耕地和其他用途的面积）（hm²）、矿产开发污染土地治理面积（hm²）、矿产资源开发生态重建率（%）
生态示范区域生态农业建设与管理	生态示范区与生态农业县数量、名称，生态示范区与生态农业县类型、级别，生态示范区与生态农业县面积，生态示范区与生态农业县产业结构的变化（第一、第二、第三产业比例），生态示范区与生态农业县建设前后 GDP 总量变化

四、重点生态区调查

重点生态区包括需要特殊保护的区域（饮用水源保护区、自然保护区、风景名胜区、生态功能保护区、基本农田保护区、水土流失重点防治区、森林公园、地质公园、世界遗产区、重点文物保护单位、历史文化保护地等）、生态敏感与脆弱区（沙尘暴源区、荒漠中的绿洲、严重缺水区、珍稀动植物栖息地或特殊生态林、热带雨林、红树林、珊瑚礁、鱼虾产卵地、重要湿地和天然渔场等）、社会关注区（人口密集区、党政机关集中办公区、疗养地等）。重点生态区调查是生态调查的特色内容，可为制定区域生态保护与建设规划提供基础依据。

五、风土人情调查

风土人情等人文资源也是区域社会经济发展，特别是旅游业发展的重要条件，是宝贵的文化生态资源。在生态规划中要对宗教文化、饮食文化、服饰文化、建筑文化、生产文化、节庆文化、婚恋文化等进行调查。

第三节　公众参与调查

公众参与是指社会群众、社会组织、单位或个人作为主体，在其权利义务范围内有目的的社会行动。其定义可以从三个方面表述：

① 它是一个连续的双向的交换意见的过程，以增进公众对政府机构、集体单位和私人公司所负责调查和拟解决的环境问题的做法与过程的了解；

② 将项目、计划、规划或政策制定和评估活动中的有关情况及其含义随时完整地通报给公众；

③ 积极地征求全体有关公民对以下方面的意见和建议：设计项目决策和资源利用，比选方案及管理对策的酝酿和形成，信息的交换和推进公众参与的各种手段与目标。

公众参与是一种有计划的行动；它通过政府部门和开发行动负责单位与公众之间双向交流，使公民们能参加决策过程并且防止和化解公民和政府机构与开发单位之间、公民与公民之间的冲突。

一、公众参与调查的主要方法

1. 参与式方法的概念和原则

参与式是一种方法，更是一种思想，经过多年的摸索和实践，参与式工作方法越来越受到居民和项目工作者的青睐。参与式方法在 20 世纪 60 年代萌芽，70 年代后在拉丁美洲、东南亚和非洲国家逐步推广和完善，并形成了不同的参与式方法，包括农事系统研究（ASR）、快速农村评估（RRA）、参与式评估与计划（PAR）以及应用人类学（AAR）等。20 世纪 80 年代，参与式农村评估方法开始广泛应用于土地/景观规划，以便使规划和设计充分体现当地公众的意见。

（1）相关概念

① 参与（participation）。关于"参与"的概念有很多，世界银行（1997）给出的概念最为常见：参与是一个过程，这一过程通过利益相关各方影响和共有，控制发展的主动权、过程的决策以及影响他们的资源。

② 赋权（empowerment）。赋权是参与的核心，它是一个包括三参量的概念："谁"赋权给"哪些人""什么权利"？"谁"是指赋权方，是政府有关部门或服务的提供者；"哪些人"指的是被赋权方，包括"个人、群体或社区""处于从属地位的人"或者服务的对象；"什么权利"是指赋权的受体被赋予某些事情的控制权，这些权利与他们的生计紧密相关。

③ 施政（govermance）。施政或称治理，是与传统意义上的统治（goverment）相对的概念，是参与性在制度上的保证。施政所要创造的结构或秩序不能由外部强加；施政要发挥作用，依赖于不同行为者间的互动（库伊曼和弗利埃特，1993）。

④ 参与者（participants）。参与者包括外来者和当地人。其中，外来者是指政府官员、行业部门管理人员、技术人员、专家、项目工作人员。当地人是指当地居民和技术人员。

（2）参与的一些基本原则

① 所有人都有参与的权利。

② 普通人群有权使用当地知识。

③ 普通人群知道很多外来者不知道的技术。

④ 普通人群参与对话，为非专家人群与专业人士在平等的基础上进行沟通提供了一个平台。

⑤ 对各方面观点的结合，可以得到对一个问题的多方面的认识。

⑥ 参与性的保证有助于政策得到有效实施。

2. 参与式主要的调查方法

（1）参与式绘图（participatory mapping）

参与式绘图是调查小组成员与社区居民一起把社区的概貌、土地类型、基础设施、居民区分布等直观地反映在平面图上。绘图中应包括的主要内容有：地理位置、社区境界、社区名称，土地利用类型（森林、牧地、农地、荒地、水域等），社区基础设施及重要地形地物，机构、村民居住地及其分布，社区资源及其分布等。

（2）问题树（problem tree）

问题树是分析导致问题的根本原因的一种工具。问题分析的目的是通过参与式调查，找出限制当地发展的问题，然后从问题中找出核心问题，分析核心问题产生的原因和导致的影响及其内部之间的相互关系，然后根据对问题的分析，找出相应的解决方法。

（3）打分排序法（scoring and ranking）

打分排序法能够简单明了地掌握不同个体或群体对有关事物的喜好和选择，能清楚直观地反映出大多数人或群体的共同看法和选择。打分排序法是通过不同群体或个体对每一可供选择的事物打分来反映群体的共同选择。

（4）半结构式访谈（semi-structured interview）

半结构式访谈有一定的采访主题方向和采访提纲，而不像结构式访谈那样仅限于一个狭窄单一的主题并确定好所有的采访问题。半结构式访谈方式是就一个较为广泛的主题方向，按照事先准备好有提问要点的提纲，向被采访者进行开放式提问，在和谐的气氛中，以被采访者介绍经验，讲述故事，回忆过去发生的事情，发表对过去/现在发生事件的真切感受、看法或态度和愿望等的采访方式。采访者提出的问题往往是根据被采访者对以上问题的回答或讲述并对照事先准备的提纲现场提出而不是全部事先设定。

（5）利益相关者分析（stakeholder analysis）

利益相关者分析是分析规划问题涉及的所有者、群体和结构在规划问题中所起的积极和消极作用、规划形成后所受到的正面和负面影响，从而尽可能地考虑各利益相关群体的利益，充分发挥他们在制订与实施中的积极作用、克服可能产生的消极作用，使活动计划的制订和实施得到最广泛的支持。

（6）大计事

大计事是指把社区或当地所发生的与规划相关的事件按时间顺序记录下来，以反映社区在土地利用方面的发展变化情况以及给社区的发展和社区的社会经济发展所带来的正面或负面的影响。

二、问卷调查及其设计方法

1. 问卷调查的概念及特点

（1）问卷调查的概念

问卷调查的方法最初由英国的高尔顿创立。高尔顿受其表兄达尔文的进化论的影响，决心研究人类的遗传变异问题，遂于1882年在英国伦敦设立人类学测验实验室。研究需要搜集反映人类学生理特征和心理特征的大量数据，但高尔顿觉得一一访问调查相当费时费钱，于是就把需要调查的问题都印成卷面寄发出去，没有想到取得了巨大的成功。因此，这种方法就流传到世界各个国家。

问卷调查又称调查研究法，它是通过严格的抽样设计来询问并记录受访者的反应，以此来探讨社会诸多现象的内在联系的方法。研究者以书面形式给出一系列与研究目的有关的问题，让被调查者做出回答，通过对问题答案的回收、整理、分析，获取有关信息。它适用于各种群体，通过在母群体中选择具有代表性的样本进行研究。

（2）问卷调查的特点

问卷调查的优点主要表现在高效、客观、统一、广泛四个方面，缺点主要是缺乏弹性、容易误解、回收率低。下面对其优缺点进行简单介绍。其中，优点主要表现在：

问卷调查的高效性。问卷调查之所以被广泛使用，最大的优点是它的简便易行，经济节省。问卷调查可以节省人力、物力、经费和时间，无须调查人员逐人或逐户地收集资料，可采用团体方式进行，也可通过邮寄发出问卷，有的还直接在报刊上登出问卷，这对调查双方来说都省时省力，可以在很短的时间内同时调查很多人，因此，问卷调查具有很高的效率。问卷资料适于计算机处理，也节省了分析的时间与费用。

问卷调查的客观性。问卷调查一般不要求调查对象在问卷上署名。采用报刊和邮寄方式进行问卷调查，更增加了其匿名性，它有利于调查对象无所顾忌地表达自己的真实情况和想法。特别是当问卷内容涉及一些较为敏感的问题和个人隐私问题时，在非匿名状态下，调查对象往往不愿意表达自己的真实情况和想法。

问卷调查的统一性。问卷调查对所有的被调查者都以同一种问卷的提问、回答的形式和内容进行询问，这样，有利于对某种社会同质性被调查者的平均趋势与一般情况比较分析，又可以对某种社会异质性的被调查者的情况进行比较分析。

问卷调查的广泛性。问卷不受人数限制，调查的人数可以较多，因而问卷调查涉及的范围较大。为了便于调查对象对调查内容方便容易地做出回答，往往在设计方面给出回答的可能范围，由调查对象作选择。这种对"回答"的预先分类有利于从量的方面把握所研究的现象的特征。同时，问卷调查有利于对调查资料进行定量分析和研究。由于问卷调查大多是使用封闭型回答方式进行调查，因此，在资料的搜集整理过程中，可以对答案进行编码，并输入计算机，以进行定量处理和分析。

问卷调查的局限性主要表现在：

问卷调查缺乏弹性。问卷中大部分问题的答案由问卷设计者预先划定了有限的范围，缺乏弹性，这使得调查对象的作答受到限制，从而可能遗漏一些更为深层、细致的信息。特别是对于一些较为复杂的问题，靠简单的填答难以获得研究所需要的丰富材料。问卷对设计要求比较高，如果在设计上出现问题，调查一旦进行便无法补救。

问卷调查容易误解。问卷发放后由调查对象自由作答，调查者为了避免引起调查对象的顾虑，不当场检查被调查者的填答方式是否正确或是否有遗漏，这就不可避免地出现一些被调查者漏答、错答或回避回答一些问题的现象。

问卷调查的回收率低。问卷的回收率和有效率比较低。在问卷调查中，问卷的回收率和有效率必须保证有一定的比率，否则，会影响到调查资料的代表性和价值。邮寄发出问卷的寄还，靠调查对象的自觉和自愿，没有任何约束，所以往往回收率不高，这就对样本所要求的数量造成一定的影响。

2. 问卷的种类及优缺点

调查问卷是根据调查目的精心设计的一份调查表格。按照不同的分类标准，可将调查问卷分成不同的类型。每种调查问卷有利有弊，具体见表4-4。

表 4-4　各类调查方法的优缺点

项目	自填式问卷调查		访问式问卷调查		
	报刊式问卷	邮寄式问卷	送发式问卷	人员访问式问卷	电话访问式问卷
调查范围	很广	较广	窄	较窄	可广可窄
调查对象	难控制和选择，代表性差	有一定控制和选择，但回复问卷的代表性难以估计	可控制和选择，但过于集中	可控制和选择，代表性较强	可控制和选择，代表性较强
影响回答的因素	无法了解、控制和判断	难以了解、控制和判断	有一定了解、控制和判断	便于了解、控制和判断	不太好了解、控制和判断
回复率	很低	较低	高	高	较高
回答质量	较高	较高	较低	不稳定	很不稳定
投入人力	较少	较少	较少	多	较多
调查费用	较低	较高	较低	高	较高
调查时间	较长	较长	短	较短	较短

① 根据调查中使用问卷方法的不同，可将调查问卷分成自填式和访问式问卷两大类。所谓自填式问卷，是指由调查者发给（或邮寄给）被调查者，由被调查者自己填写的问卷。而访问式问卷则是由调查者按照事先设计好的问卷提纲向被调查者提问，然后根据被调查者的回答进行填写的问卷。一般而言，访问式问卷要求简便，最好采用两项选择题进行设计；而自填式问卷由于被调查者有更多的思考的时间，在问题的制作上可以更加详尽、全面。

② 根据发放问卷方式的不同，可将问卷分为送发式问卷、邮寄式问卷、报刊式问卷、人员访问式问卷、电话访问式问卷和网上访问式问卷6种。前三类可大体归为自填式问卷的范畴，后三类大体属于访问式问卷。

送发式问卷就是由调查者将调查问卷送发给选定的被调查者，待被调查者填写完毕后再统一收回。

邮寄式问卷是通过邮寄将事先设计好的问卷邮寄给选定的被调查者，并要求被调查者按规定的要求填写后回寄给调查者。邮寄式问卷的匿名性较好，缺点是问卷的回收率低。

报刊式问卷是随报刊的传递发送问卷，并要求报刊读者对问题作答，完毕后回寄给报刊编辑部。报刊式问卷有稳定的传递渠道，匿名性较好，缺点是问卷回收率低。

人员访问式问卷是由调查者按照事先设计好的调查提纲或调查问卷对被调查者提问，然后根据被调查者的口头回答填写问卷。人员访问式问卷的回收率高，也便于设计一些深入讨论的问题，但涉及敏感性的问题回答效果较差。

电话访问式问卷就是通过电话中介来对被调查者进行访问调查的问卷类型，此种问卷要求简单明了，但是在问卷设计上要充分考虑几个因素：通话时间限制，听觉功能的局限性，记忆的规律，记录的需要。电话访问式问卷一般应用于问题简单明确，但需及时得到调查结果的调查项目。

3. 问卷的基本结构

一份完整的问卷调查表应同时考虑内容和形式两个方面。从形式上看，要求版面整齐、美观、便于阅读和作答，这是总体上的要求，具体的版面设计、版面风格与版面要求，这里暂不陈述。从内容上看，一份好的问卷调查表至少应该满足以下几个方面的要求：①问题具体、表述清楚、重点突出、整体结构好。②确保问卷能完成调查任务与目的。③调查问卷应该明确正确的政治方向，把握正确的舆论导向，注意对群众可能造成的影响。④便于统计整理。

问卷的基本结构一般包括四个部分，即说明信、调查内容、编码和结束语。其中调查内容是问卷的核心部分，是每一份问卷都必不可少的内容，而其他部分则根据设计者需要可取可舍。

① 说明信。说明信是调查者向被调查者写的一封简短信，主要说明调查的目的、意义、选择方法以及填答说明等，一般放在问卷的开头。

② 调查内容。问卷的调查内容主要包括各类问题，问题的回答方式及其指导语，这是调查问卷的主体，也是问卷设计的主要内容。问卷中的问答题，从形式上看，可分为开放式、封闭式和混合型三大类。开放式问答题只提问题，不给具体答案，要求被调查者根据自己的实际情况自由作答。封闭式问答题则既提问题，又给出若干答案，被调查者只需在选中的答案中打"√"即可。混合型问答题，又称半封闭式问答题，是在采用封闭式问答题的同时，最后再附上一项开放式问题。另外，指导语也就是填答说明，用来指导被调查者填答问题的各种解释和说明。

③ 编码。编码一般用于大规模的问卷调查中。因为在大规模的问卷调查中，调查资料的统计汇总工作十分繁重，借助于编码技术和计算机，则可大大简化这一工作。编码是将调查问卷中的调查项目以及备选答案给予统一设计的代码。编码既可以在问卷设计的同时就设计好，也可以等调查工作完成以后再进行设计。前者称为预编码，后者称为后编码。在实际调查中，常采用预编码。

④ 结束语。结束语一般放在问卷的最后面，用来简短地对被调查者的合作表示感谢，也可征询一下被调查者对问卷设计和问卷调查本身的看法和感受。

4. 问卷设计的过程

问卷设计的过程一般包括十大步骤，确定所需信息、确定问卷的类型、确定问题的内容、研究总的类型、确定问题的提法、确定问题的顺序、问卷的排版和布局、问卷的测试、问卷的定稿、问卷的评价。

（1）确定所需信息

确定所需信息是问卷设计的前提工作。调查者必须在问卷设计之前就把握所有达到研究目的和验证研究假设所需要的信息，并决定所有用于分析使用这些信息的方法，比如频率分布、统计检验等，并按这些分析方法所要求的形式来收集资料、掌握信息。

（2）确定问卷的类型

制约问卷选择的因素很多，而且研究课题不同，调查项目不同，主导制约因素也不一样。在确定问卷类型时，必须先考虑这些制约因素：调研经费、时效性要求、被调查对象、调查问卷。

（3）确定问题的内容

确定问题的内容，最好与被调查对象联系起来。分析一下被调查者群体，有时比盲目分析问题的内容效果要好。

（4）确定问题的类型

问题的类型归结起来分为四种：自由问卷题、两项选择题、多项选择题和顺位式问答题，其中后三类均可以称为封闭式问答。其中：

自由问答题，也称开放型问答题，只提问题，不给具体答案，要求被调查者根据自身实际情况自由作答。自由问答题主要限于探索性调查，在实际的调查问卷中，这种问题不多。自由问答题的主要优点是被调查者的观点不受限制，便于深入了解被调查者的建设性意见、态度、需求问题等。主要缺点是难于编码和统计。自由问答题一般应用于以下几种场合：作为调查的介绍；某个问题的答案太多或根本无法预料时；由于研究需要，必须在研究报告中原文引用被调查者的原话。

两项选择题，也称是否题，是多项选择的一个特例，一般只设两个选项，如"是"与"否"，"有"与"没有"等。两项选择题的特点是简单明了。缺点是所获信息量太小，两种极端的回答类型有时往往难以了解和分析被调查者群体中客观存在的不同态度层次。

多项选择题，该类型是从多个备选答案中择一或择几。这是各种调查问卷中采用最多的一种问题类型。多项选择题的优点是便于回答，便于编码和统计，缺点主要是问题提供答案的排列次序可能引起偏见。这种偏见主要表现在三个方面。

第一，对于没有强烈偏好的被调查者而言，选择第一个答案的可能性大大高于选择其他答案的可能性。解决方法是打乱排列次序，制作多份调查问卷同时进行调查，但这样做的结果是加大了制作成本。

第二，如果被选答案均为数字，没有明显态度的人往往选择中间的数字而不是偏向两端的数字。

第三，对于 A、B、C 字母编号而言，不知道如何回答的人往往选择 A，因为 A 往往与高质量、好等相关联。解决办法是用其他字母，如 L、M、N 等进行编号。

顺位式问答题，又称虚列式问答题，是在多项选择的基础上，要求被调查者对询问的问题答案，按自己认为的重要程度和喜欢程度顺位排列。

在现实的问卷调查中，往往是几种类型的问题同时存在，单纯采用一种类型问题的问卷并不多见。

5. 问卷设计规则和建议

（1）问卷本身能完成各种控制和逻辑处理工作

能让访员和被访者轻松执行的问卷才是一份好问卷。尽量减少或者避免访员和被访者的人工控制和人工处理工作，这不仅可以很大程度上保证问卷设计意图的正确实现，更能降低访员工作难度，提高访问速度和访问成功率，从而可以大大提高数据质量和执行效率。

（2）在问卷中尽可能多地为访员或被访者提供各种提示和指导信息

尽可能在问题标题和选项标题的显示方式上为访员或者被访者提供提示、暗示信息。

（3）方便后期数据统计分析

首先，在问卷设计前期就要全面考虑和实现后期的数据统计分析要求；同时，每个问题都应有益于调查信息的取得，去掉可有可无的信息；在问卷设计时还要充分考虑到后期的数据统计分析，如果不能预先确定如何统计和分析该问题，就应该删除这类问题，以免造成统计上的混乱。其次，要考虑答案的复杂程度对统计难度的影响，如果有可能，尽量多使用封闭题和封闭选项；尽量使用大题，题目含义越具体、越单纯越好，题目太大时，可以分解成许多小问题进行调查，问题中不要同时询问两个以上的概念或事件，可以相互校验的问题必须分隔开。最后，问卷选项的设置，不能特殊性和一般性并存，否则会影响数据的准确性，不利于后期调查结果的整理。

（4）问题明确化、具体化

题目的选项应该是包括所有可能性的选择答案，选项应该有排他性；问卷的设置要用词准确，不要含糊其辞或者过于空泛；尽可能避免问卷设计者主观的假设和一些肯定性语句；尽可能避免使用含糊的形容词、副词；尽可能避免问题中含有隐藏的选择结果，使隐藏的选择和结果明确化；尽可能避免使用带有双重或者多重含义的问题；尽可能避免使用容易引起误解、宽泛的题目；为避免强迫被调查者做不愿做的回答，在某些问题中应该提供一种中立的答案。

（5）结构合理、难易有序

调查问卷的结构要清晰，问卷整体要具有逻辑性和系统性，避免需要信息和问题的遗漏，同时也可以让被访者感到问题集中、提问有章法。假如问题结构松散随意，就会给人以思维混乱的感觉，既影响数据的准确性，又容易提高拒访率。问卷的开头部分应安排比较容易的问题，这样可以给被访者一种轻松、愉快的感觉，以便于他们持续答下去。中间部分最好安排一些核心问题，即调查者需要掌握的资料，这一部分是问卷的核心部分，应该妥善安排。结尾部分可以安排一些背景资料，如职业、年龄、收入等。个人背景资料虽然也属事实性问题，也十分容易回答，但有些问题，诸如收入、年龄等同样属于敏感性问题，因此一般安排在末尾部分；同时，过滤性、甄别性的问题尽量提前，以节省访员和被访者的时间。总结性问题应先于特定性问题；按照逻辑顺序，相同或相近内容、有逻辑联系的内容应该尽量放到一起。

（6）以人为本，符合人的心理、思维反应

在做调查表时，要考虑各种执行方式的特点，比如电话访问式问卷考虑通话时间限制，听觉功能的局限性、记忆的规律、记录的需要，要考虑受访人群的特点，充分考虑他们的身份、文化水平、年龄层次、群体特征等。同时在提问方式和语言措辞上也应该进行相应的调整。比如面对普通群众所作的调查，在语言上就必须提问自然、通俗易懂，避免使用专业词汇，若使用请另加中文说明，而如果被访者是相关领域专业人士，在专业词汇的知名和认知上有一定的感情，则在语言的选择上多采用一些专业的术语会提高访问的进度，也可以让被访者感觉这个调查比较专业而提高访问的可接受程度；对于敏感问题的访问，必须有具针对性的方法来保证结果的真实性和被访者的可接受程度，比如涉及个人资料，应该有隐私保护说明；避免直接提问窘迫性、尖锐性的问题，以免引发被调查者的情绪过度波动而造成不利影响；有时候为了使气氛融洽，提高被访者的情绪，也可以设置一些表面上与调查主题无关，但实质上有益于调查的问题。

（7）客观公正

避免出现诱导性倾向，提问尽量客观避免启发和暗示；注意避免问题的从众效应和权威效应；问卷选项的设置应该是常见的，不能是偏僻、少见的选项，否则会提高这些偏僻选项的提示后选择率，也会对最后数据的准确性造成影响；问题不要超过被访者能清楚记忆的范围；问题和选项的显示顺序会对该问题的回答结果和选项的选中率有影响，所以要尽量使用各种显示方法，比如选项的各种排序和截取方法。

三、公众参与调查结果处理

处理数据和获取数据一样，都是科学研究中的核心环节之一。调查资料的整理是根据研究目的将经过审核的资料进行简化、分类、汇总，使资料更加条理化、系统化便于进一步深入分析的过程。

公众参与调查结果处理的具体内容见二维码4-1。

二维码4-1
公众参与调查
结果处理

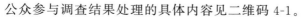

第四节　大数据获取与应用

近年来，随着信息通信技术的迅速发展，大数据已成为重要的发展方向和研究领域，在多个学科中都发挥着积极作用。大数据技术是以数据为本质的新一代革命性的信息技术，在数据挖潜过程中，能够带动理念、模式、技术及应用实践的创新。

大数据的发展经历了三个阶段：一是萌芽时期（20 世纪 90 年代到 21 世纪初），1997年美国国家航空航天局在研究数据可视化中首次提出了"大数据"的概念，1998 年《科学》杂志上发表了一篇名为《大数据科学的可视化》的文章，"大数据"作为一个正式的公共名词出现在大众的视野里；二是发展时期（21 世纪初期至 2010 年），随着信息技术和互联网行业的兴起，大数据也进入了快速发展时期，其特点和概念得到进一步丰富；三是繁荣时期（2010 年至今），专家们根据大数据分析预测未来、指导实践的深层次应用将成为发展重点。

一、大数据采集

随着智能手机的普及和移动互联网的快速发展，各种手机 APP 横空出世，满足人们各种各样的生活需求。它们在方便人们生活的同时，其后台也积累了大量的用户数据，如用户的位置、时间、评论、流量等信息。通过对各类互联网开放数据的获取，可将各类数据进行融合处理，提取其空间信息并对其进行分析、可视化，对区域和城市问题进行剖析，辅助研究人员和管理者对发展的状态进行评估，以便对区域和城市治理问题开出"良方"。

数据采集是进行大数据分析的前提也是必要条件，在整个流程中占据重要地位。大数据主要有三种采集形式：系统日志采集法、网络数据采集法以及其他数据采集法。

（1）系统日志采集法

系统日志是记录系统中硬件、软件和系统问题的信息，同时还可以监视系统中发生的事件。用户可以通过它来检查错误发生的原因，或者寻找受到攻击时攻击者留下的痕迹。系统日志包括系统日志、应用程序日志和安全日志。目前基于 Hadoop 平台开发的 Chukwa、Cloudera提供的 Flume 以及 Facebook 的 Scribe 均成为系统日志采集法的典范（表 4-5）。目前此类的采集技术大约可以每秒传输数百 MB 的日志数据信息，满足了目前人们对信息速度的需求。

表 4-5　常用日志系统的采集工具

采集工具	特点
Chukwa	Apache 的开源项目 Hadoop,被业界广泛认可,很多大型企业都有了各自基于 Hadoop 的应用和扩展。当 1000 以上个节点的 Hadoop 集群变得常见时,Apache 提出了用 Chukwa 的方法来解决
Flume	是 Cloudera 提供的一个可靠性和可用性都非常高的日志系统,采用分布式的海量日志采集、聚合和传输系统,支持在日志系统中定制各类数据发送方,用于收集数据;同时,Flume 具有通过对数据进行简单的处理,并写到各种数据接受方的能力
Scribe	Scribe 是 Facebook 开源的日志收集系统,它能够从各种日志源上收集日志,存储到一个中央存储系统(可以是 NFS,分布式文件系统等)上,便于进行集中统计分析处理。它最重要的特点是容错性好
Kafka	Kafka 是一种高吞吐量的分布式发布订阅消息系统,它可以处理大规模的网站中的所有动作流数据。具有高稳定性、高吞吐量、支持通过 Kafka 服务器和消费机集群来分区消息和支持 Hadoop 并行数据加载的特性

（2）网络数据采集法

① API接口。又叫应用程序接口，是网站的管理者为了使用者方便，编写的一种程序接口。该类接口可以屏蔽网站底层复杂算法，仅通过简简单单调用即可实现对数据的请求功能。目前主流的社交媒体平台均提供API服务，可以在其官网开放平台上获取相关演示（DEMO）。

② 网络爬虫。网络爬虫（又被称为网页蜘蛛、网络机器人，在FOFA社区中间，更常称为网页追逐者），是一种按照一定的规则，自动地抓取万维网信息的程序或者脚本。另外一些不常使用的名字还有蚂蚁、自动索引、模拟程序或者蠕虫。最常见的爬虫便是我们经常使用的搜索引擎，如百度等。此类爬虫统称为通用型爬虫，可对所有的网页进行无条件采集。

网络数据采集流程如图4-4所示。

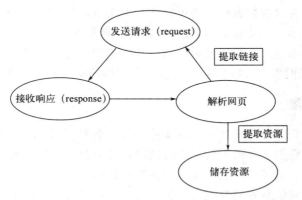

图4-4　网络数据采集流程

（3）其他采集法

① 特定端口。是指对于科研院所、企业、政府等拥有的机密信息，为了保证数据的安全传递，采用系统特定端口，进行数据传输任务，从而减少数据被泄露的风险。

② 第三方数据供给平台。是针对品牌商、零售商的线上运营数据分析系统，汇集全网多平台、多维度数据，形成可视化报表，为企业提供行业分析、渠道监控、数据包等服务，帮助企业品牌发展提供科学化决策。

二、大数据处理

1. 数据预处理

大数据采集过程中通常有一个或多个数据源，这些数据源包括同构或异构的数据库、文件系统、服务接口等，易受到噪声数据、数据值缺失、数据冲突等影响，因此需首先对收集到的大数据集合进行预处理，以保证大数据分析与预测结果的准确性与价值性。

大数据的预处理环节主要包括数据清洗、数据集成、数据归约与数据转换等内容（表4-6），可以大大提高大数据的总体质量，是大数据过程质量的体现。

表4-6　大数据预处理的主要内容

数据清理	主要是达到数据格式标准化、异常数据清除、数据错误纠正、重复数据的清除等目标
数据集成	是将多个数据源中的数据结合起来并统一存储，建立数据仓库
数据转换	通过平滑聚集、数据概化以及规范化等方式将数据转换成适用于数据挖掘的形式
数据归约	寻找依赖于发现目标的数据的有用特征，缩减数据规模，最大限度地精简数据量

（1）数据清洗技术

数据清洗是将数据库中所存数据精细化，去除重复无用数据，并使剩余部分的数据转化成标准可接受格式的过程。包括对数据的不一致检测、噪声数据的识别、数据过滤与修正等方面，有利于提高大数据的一致性、准确性、真实性和可用性等方面的质量。数据清洗时发现并纠正数据文件中可识别的错误的最后一道程序，包括对数据一致性的检查，对无效值和缺失值的处理。数据清洗的原理是利用有关技术如数据挖掘或预定义的清理规则将脏数据转化为满足数据质量要求的数据。

① 残缺数据。这一类数据产生的原因主要是应该有的部分信息如公司的名称、客户的区域信息缺失，或业务系统中主表与明细表等数据不能匹配。将这一类数据过滤出来，按照缺失的内容分别填入对应的文档信息，并提交给客户，在规定时间内补全，才可写入数据仓库。

② 错误数据。这一类错误的产生往往是业务系统不够健全，在接收输入信息后没有进行判断直接将数据写入后台数据库导致的，比如数值数据输成全角数字字符、字符串数据后面有一个回车操作、日期格式不正确等。这类数据也需要分类，对于类似于全角字符、数据前后有不可见字符问题的只能写 SQL 语句查找出来，让客户在修正之后抽取。日期格式的错误会导致 ETL（将业务系统的数据经过抽取、清洗转换之后加载到数据仓库的过程，extract-transform-load）运行失败，需要去业务系统数据库用 SQL 的方式挑出来，修正之后再抽取。

③ 重复数据。这一类数据多出现在维护表中，是将重复数据记录的所有字段导出来，让客户确认并整理。数据清理的方法是通过填写无效和缺失的值、对噪声数据进行平滑、识别或删除离群点并解决不一致性来"清理"数据。主要是达到格式标准化、异常数据消除、错误纠正、重复数据的清除等目的。

数据清洗的主要方法见表 4-7。

表 4-7　数据清洗的主要方法

填充缺失值	大部分情况下，缺失的值必须要用手工来进行清理。当然，某些缺失值可以从其本身的数据源或其他数据源中推导出来，可以用平均值、最大值或更为复杂的概率估计代替缺失的值，从而达到清理的目的
修改错误值	用统计分析的方法识别错误值或异常值，如数据偏差、识别不遵守分布的值，也可以用简单规则库检查数据值，或使用不同属性间的约束来检测和清理数据
消除重复记录	数据库中属性值相同的情况被认定为是重复记录。通过判断记录间的属性值是否相等来检测记录是否相等，相等的记录合并为一条记录
保持数据的一致性	从多数据源集成的数据语义会不一样，可供定义完整性约束用于检查不一致性，也可通过对数据进行分析来发现它们之间的联系，从而保持数据的一致性

（2）数据集成

数据集成是将多个数据源的数据进行集成，从而形成集中、统一的数据库、数据立方体等，这一过程有利于提高大数据的完整性、一致性、安全性和可用性等方面质量。

（3）数据归约

是在不损害分析结果准确性的前提下降低数据集规模，使之简化，包括维归约、数据归约、数据抽样等技术，这一过程有利于提高大数据的价值密度，即提高大数据存储的价值性。数据归约可以分为三类，分别是特征归约、样本归约、特征值归约。

① 特征归约是将不重要的或不相关的特征从原有特征中删除，或者通过对特征进行重组和比较来减少个数。其原则是在保留甚至提高原有判断能力的同时减少特征向量的维度。特征归约算法的输入是一组特征，输出是它的一个子集。

② 样本归约就是从数据集中选出一个有代表性的子集作为样本。子集大小的确定要考虑计算成本、存储要求、估计量的精度以及其他一些与算法和数据特性有关的因素。

③ 特征值归约分为有参和无参两种。有参方法是使用一个模型来评估数据，只需存放参数，而不需要存放实际数据，包含回归和对数线性模型两种。无参方法的特征值归约有3种，包括直方图、聚类和选样。

（4）数据转换处理

包括基于规则或元数据的转换、基于模型与学习的转换等技术，可通过转换实现数据统一，这一过程有利于提高大数据的一致性和可用性。

总之，数据预处理环节有利于提高大数据的一致性、准确性、真实性、可用性、完整性、安全性和价值性等方面质量，而大数据预处理中的相关技术是影响大数据过程质量的关键因素。

2. 数据处理与分析

（1）数据处理

大数据的分布式处理技术与存储形式、业务数据类型等相关，针对大数据处理的主要计算模型有 MapReduce 分布式计算框架、分布式内存计算系统、分布式流计算系统等。MapReduce 是一个批处理的分布式计算框架，可对海量数据进行并行分析与处理，它适合对各种结构化、非结构化数据进行处理。分布式内存计算系统可有效减少数据读写和移动的开销，提高大数据处理性能。分布式流计算系统则是对数据流进行实时处理，以保障大数据的时效性和价值性。总之，无论哪种大数据分布式处理与计算系统，都有利于提高大数据的价值性、可用性、时效性和准确性。大数据的类型和存储形式决定了其所采用的数据处理系统，而数据处理系统的性能与优劣直接影响大数据质量的价值性、可用性、时效性和准确性。因此在进行大数据处理时，要根据大数据类型选择合适的存储形式和数据处理系统，以实现大数据质量的最优化。

（2）数据分析

大数据分析技术主要包括已有数据的分布式统计分析技术和未知数据的分布式挖掘、深度学习技术。分布式统计分析可由数据处理技术完成，分布式挖掘和深度学习技术则在大数据分析阶段完成，包括聚类与分类、关联分析、深度学习等，可挖掘大数据集合中的数据关联性，形成对事物的描述模式或属性规则，可通过构建机器学习模型和海量训练数据提升数据分析与预测的准确性。数据分析是大数据处理与应用的关键环节，它决定了大数据集合的价值性和可用性，以及分析预测结果的准确性。在数据分析环节，应根据大数据应用情境与决策需求，选择合适的数据分析技术，提高大数据分析结果的可用性、价值性和准确性。

3. 数据可视化与应用

数据可视化是指将大数据分析与预测结果以计算机图形或图像的直观方式显示给用户的过程，并利用数据分析和开发工具发现其中未知信息的处理过程。数据可视化技术有利于发现大量业务数据中隐含的规律性信息，以支持管理决策。数据可视化环节可大大提高大数据分析结果的直观性，便于用户理解与使用，故数据可视化是影响大数据可用性和易于理解性质量的关键因素。

大数据应用是指将经过分析处理后挖掘得到的大数据结果应用于管理决策、战略规划等的过程，它是对大数据分析结果的检验与验证，大数据应用过程直接体现了大数据分析处理结果的价值性和可用性。大数据应用对大数据的分析处理具有引导作用。

在进行大数据收集、处理等一系列操作之前，通过对应用情境的充分调研、对管理决策需求信息的深入分析，可明确大数据处理与分析的目标，从而为大数据收集、存储、处理、分析等过程提供明确的方向，并保障大数据分析结果的可用性、价值性和用户需求的满足。

三、大数据在规划中应用

数据已经成为驱动区域和城市发展的重要因素，在精准治理、提升居民生活的幸福感和经济的稳健发展方面有很大的施展空间。

1. 大数据在生态规划领域的应用特点

① 数据来源与类型多元化。从来源上看，与生态规划相关的数据包括以基础地理信息、高分辨率遥感影像、土地利用现状、各类资源现状、地理国情普查、基础地质、地质灾害与地质环境等现时状况为主的空间现状数据集；以基本农田保护红线、生态保护红线、城市扩展边界、国土规划、土地利用总体规划、矿产资源规划、地质灾害防治规划等基础性管控性规划为主的空间规划数据集；以不动产登记、土地审批、土地供应、矿业权审批等空间开发管理和利用信息为主的空间管理数据集；人口、宏观经济、工商企业数据等形成的社会经济数据集；百度 LBS 开放数据、新浪微博 POI 数据、大众点评网等网页结构数据以及手机信令数据形成的网络新兴数据集。从类型上看，国土空间规划相关的数据不仅有文本等结构化数据，更包含音频、视频、图片、地理位置、网络日志等非结构化数据，对数据处理能力提出了更高的要求。这些数据涵盖国土规划、国土整治、土地利用、经济社会发展、区域布局、城乡建设、交通发展、生态保护等空间信息，为生态规划提供了丰富的数据来源。

②人文生态特征越发显现。在区域和城市研究中，个体的价值观、个性、情感、心理等要素被逐步关注。随着互联网及智能设备的不断普及，新兴数据的数据规模大，生产速度快，覆盖面广，数据细节丰富且越来越多的信息携带了地理位置信息。互联网时刻记录用户的兴趣特点、交友关系、购买情况及体验评价，移动手机定位用户的实时位置和联系对象及其地理空间，传感器、摄像头、公交 IC 卡等一系列信息终端设备也在时刻获取居民活动的位置、图像及声音信息，为精确认知和掌握城乡居民时空行为特点及进行科学的模拟预测提供了丰富的"土壤"。通过对这些数据的深入挖掘，结合 GIS 分析技术，规划人员可以更清楚地了解和观察个体要素的发展、作用和变化过程，使得这一原本"黑箱"的过程变得透明、可视、可控。由于带有活动信息的地理位置是新兴数据关联的核心纽带，这将促使传统的基于"空间和场所"的研究转向基于"人、活动与空间及其关系"的研究，在以经济活动和各类用地为核心的物质空间规划基础上，更加突出了以个体日常行为活动为核心的社会空间规划内容。

2. 大数据在生态规划中的应用

① 在空间适宜性评价中应用。国土空间开发适宜性评价方面，传统方法主要通过对各类国土空间斑块集中度、廊道重要性、区位条件等空间资源本身所适宜利用功能的潜力进行评估，但是对空间资源之上现已经发生的各类人类活动缺乏考虑，往往会导致评价结果与实际相互矛盾的情况。通过采集人类活动位置、轨迹、情感意愿等大数据，建立包含人类活动

强度、活动联系、活动偏好等社会经济活动适宜性指标体系，进而综合测度国土空间适宜性，对于科学划定诸如生态保护红线、城市增长边界等具有重要的价值。

②　在生态空间规划中应用。生态空间规划主要包括生态空间评价、生态空间结构规划与生态用地布局规划等内容（图4-5）。其中生态空间结构状态和生态用地分布，除受生态资源本身的特性及发展变化控制外，往往也受人类活动的影响。在具体规划过程中，需要重点考虑生态空间与人类活动变化之间的关系，综合判断各类生态资源的等级，合理优化生态廊道网络，精准识别生态用地类型，科学界定生态用地的规模。生态空间网络规划方面，人类活动流与生态网络的匹配度是衡量生态资源连通性和服务能力的重要指标。因此，生态空间网络规划，一方面需要利用水、生物迁徙廊道、风等数据和情景分析、仿真模拟等方法分析构建自然生态流网络，另一方面通过获取人类活动轨迹大数据和社会网络分析方法分析构建人文生态流网络，进而综合确定生态空间网络体系。

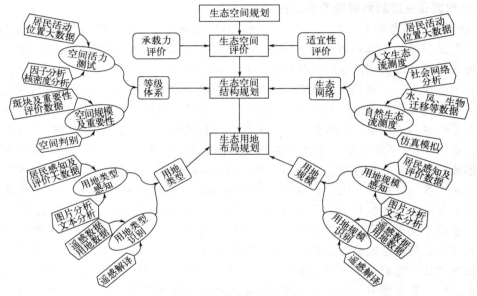

图 4-5　大数据在生态空间规划中的应用

（秦萧等，2019）

生态用地布局规划重点是确定生态用地的类型与规模。一方面利用遥感数据和解译方法识别现时生态用地类型；另一方面，可以通过采集人类对生态空间的主观感知大数据（如游客在社交网站上上传的生态空间照片与评论数据、百度或谷歌街景数据等），利用图片分析、机器学习、文本分析等方法，识别图片中反映出的生态空间具体现状类型，同时提取居民对这些用地类型服务功能质量的评价及对其改造提升的意愿，结合保护与开发建设的目标和需求，合理优化生态用地具体类型与范围。采集居民对生态用地评论大数据，利用文本分析方法提炼居民对于生态空间现状规模方面的评论及需求，为新增生态用地的布局提供支撑。

③　大数据在公共服务设施布局公平性方面应用。公共服务设施布局公平性不但需要考虑设施布局的数量及密度对居民的辐射能力，还需要考虑设施服务的类型差异程度和服务质量对居民需求的满足情况和吸引能力。可以通过采集公共服务设施POI和居民网络评论数据（如网上居民对公园绿地、学校、医院、商场、文化体育等服务设施的评价及打分），利用核密度分析、差异度分析、引力模型等方法进行设施公平性的测度。

④ 大数据在人口分布与活动联系分析方面应用。人口分布可以利用手机、互联网等手段采集居民活动位置大数据，结合核密度分析等方法对其进行测度；人口活动联系可以利用社会网络分析方法对居民活动轨迹大数据进行挖掘。

◆ 思考题 ◆

1. 生态调查主要内容哪些？
2. 参与式调查有什么特点？
3. 问卷调查设计应注意什么问题？
4. 大数据在生态规划中有哪些应用？

◆ 参考文献 ◆

[1] 欧阳志云，王如松 . 区域生态规划理论与方法 ［M］. 北京：化学工业出版社，2005.
[2] 章家恩 . 生态规划学 ［M］. 北京：化学工业出版社，2009.
[3] 张文军 . 生态学研究方法 ［M］. 广州：中山大学出版社，2007.
[4] 杨士弘 . 自然地理学实验与实习 ［M］. 北京：科学出版社，2002.
[5] 洪剑明，冉东亚 . 生态旅游规划设计 ［M］. 北京：中国林业出版社，2006.
[6] 聂恒辉，陈大春 . 我国大数据应用研究热点统计及趋势 ［J］. 电子技术与软件工程，2020（13）：124-125.
[7] 叶梦，孙建华 . 浅谈国土空间规划领域的大数据应用 ［J］. 浙江国土资源，2019（5）：45-47.
[8] 秦萧，甄峰，李亚奇，等 . 国土空间规划大数据应用方法框架探讨 ［J］. 自然资源学报，2019，34（10）：2134-2149.

第五章
生态评价

第一节　生态评价及其特点

生态评价是应用复合生态系统的观点，以及生态学、环境科学、系统科学等学科的理论和技术方法，对评价对象的组成、结构、生态功能与主要生态过程、生态环境的敏感性与稳定性、系统发展演化趋势等进行综合评价分析，以认识系统发展的潜力与制约因素，评价不同的政策和措施可能产生的结果。进行生态评价是协调复合生态系统发展与环境保护关系的需要，也是制定生态规划的基础。

一、生态评价的意义、特点

1. 生态评价的意义

生态评价始终贯穿于整个生态规划过程中，它既要对历史和现状进行评价，找出差异原因，也要对规划结果进行评价，预测未来，进行对比。综合分析方案的目标、效益，选择较适宜、可行的方案。其意义主要表现在：

① 生态评价为生态规划方案的制定提供重要依据。在开展各类生态规划过程中，首先必须进行生态评价这一基础性工作。

② 通过生态评价，有助于从生态系统的角度，全面认识社会、经济、环境之间的相互关系及其发展变化规律，为科学合理开发资源、协调系统结构与功能提供依据。

2. 生态评价的特点

生态评价的实质是一个多属性决策问题，是将多维空间的信息通过一定规则压缩到一维空间进行比较。由于不同的评判者对系统目标的理解追求不同、评判方法和角度也不相同，因而评判结果有一定的主观性，对同一系统状态可能有不同的评判结果。所以生态评价不应是对系统状态的精确表述，而只是对系统发展趋势的一种相对测度。生态评价包括 3 个要素：评价者、评价对象、评价参照系。

① 评价过程受评价者效用原则及个人偏好影响，也受其识别能力和环境状况的限制，

具明显的主观性。

② 评价对象的信息往往是不完全的、粗糙的、模糊的及随机变化的，具一定的不确定性。

③ 生态评价比较的是一个多属性的目标系统，生态因子空间不是全序，而是偏序。

二、生态评价的基本内容

生态评价包括评价和预测两个过程，互为基础，有以下四个方面的内容。

（1）系统辨识

通过建立指标体系进行评价、辨识，目的是找出目标系统的差异，为决策者提供利用机会、避免风险、调整结构、改善功能的较为直观的决策依据。在辨识过程中有 3 类因素十分重要：

① 主导的利导因子和限制因子。

② 关键的正、负反馈环节及过程。

③ 重要的风险与机会。

例如，高林（1996）在进行城市生态系统辨识时，确定以下指标体系，见表 5-1。

表 5-1 城市生态系统辨识的指标体系

过程		指标			控制论标尺	目的
组分辨识	类别	人口	资源	环境	空载 ↕ 超载	辨识优势 与劣势
	内容	人口密度、总数、结构动态、科技水平、管理水平、文化水平、道德水平、居住密度、建筑密度、交通密度、产值密度、投资密度	水供应能力、能源供给能力、物资供应能力、土地供给能力、矿产资源供给能力、交通运输量、食品生产能力	地质、地形、气候、土壤、植被、水文、土地、市场、政策		
	综合指标	人类活动强度	资源承载能力	环境容量		
功能辨识	类别	生活	生产	还原	高序 ↕ 低序	辨识效益 与损失
	内容	收入水平、供应水平、住房水平、服务水平、健康水平、教育质量、文娱水平、安全水平、交通便利度、设施便利度、休闲时间	固定资产产出率、劳动生产率、资金周转率、产值利税率、能耗系数、物耗系数、水耗系数	水体污染物超标率、空气污染超标率、噪声强度、植被覆盖率、鸟类栖息率、景观适宜度、自然保护灾害频率		
	综合指标	生活质量	经济效益	环境有序度		
过程辨识	类别	物理	事理	情理	良性循环 ↕ 恶性循环	辨识机会 与风险
	内容	物质投入产出比、能量投入产出比、水循环利用率	土地利用比例、基础设施比例、产业结构比例、城乡关系比例、多样性指数	生活吸引力、生产吸引力、依赖性指数、反馈灵敏性、生态意识		
	综合指标	生态滞竭指数	生态协调指数	自我协调能力		

在利用上述指标对天津市城市生态系统辨识中发现，该系统的利导因子为海岸带、交通、技术和地理区位，而水资源短缺、投资不合理等是限制因子。关键的正反馈环节是人口-城市建设、教育-生产关系；而关键负反馈环节为市内工业-污染、人口密度-生活质量。主要风险为水污染、区域生态系统退化；机会则是北方地区除北京外的工业、贸易、金融中心，西太平洋的一个重要港口。

（2）行为模拟

利用数学模型进行模拟，根据模拟的结果评判所采取措施的好坏，以及对外部干扰反应的强弱，常用系统动力学模型、灵敏度模型等进行。

考虑到复合系统生态单元是无限的，规划中只需研究那些与关键组分及目标问题直接相关的部分。例如城市生态系统中可考虑土地利用与住房问题、资金流动、城市化过程、旧城改造、绿地系统等进行模拟评价。

（3）趋势性预测

对系统有关的单因子发展趋势进行预测，如人口增长、粮食生产、工业产值等，可采用多种模型。例如趋势外推法、投入/产出、回归预测、类推灰色预测等。

（4）对策性预测

人为控制某些因素，分析其改变对系统状态变化趋势的影响，它属于强迫性的，用于检验分析对策可能带来的结果。

复合生态系统的评价所要探索的问题有：

① 系统现时发展状态如何；

② 系统在未来时段将向什么方向发展；

③ 作为复合生态系统核心的人，如何调控系统的发展；

④ 系统发展的优势和问题何在；

⑤ 系统内部有哪些反馈关系，调节机制如何；

⑥ 哪些是系统发展的利导因子，哪些是限制因子；

⑦ 物流、能流在系统中流动是否畅通；

⑧ 政策对系统整体与局部的影响有多大。

第二节　生态评价的指标体系

一、生态评价指标体系的原则与要求

生态评价所面对的是一个十分复杂的多属性、多标准和多层次的综合大系统，其指标体系的建立属于多属性评判问题。必须建立多目标的评价体系，而且评价体系要在系统中具有评价、预测和控制的功能。指标体系的基本要求应满足以下几个方面：

① 具有相对完备性，即评价指标体系能在生产、生活、社会进步与环境保护方面反映大系统整体性。

② 反映系统时空变化特征，同时各指标应具有一定程度的独立性和稳定性。

③ 反映系统层次性，根据评价的需要和详尽程度对指标进行分层分级，满足系统预测、

结构、功能分析要求。

④ 在计量范围、统计口径、含义解释、计算方法上协调一致。

⑤ 具有合理性，可测，可操作，可比较，可推广，在较长时间和较大范围内都能适用。

二、生态评价指标体系的分类

生态评价的指标体系可按评价对象及评价目的来确定，一般应分社会指标、经济指标、生态环境指标几个大方面，每个方面再包含若干分指标。

1. 社会、经济、环境指标体系

这是应用最为广泛的一类指标体系，针对复合生态系统的特点，分别从社会、经济、环境三方面选取有代表性的指标（表5-2），并分别赋予不同的权重，从而对系统做出综合评价。

表 5-2　社会、经济、环境指标体系

经济发展水平指标	社会生活水平指标	生态环境质量指标
人均社会总产值	人均月收入	绿化覆盖率
人均国民收入	人均年消费水平	人均绿地面积
地方财政收入总额	人均每天食物摄入热量	绿地分布均衡度
社会商品零售总额	人均居住面积	建成区人均公园绿地面积
全民企业全员劳动生产率	人均生活用水量	大气 SO_2 浓度达标率
全民所有制单位科技人员数	生活用能气化率	大气颗粒物浓度达标率
百元固定资产实现产值	蔬菜、乳、蛋自给率	有害气体处理率
百元产值实现利税	千人养老机构床位数	重要江河湖泊水功能区水质达标率
投资收益率	中等教育普及率	生产、生活废水处理率
单位能耗产值	每千人拥有医院病床数	工业固体废物综合利用率
能源综合利用率	每千人拥有公交车辆数	生活垃圾分类及处理率
单位土地产值	每千人拥有移动电话数	
第三产业占 GDP 比重	每平方公里商业服务网点数	
	文体设施服务人员数	

2. 人口、资源、环境、社会、经济指标体系

这一指标体系由人口、资源、环境、社会、经济五个方面的指标构成。每个方面可划分不同的小类，各类别下再明确具体的指标。如环境方面就可以分为土地利用状况和环境污染两类，而社会方面可划分出物质生活、生活供应、教育服务、医疗服务、文化娱乐等类别。

3. 生态系统发展指标体系

这是将生态系统评价的指标引入复合生态系统中，从系统的结构、功能和协调性方面选取指标，对系统总体发展状况进行评价。例如在进行城市可持续发展水平评价时，选用以下指标体系（图5-1）：

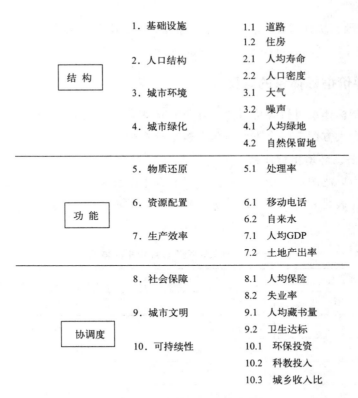

图 5-1　城市可持续发展综合指标

第三节　生态状况评价

生态环境是人类赖以生存和发展的基础空间，其质量水平关系到区域经济、社会的可持续发展。一般认为，生态环境状况不仅包括了生态系统及其各组分，特别是有生命组分的质量变化规律，而且还包括不同生态系统的动态变化及外部特征——系统状态及不同生态系统状态对人类生存的适宜程度等方面的内容。生态环境状况评价是对一个具体的时间和空间范围内，对与人类有关的自然资源及人类赖以生存的环境的优劣程度所做出的评定。

一、生态环境状况评价的方法

生态环境质量状况评价（ecological and environmental quality assessment）可分为生态环境质量现状评价和生态环境状况变化幅度评价。生态环境质量现状评价一般是根据当前的生态环境监测资料，通过相关指标或指数对生态环境现状进行评价，了解某区域生态环境的现状水平；生态环境状况变化幅度评价通过对连续几年某区域的生态环境状况进行评价，分析其变化幅度，并确定生态环境优劣变化方向。

自 20 世纪 80 年代末 90 年代初开始，我国的生态环境状况评价已引起人们的重视，近年来在对不同类型、不同空间尺度的生态环境状况评价方面取得了一定的进展，目前国家已制定了相关的标准、行业规范与设计标准。现以 2015 年 3 月颁布实施的《生态环境状况评价技术规范》（HJ 192—2015）为例，介绍生态环境状况评价的过程及方法（二维码5-1）。

二维码5-1
生态环境状况
评价的过程及
方法

二、生态系统健康评价

1. 生态系统健康概念

生态系统健康概念的提出只有 20 余年，从生态学角度看，却可以追溯到 20 世纪 40 年代初。1941 年，美国著名生态学家、土地伦理学家 Aldo Leopold 首先定义了土地健康，并使用了"土地疾病"这一术语来描绘土地功能紊乱，他把"土地有机体健康"作为内部的自我更新能力，认为考虑"土地有机体健康"应当与人们考虑个人有机体的健康一样。成立于 1941 年的新西兰土壤学会（后更名为新西兰土壤与健康学会）在第二年就出版发行了《土壤与健康》杂志，积极倡导有机农业，提出"健康的土壤→健康的食品→健康的人"。60～70 年代以后，随着全球生态环境日趋恶化，受到破坏的生态系统越来越多，人类社会面临着生存与发展的强大挑战。在这一时期，生态学得到迅速发展。进入 80 年代，人们越来越关心胁迫生态系统的管理问题。1984 年，在美国生物科学联合会年会上，美国生态学会主办了题为"胁迫生态系统描述与管理的整体方法"的研讨会。1988 年，Schaeffer 等首次探讨了有关生态系统健康度量的问题，但没有明确定义生态系统健康。1989 年，Rapport 论述了生态系统健康的内涵。上述 2 篇文献成为生态系统健康研究的先导。1999 年 8 月，"国际生态系统健康大会——生态系统健康的管理"在美国加利福尼亚州召开。这次大会的 3 个主题是"生态系统健康评价的科学与技术""影响生态系统健康的政治、文化和经济问题"以及"案例研究与生态系统管理对策"。这次大会成为推动生态系统健康学发展的里程碑。

"健康"不仅适用于人类，而且也已应用于其他生命形式和方面，包括动物、植物乃至人类社会制度和社会结构。虽然生态系统不是有机体，但却是包含生命的超有机体的复杂组织，生态系统的一些特征，如波动和衰退，都可认为是生态系统健康与否的表现，因此，"健康"的概念也可用于各种生态系统。Costanza 从生态系统自身出发，将生态系统健康的概念归纳如下：①健康是生态内稳定现象；②健康是没有疾病；③健康是多样性或复杂性；④健康是稳定性或可恢复性；⑤健康是有活力或增长的空间；⑥健康是系统要素间的平衡。他强调生态系统健康恰当的定义应当是上面 6 个概念结合起来。也就是说，测定生态健康应该包括系统恢复力、平衡能力、组织（多样性）和活力（新陈代谢）。Costanza 曾给出一个普遍认同的定义：健康的生态系统是稳定而且可持续发展的，也就是说，健康的生态系统应能够维持自身的组织结构长期稳定，并具有自我运作能力，同时对外界压力有一定的承受弹性。美国国家研究委员会指出"如果一个生态系统有能力满足我们的需求并且在可持续方式下，产生所需要的产品，这个系统就是健康的"。

一般来说，健康的生态系统应该具有以下特征：①不存在失调症状；②具有良好的恢复能力和自我维持能力；③对邻近的其他生态系统没有危害；④对社会经济的发展和人类的健康有支持推动作用。

2. 生态系统健康评价指标

评价生态系统是否健康可以从活力（vigor）、组织结构（organization）和恢复力（resilience）等 3 个主要特征来定义。活力表示生态系统功能，可根据新陈代谢或初级生产力等来测量；组织结构根据系统组分间相互作用的多样性及数量来评价；恢复力也称抵抗能力，根据系统在胁迫出现时维持系统结构和功能的能力来评价，当系统变化超过它的恢复力时，系统立即"跳跃"到另一个状态。依据人类利益，健康的生态系统能提供维持人类社区的各种生态系统服务，如食物、纤维、饮用水、清洁空气、废弃物吸收并再循环的能力等。因此，结合生态系统观和人类功利观看，健康的生态系统能够维持它们的复杂性同时能满足人类的需求。评价生态系统健康首先需要选用能够表征生态系统主要特征的参数，如生境质量、生物的完整性、生态过程、水质、水文、干扰等。

生态系统健康度量成分、有关概念和方法见表 5-3。

表 5-3　生态系统健康度量成分、有关概念和方法（Costanza et al.，1992）

健康成分	有关概念	度量指标	起源领域	可能的方法
活力	功能	GPP，NPP	生态学	度量法
	生产力	GNP，GEP	经济学	
	通过量	新陈代谢	生物学	
组织	结构	多样性指数	生态学	网络分析
	生物多样性	平均共有信息可预测性	生态学	
弹性		生长范围	生态学	模型模拟
联合性		优势	生态学	

生态系统健康评价体系如图 5-2 所示。

3. 案例分析

具体内容见二维码 5-2。

二维码5-2
生态系统健康
评价案例分析

三、生态安全评价

1. 生态安全

（1）生态安全的概念

"生态兴则文明兴，生态衰则文明衰"。生态安全直接影响人类社会的发展和进步，是国家安全的重要组成部分，也是我国生态系统研究的热点和重大科学问题之一。

生态安全（ecological security）作为与国家安全密切相关的名词，是近 20 多年来才逐渐被赋予其科学内涵的（刘红等，2005）。当前，对生态安全存在广义和狭义两种理解：前者以国际应用系统分析研究所（international institute of applied system analysis，IIASA）于 1989 年提出的为代表，认为生态安全指在人的生活、健康、安乐、基本权利、生活保障来源、必要资源、社会秩序和人类适应环境变化的能力等方面不受威胁的状态，包括自然生态安全、经济生态安全和社会生态安全；狭义的生态安全则专指人类赖以生存的生态环境的安全。目前，国内外学者对生态安全的理解大多集中在其狭义概念上，主要从生态系统或生态环境方面对其进行阐述。如肖笃宁等（2002）认为，生态安全是维护一个地区或国家乃至

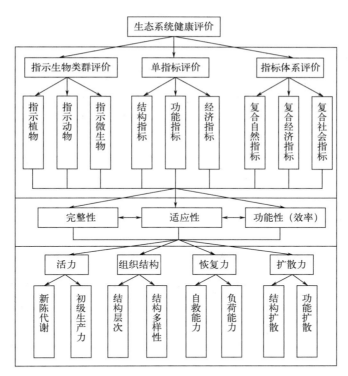

图 5-2　生态系统健康评价体系

(孔红梅等，2002)

全球的生态环境不受威胁的状态，能为整个生态经济系统的安全和持续发展提供生态保障。Rogers（1999）与左伟（2002）将生态安全理解为一个国家或区域生存和发展所需的生态环境处于不受或少受破坏与威胁的状态，即自然生态环境能满足人类和群落的持续生存与发展需求，而不损害自然生态环境的潜力。

（2）生态安全的构成

生态环境系统是一个复杂的有机整体，受到自然因素和人文因素的共同影响。生态安全既是区域可持续发展所追求的目标，又是一个不断发展的过程体系。生态安全是一个由国土安全、水资源安全、环境安全和生物安全四方面组成的动态的安全体系（见图 5-3）。

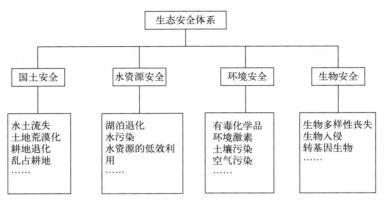

图 5-3　生态安全体系构成

（3）生态安全评价的概念

生态安全评价（ecological security assessment）是根据所选定的指标体系和评价标准，运用恰当的方法对生态环境系统安全状况进行定量评估，是在生态环境或自然资源受到一个或多个威胁因素影响后，对其生态安全性及由此产生的不利的生态安全后果出现的可能性进行评估，最终为国家的经济、社会发展战略提供科学依据。生态安全评价以区域生态环境为中心，以生态环境系统和经济、社会以及人类自身的稳定性和可持续性作为评判标准。

目前，我国生态安全评价已呈现出以空间尺度为主流，以时间尺度为支流，以区域生态安全评价为核心，流域、国家安全评价辅之的研究格局，不少学者在评价指标及方法上都做了大量的有益探索。

2. 生态安全评价的方法

生态安全评价是由评价主体、评价对象、评价目的、评价指标标准和评价方法5个相互依存、相互作用的要素构成的（李辉等，2004）。评价主体是指负责实施生态安全评价工作的组织或个人。评价对象是生态安全评价系统的评价客体。评价目的是评价人类生态系统面临危险的可能性及其后果的严重程度，以寻求最优的系统安全状态，维护人类生态系统的服务功能和可持续性。

生态安全评价方法可分为定性评价方法和定量评价方法。其中定性评价可通过具有少量定量信息的效应影响作出评价，从而为决策过程的调查研究获取多层次的信息资料。定量评价方法则主要包括暴露-响应分析模式、综合指数法、模糊综合法、层次分析法、聚类分析法、生态足迹法、能值分析法、生态模型模拟法、景观生态安全格局法等（见表5-4）。其中综合指数法是应用最多的方法。随着模型分析方法的快速发展，将一些成熟的生态模型运用到生态安全问题的研究中也成为近年来生态安全评价的重要发展方向。

表5-4　生态安全评价的主要方法及实例

评价模型	代表性方法	特点	实例
数学模型	综合指数法	体现生态安全评价的综合性、整体性和层次性，但易将问题简单化，难以反映系统本质	海南岛生态安全评价（肖荣波等，2004）
	层次分析法	评价指标优化归类，需要定量化数据较少，但存在随意性，难以准确反映生态环境及生态安全评价领域实际情况	旅游地生态安全评价研究——以五大连池风景名胜区为例（董雪旺，2003）
	聚类分析法	适用于指标选取、指标权重的计算及指标阈值的确定等各个环节，但当指标数量少、指标数值变化较小时，将会影响聚类结果	内蒙古锡林浩特市生态安全评价与土地利用调整（卢金发等，2004）
	模糊综合法	考虑生态安全系统内部关系的错综复杂及模糊性，但模糊隶属函数的确定及指标参数的模糊化会掺杂人为因素并丢失有用信息	中小型水库库区生态安全性综合评价（张继等，2005）
	灰色关联法	对系统参数要求不高，特别适应尚未统一的生态安全系统，但分辨系数的确定带有一定主观性，从而影响评价结果的精确性	首都圈怀来县生态安全评价（陈浩等，2003）

续表

评价模型	代表性方法	特 点	实 例
数学模型	物元评判法	有助于从变化的角度识别变化中的因子,直观性好,但关联函数形式确定不规范,难以通用	城市生态安全评价指标体系与评价方法研究(谢花林等,2004)
	主成分投影法	克服指标间信息重叠问题,客观确定评价对象的相对位置及安全等级,但未考虑指标实际含义,易出现确定的权重与实际重要程度相悖的情况	主成分投影法在生态安全评价中的应用(吴开亚,2003)
生态模型	生态足迹法	表达简明,易于理解,但过于强调社会经济对环境的影响而忽略其他环境因素的作用	西昌市生态空间占用及其生态系统安全评估(方一平等,2004)
景观生态模型	景观生态安全格局法	景观生态安全可以从生态系统结构出发综合评估各种潜在生态影响类型	生物保护的景观生态安全格局(俞孔坚,1999)
	景观空间邻接度法	在空间尺度上特别适应生态安全研究,主要着眼于相对宏观的要求	绿洲景观空间邻接特征与生态安全分析(角媛梅等,2004)

3. 案例分析

具体内容见二维码5-3。

二维码5-3
生态安全评价
案例分析

四、生态风险评价

1. 生态风险评价的概念

生态风险评价是研究一种或多种压力形成或可能形成的不利生态效应的可能性的过程(USEPA,1992)。生态风险评价的内涵包括以下几个方面:

① 生态风险的描述可以是定性判别,也可以是定量概率;

② 生态风险评价可以是对未来风险的预测,也可以回顾性地评价已经或正在发生的生态危害。它包括对风险的源头、压力和效应的评价;

③ 生态风险评价可以追溯单一压力或多重压力,特别强调人类活动对压力的形成或影响;

④ 生态风险评价涉及对生态系统的有价值的结构或功能特征的人为改变(或有害趋势);

⑤ 研究不利生态影响即是研究这种危害的类型、强度、影响范围和恢复的可能性。

生态风险评价的目的是帮助人们了解和预测外界生态影响因素和生态后果之间的关系,有利于环境保护决策的制定。生态风险评价被认为能够用来预测未来的生态不利影响或评估因过去某种因素导致生态变化的可能性。

2. 生态风险评价的作用

生态风险评价是管理决策的基础。其评价对决策的影响主要表现在:

① 不良的生态效应是压力作用的函数,通过评价它们之间的关系,有助于决策者对备选方案的权衡和检验;

② 不确定性评价给出了一个可信度范围,使决策者关注那些可以提高可信度的进一步研究;

③ 风险评价提供了风险的比较、排序和区分优先级,使管理者便于选取管理对策;

④ 风险评价强调以良好的定义和相关的终点使评价结果以管理者便于使用的方式表达。

生态规划往往提出多个方案和措施,对这些方案和措施实施后可能产生的生态风险进行评价与比较，有助于决策者选择合理的方案和进行管理。

3. 生态风险评价的基本程序

生态风险评价一般分为五个主要的步骤，即风险评价的规划、问题的形成、分析过程、生态风险表征、风险的报告（图5-4）。

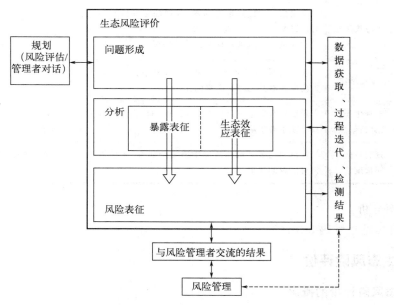

图5-4　生态风险评价的基本流程

（1）生态风险评价的规划

风险评价者与管理者就所评价的问题进行充分交流是评价的基础性工作，也是下一阶段"问题形成"的基础。在该阶段，风险管理者与评价者要明确评价的目标、范围和时间以及达到目的的有效资源和必要性；要综合生态系统、法律法规要求、公众的价值等信息来解释评价目标。具体规划集中在以下三方面：

① 建立统一、清晰并含有评价成功与否的尺度的管理目标；

② 明确定义在管理目标范围内的决策；

③ 确定风险评价的范围、复杂性和评价焦点，包括结果输出和技术、财政的准备。

（2）问题的形成

问题形成阶段是生态风险评价的依托。其目标是建立风险评价的目标，确定存在的问题及制订分析数据和表征风险的计划。该阶段主要有以下几方面的内容：

① 综合有效信息。综合有效信息的目的是提供一个有价值的系统方法，组织和研究所有压力和可能的效应的关键信息。由于认识或发现风险的角度不同，风险评价可以有不同的开始。从压力或源开设的风险评价需要寻找与压力有关的生态系统效应信息；从观察到的条件改变或效应开设的风险评价则需要寻找潜在的压力或源的信息；而从特定生态价值开设的评价，需要特定条件或相关效应。

② 选择终点。评价终点是"期望保护的环境价值的明确表征"（USEPA，1992）。评价终点与生态风险评价的关联取决于它们对敏感的生态完整性的反映程度。在此必须明确选择要保护的是什么以及如何定义评价的终点。

③ 概念模型。概念模型是要保护的生态完整性对所暴露的压力的响应的文字描述和形

象表示，也包括影响这些响应的生态过程。概念模型的复杂性取决于问题的性质、压力和评价终点的数量、效应性质和生态系统特征的复杂性。它由两个基本部分构成，一是描述预测的压力、暴露和评价终点的合理关系的风险假设；二是表示风险假设中的各种关系框图。风险假定是基于有效信息基础上的风险假设表述，它是潜在压力、压力特征和观察或预测的评价终点的综合评判。这些假定首先假设已发生的生态效应和引起效应的源和压力，然后据此预测压力效应。概念模型框架来自理论、逻辑、经验数据和数学模型，它对于形成合理的风险假定有帮助。

④ 分析计划。分析计划是问题形成阶段的最后工作内容，包括在分析阶段研究的及问题形成阶段定义的最重要的风险途径和关系，考虑分析阶段与管理有关的、必要的置信水平所需的数据要求和分析方法。

（3）分析阶段

该阶段主要对数据进行技术研究，归纳出生态暴露及压力与生态效应的关系。有两个基本内容：一是暴露表征，分析和描述压力的数据、环境中压力的贡献、生态受体对压力的关联和共生等；二是生态效应表征，分析描述压力-效应贡献，证实暴露所形成的压力引发的反应，并外推到评价终点上。该阶段过程如图 5-5 所示。

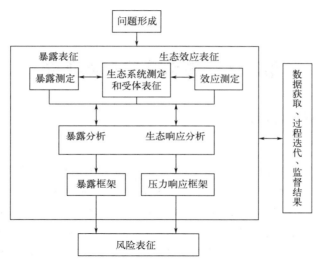

图 5-5　分析阶段流程图

（4）生态风险表征

该阶段是使用分析阶段的结果，估计在问题形成阶段的第三步——分析计划中确认的评价终点究竟面临多大的风险，解释风险估计，报告结果。它应给出明确的信息，供风险管理者作出决策，如不能充分定义生态风险，支持风险管理，则可选择新一轮的风险评价过程。该过程包括两部分内容：

① 风险评估。通过综合暴露和效应数据进行风险评估，并确定其不确定性，评估评价终点的不利效应的可能性。可采用定性分类表达、单点暴露-效应、完整的压力-效应关系、综合效应估计的变异性、以暴露和效应为基础的机理模型、基于经验方法的估计等不同方法进行风险估计。

② 风险解释。在风险估计后，归纳和解释与风险评价终点有关的信息，包括对支持和反对风险评估的证据的排列及对评价终点不利的效应的解释。

（5）风险报告

风险表征完成后，评价者能够估计生态风险，指出风险估计的置信度，列出支持风险估计的证据和解释风险的危害，这些内容均需写入生态风险评价报告中。报告要求清楚、明晰、合理和一致，应具备以下要素：

① 描述风险评价者或管理者的计划；

② 综述概念模型和评价终点；

③ 讨论主要数据源和使用的分析程序；

④ 评估压力-反应和暴露框架；

⑤ 描述与评价终点关联的风险，包括风险估计和危害研究；

⑥ 评估和总结主要的不确定性及方向，说明使用的方法，讨论不确定性的程度，确认主要数据的缺陷，指出增加数据收集是否可提高评级结果的置信度，讨论用于弥补信息不足而采取的科学判断或缺省假设以及这些假设的科学基础。

生态风险评价是一个预测人类活动对生态系统结构、过程和功能产生不利影响可能性的过程，是发现、解决生态环境问题的决策基础，也是生态规划评价的一个重要内容。

4. 案例分析

具体内容见二维码5-4。

二维码5-4
生态风险评价
案例分析

第四节 生态系统服务评价

一、生态系统服务的概念

1. 生态系统服务的内涵

生态系统服务（ecosystem service）是指生态系统与生态过程所形成及所维持的人类赖以生存的自然环境条件与效用，它不仅给人类提供生存必需的食物、医药及工农业生产的原料，而且维持了人类赖以生存和发展的生命支持系统（Daily，1997；欧阳志云等，1999）。换句话来讲，生态系统服务是指对人类生存和生活质量有贡献的生态系统产品和服务。产品是指在市场上用货币表现的商品，服务是不能在市场上买卖，但具有重要价值的生态系统的性能，如净化环境、保持水土、减轻灾害等。离开了生态系统对于生命支持系统的服务，人类的生存就要受到严重威胁，全球经济的运行也将会停滞。生态系统服务是客观存在的，生态系统服务与生态过程紧密地结合在一起的，它们都是自然生态系统的属性。生态系统，包括其中各种生物种群，在自然界的运转中，充满了各种生态过程，同时也就产生了对人类的种种服务。由于生态系统服务在时间上是从不间断的，所以从某种意义上说，其总价值是无限大的。

与传统经济学意义上的服务（它实际上是一种购买和消费同时进行的商品）不同，生态系统服务只有一小部分能够进入市场被买卖，大多数生态系统服务是公共物品或准公共物品，无法进入市场。生态系统服务以长期服务流的形式出现，能够带来这些服务流的生态系统是自然资本。

2. 生态系统服务的类型

生态服务分类系统将主要服务功能类型归纳为产品提供、调节、文化和支持四个大的功能组（图 5-6）。产品提供功能是指生态系统生产或提供的产品；调节功能是指调节人类生态环境的生态系统服务功能；文化功能是指人们通过精神感受、知识获取、主观映像、消遣娱乐和美学体验从生态系统中获得的非物质利益；支持功能是保证其他所有生态系统服务功能提供所必需的基础功能，区别于产品提供功能、调节功能和文化服务功能，支持功能对人类的影响是间接的或者通过较长时间才能发生，而其他类型的服务则是相对直接地和短期影响人类。

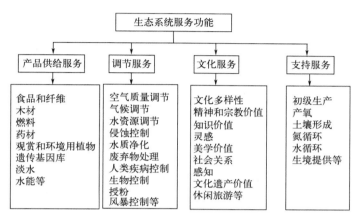

图 5-6　联合国千年生态系统评估生态系统服务功能分类
（《千年生态系统评估报告集》，中国环境科学出版社，2007）

二、生态系统服务价值评估

生态系统服务对人类具有很大的价值，正确认识这些价值并对其进行数量上的评估，对于更好地发挥生态系统服务功能并使其持续地满足人类福祉需求具有重要意义。

价值量评价法主要是从货币价值量的角度对生态系统提供的服务进行定量评价，其价值评估是生态环境保护、生态功能区划、环境经济核算和生态补偿决策的重要依据和基础。

1. 生态系统服务价值构成

生态系统服务的价值构成源自对生物多样性的研究。1993 年，联合国环境规划署（UNEP）在其《生物多样性国情研究报告指南》里，将生物多样性价值划分为有明显实物性的直接用途、无明显实物性的直接用途、间接用途、选择用途和存在价值 5 个类型。D. W. Pearce（1994）将生物多样性的价值分为使用价值和非使用价值两部分，其中使用价值又可分为直接使用价值、间接使用价值和选择价值，非使用价值则包括保留价值和存在价值。经济合作与发展组织 1995 年编写的《环境项目和政策的经济评价指南》，在 D. W. Pearce 价值分类系统的基础上把选择价值和保留价值、存在价值进行了合并。在《中国生物多样性国情研究报告》一书中，王健民等提出生物多样性总价值应包括直接使用价值、间接价值、潜在使用价值和存在价值四个方面，其中，潜在使用价值包括潜在选择价值和潜在保留价值。

（1）直接价值

直接价值（direct value）指生态系统服务功能中可直接计量的价值，是生态系统生产的生物资源的价值，如粮食、蔬菜、果品、饲料、鱼以及薪材、木材、药材、野味、动物毛皮、食用菌等的价值，这些产品可在市场上交易并在国家收入账户中得到反映，但也有相当多的产品被直接消费而未进行市场交易。除上述实物直接价值外，还有部分非实物直接价值（无实物形式但可以为人类提供服务或直接消费）如生态旅游、动植物园观赏、科学研究对象等。

（2）间接价值

间接价值（indirect value）指生态系统给人类提供的生命支持系统的价值。这种价值通常远高于其直接生产的产品资源价值，它们是作为一种生命支持系统而存在。例如 CO_2 固定和释放 O_2、水土保持、涵养水源、气候调节、净化环境、生物多样性维护、营养物质循环、污染物的吸收与降解、生物传粉等。

（3）选择价值

选择价值（option value）指个人和社会为了将来能利用（这种利用包括直接利用、间接利用、选择利用和潜在利用）生态系统服务功能的支付意愿（WTP）。选择价值的支付愿望可分为下列 3 种情况：为自己将来利用；为自己子孙后代将来利用（部分经济学家称之为遗产价值）；为别人将来利用（部分经济学家称之为替代消费）。

选择价值是一种关于未来的价值或潜在价值，是在做出保护或开发选择之后的信息价值，是难以计量的价值。对服务功能价值的估价是以关于该功能的知识量或信息量为基础的，如果我们对被评价对象没有任何知识或信息，谈论它的价值是毫无意义的，无论是对它的未来价值、当前价值还是历史价值都是如此。但这些并不代表选择价值无关紧要，只是我们不知道、无法估算而已。例如，1979 年在墨西哥一座小山上发现的一种正要被清除的多年生植物，后来用它杂交出了多年生玉米，据估计由此创造出每年 68 亿美元的价值（李金昌，1999）。现在人类种植的作物和饲养的家畜家禽都存在逐步退化问题，而新品种的培育都需要野生物种，仅从这一点考虑，生态系统提供的选择价值对人类的生存和发展都是十分重要的。

（4）遗产价值

遗产价值（bequest value）指当代人将某种自然物品或服务保留给子孙后代而自愿支付的费用或价格。遗产价值还可体现在当代人为他们的后代将来能受益于某种自然物品和服务的存在的知识而自愿支付的保护费用。例如，为使后代人知道我们地球上存在金丝猴、大熊猫等而自愿捐钱捐物。遗产价值反映了一种人类的生态或环境伦理价值观，即代间利他主义（intergenerational altruism）。关于遗产价值存在两种观点：一种认为它是面向后代人对自然的使用的，因而可以归为选择价值的范畴；另一种观点认为遗产价值的概念是指能确保自然物品和服务的永续存在，它仅作为一种一个自然存在的知识遗产而保留下来，并不牵涉未来的使用问题，所以它可归属于存在价值范畴。目前，学术界一般都将它单独列出，与选择价值和存在价值并列。

（5）存在价值

存在价值（existence value）也称内在价值（intrinsic value），是指人们为确保生态系统服务功能的继续存在（包括其知识保存）而自愿支付的费用。存在价值是物种、生境等本身具有的一种经济价值，是与人类的开发利用并无直接关系但与人类对其存在的观念和关注相关的经济价值。对存在价值的估价常常不能用市场评估方法，因为基于成本-效益对一个物种的存在去进行精确分析，显然是不会得到任何有意义的结果的，在处理存在价值评价问题上只能应用一些非市场的方法（如支付意愿），尤其是伦理学、心理感知、认识论等哲学甚至宗教学方法。

根据前面对价值构成系统的评述可以看到，生态系统服务的总价值是其各类价值的总和，即：

$$TEV(总价值) = UV + NUV$$

其中，UV（使用价值）包括直接使用价值（DUV）、间接使用价值（IUV）和选择价值（OV）；NUV（非使用价值）包括遗产价值（BV）和存在价值（XV）。因此，总价值（TEV）可表示为：

$$TEV = UV + NUV = (DUV + IUV + OV) + (BV + XV)$$

2. 生态系统服务价值的评价方法

生态系统服务价值评价方法众多，至今尚未形成统一、规范、完善的评价标准，目前，生态系统服务价值核算可以大致分为两类，即基于单位服务功能价格的方法和基于单位面积价值当量因子的方法。

（1）功能价值法

即基于生态系统服务功能量的多少和功能量的单位价格得到总价值。常采用以下3种方法进行评价。

① 直接市场价值法。直接市场价值法是指生态系统所提供的产品和服务在市场上交易所产生的货币价值。分为市场价值法和费用支出法两种。市场价值法以生态系统提供的商品价值为依据，如提供的木材、鱼类、农产品等。费用支出法用来描述生态系统服务价值，它以人们对某种环境效益的支出费用来表示该效益的经济价值，如生态旅游活动中的交通费、门票费、食宿费等。

② 替代市场价值法。当某一产品或服务的市场不存在，没有市场价格时，替代市场价格可以用来提供或推测有关价值方面的信息，它以"影子价格"的形式来表达生态服务功能的经济价值。其方法是通过分析某种与环境效益有密切关系，并且已在市场上进行交易的东西的价格来替代。该方法包括市场价值法、机会成本法、旅行费用法、规避行为与防护费用法、替代工程法、恢复费用法、享乐价值法等。

③ 假想市场价值法。假想市场价值法又称条件价值法或权变估值法，属于直接方法，应用模拟市场技术，假设某种"公共商品"存在并有市场交换，通过调查、询问、问卷、投标等方式来获得消费者对该"公共商品"的支付意愿，通过综合即可得到该环境商品的经济价值。

依据上述各种估算生态系统服务价值的方法，按照对生态系统服务的分类，对每一项服务分别计算出它的价值量，再对所有服务的价值量进行求和，即可得到生态系统服务的总体价值。

上述3种评价方法包含的具体方法及特点见表5-5。

表5-5　功能价值法包括的主要评价方法及其特点

类型	具体评价方法	方法特点
直接市场价值法	生产价格要素不变	将生态系统作为生产中的一个要素，其变化影响产量和预期收益的变化
	生产价格要素变化	
替代市场价值法	机会成本法	以其他利用方案中的最大经济利益作为该选择的机会成本
	影子价格法	以市场上相同产品的价格进行估算
	替代工程法	以替代工程建造费用进行估算
	防护费用法	以消除或减少该问题而承担的费用进行估算

类型	具体评价方法	方法特点
替代市场价值法	恢复费用法	以恢复原有状态而承担的治理费用进行估算
	因子收益法	以因生态系统服务而增加的收益进行估算
	人力资本法	通过市场价格或工资来确定个人对社会的潜在贡献，并以此来估算生态系统服务对人体健康的贡献
	享乐价值法	以生态环境变化对产品或生产要素的影响来进行估算
	旅行费用法	以游客旅行费用、时间成本及消费者剩余进行估算
假想市场价值法	条件价值法	以直接调查得到的消费者支付意愿进行估算
	群体价值法	通过小组群体进行辩论以民主的方式来确定价值或进行决策

（2）当量因子法

当量因子法是在区分不同种类生态系统服务功能的基础上，基于可量化的标准构建不同类型生态系统各种服务功能的价值当量，然后结合生态系统的分布面积进行评估。

① 当量因子是指生态系统产生的生态服务的相对贡献大小的潜在能力，定义 1 个标准单位生态系统生态服务价值当量因子是指 $1hm^2$ 全国平均产量的农田每年自然粮食产量的经济价值，以此当量为参照并结合专家知识可以确定其他生态系统服务的当量因子，其作用在于可以表征和量化不同类型生态系统对生态服务功能的潜在贡献能力。

② 单位面积生态系统服务功能价值的基础当量指不同类型生态系统单位面积上各类服务功能年均价值当量。基础当量体现了不同生态系统及其各类生态系统服务的年均价值量，也是合理构建表征生态系统服务价值区域空间差异和时间动态变化的动态当量表的前提和基础。我国学者谢高地等系统收集和梳理了国内已发表的以功能价值量计算方法为主的生态系统服务价值量评价研究成果，参考各类公开发表的统计文献资料，并结合专家经验构建不同类型生态系统和不同种类生态系统服务价值的基础当量，开展全国尺度生态系统服务价值及其动态变化的综合评估（表 5-6）。

表 5-6 单位面积生态系统服务价值当量（谢高地等，2015）

生态系统分类		供给服务			调节服务				支持服务			文化服务
一级分类	二级分类	食物生产	原料生产	水资源供给	气体调节	气候调节	净化环境	水文调节	土壤保持	维持养分循环	生物多样性	美学景观
农田	旱地	0.85	0.40	0.02	0.67	0.36	0.10	0.27	1.03	0.12	0.13	0.06
	水田	1.36	0.09	−2.63	1.11	0.57	0.17	2.72	0.01	0.19	0.21	0.09
森林	针叶	0.22	0.52	0.27	1.70	5.07	1.49	3.34	2.06	0.16	1.88	0.82
	针阔混交	0.31	0.71	0.37	2.35	7.03	1.99	3.51	2.86	0.22	2.60	1.14
	阔叶	0.29	0.66	0.34	2.17	6.50	1.93	4.74	2.65	0.20	2.41	1.06
	灌木	0.19	0.43	0.22	1.41	4.23	1.28	3.35	1.72	0.13	1.57	0.69
草地	草原	0.10	0.14	0.08	0.51	1.34	0.44	0.98	0.62	0.05	0.56	0.25
	灌草丛	0.38	0.56	0.31	1.97	5.21	1.72	3.82	2.40	0.18	2.18	0.96
	草甸	0.22	0.33	0.18	1.14	3.02	1.00	2.21	1.39	0.11	1.27	0.56
湿地	湿地	0.51	0.50	2.59	1.90	3.60	3.60	24.23	2.31	0.18	7.87	4.73

续表

生态系统分类		供给服务			调节服务				支持服务			文化服务
一级分类	二级分类	食物生产	原料生产	水资源供给	气体调节	气候调节	净化环境	水文调节	土壤保持	维持养分循环	生物多样性	美学景观
荒漠	荒漠	0.01	0.03	0.02	0.11	0.10	0.31	0.21	0.13	0.01	0.12	0.05
	裸地	0.00	0.00	0.00	0.02	0.00	0.10	0.03	0.02	0.00	0.02	0.01
水域	水系	0.80	0.23	8.29	0.77	2.29	5.55	102.24	0.93	0.07	2.55	1.89
	冰川积雪	0.00	0.00	2.16	0.18	0.54	0.16	7.13	0.00	0.00	0.01	0.09

③ 区域生态系统服务总价值。计算评价区域 1 个生态服务价值当量因子的经济价值量，如 2007 年中国 1 个生态服务价值当量因子的总经济价值量为 449.1 元/hm²，将此与表 5-6 中的各生态系统服务价值当量值相乘，即可获得一个生态系统各类生态服务单价表。在此基础上，即可计算评价区域不同生态系统各类生态服务价值量和总价值量。表 5-7 是谢高地等人计算的 2010 年中国各类生态系统提供的生态服务价值。

表 5-7　中国各类生态系统提供的生态服务价值（2010 年）（谢高地等，2015）

生态系统	森林	草地	农田	湿地	水域	荒漠	合计
面积/万 hm²	223.94	291.70	178.05	16.34	22.51	192.09	924.63
生态服务价值总量/万亿元	17.53	7.50	2.34	2.45	8.06	0.23	38.11
价值构成/%	46.00	19.68	6.15	6.42	21.16	0.60	100.00

三、生态系统服务制图

早期国际上围绕生态系统服务经济价值评估开展了大量研究（Daily，1997，2000；Costanza，1997；Heal，2000；Boumans，2002）。随着 MA 计划的完成，人们深刻认识到人类活动在不断改变生态系统组成、结构和功能过程中，严重削弱了生态系统服务。但是，人们对于生态系统的大部分服务还缺乏深入的理解，能够为决策提供的生态学信息非常少。因而，明确生态系统服务形成机制，为生态系统服务评估和生态系统管理提供支撑成为研究的关键问题，生态系统服务的空间制图和模拟计算得到快速发展。生态系统服务研究的最终目的是辅助决策者更好地制订出生态保护规划与管理方案，以促进人类社会与自然环境的共同可持续发展。地图是依据一定的数学法则，使用制图语言，通过制图综合，在一定的载体上，表达各种事物的空间分布、联系及时间中的发展变化状态的图形。这些特征使得它成为一个强有力的工具去综合复杂的多源数据，从而能详细地刻画生态系统服务的时空分布及其相互关系，更好地支持环境资源管理决策和景观规划。生态系统服务制图（ecosystem services mapping，ESM）是对生态系统服务的空间特征及其相互关系的定量描述过程。通过生态系统服务制图，有助于回答以下问题：在特定区域内，生态系统服务的空间格局如何？它们在哪里产生，给哪些地区的人带来利益？如何调整土地管理政策，才能更好地与生态系统服务空间特征相匹配（Naidoo et al.，2008）？生态系统服务制图是将生态过程与生态系统服务联系以及将其理论应用于实践的有力工具与关键环节，是生态系统服务评估新的研究方向。

1. 生态系统服务制图的应用

（1）生态系统服务供给-需求制图

生态系统服务供给指在指定区域的一定时间范围内，生态系统通过生态过程提供的特定生态系统服务的数量和质量。根据生态系统的承载能力和人对生态系统服务的利用程度，将供给分为潜在供给和实际供给。其中，潜在供给是生态系统以可持续的方式长期提供服务的能力，实际供给是被人切实消费或利用的产品或生态过程。

生态系统服务需求指特定时空范围内，人们使用或消费的生态系统产品和服务的总和。它受人口、经济、政策、文化、市场等多种因素的影响。需求制图中受益群体的空间分布和需求结构是制图的关键。前者可以通过人口密度图、居住地和基础设施分布图等来进行识别，后者则需要通过统计资料或问卷调查等分析获得。

生态系统服务供给制图与需求制图往往是相互结合进行的，通过对区域生态系统服务供给图和需求图的叠加分析，可以了解区域生态系统服务供需平衡状况。例如，Burkhard 等（2012）基于专家知识库建立了欧洲 44 种土地利用/土地覆被类型所对应的 29 种生态系统服务供给能力、22 种消费需求的供需平衡关系矩阵，从供给矩阵可以看出，森林、湿地、水体、绿地和农田具有较高的供给能力，而连续的城市、工商业区、港口、矿区等供给能力低。需求矩阵显示，人口密度高的地区如城市和工商业区等对生态系统服务需求较高，靠近自然植被的地区人口密度较低，生态系统服务消费需求低。通过对供给和需求矩阵的叠加，显示在城市和工商业区等人类大量聚集区域，生态系统服务存在巨大的赤字，而在森林、水体等较少受人类活动干扰的区域，生态系统服务存在巨大的盈余。

（2）基于制图的生态系统服务相互关系分析

生态系统服务之间存在明显的权衡与协同关系，常用的权衡与协同分析方法包括图形比较法、情景分析法、模型模拟法等，均涉及生态系统服务制图。在图形比较法中，需要对多种生态系统服务类型进行空间制图，然后通过空间叠加分析，比较其空间重合度，以识别和判断权衡与协同的类型和区域。生态系统服务情景分析是对未来生态系统服务变化可能性的一种度量方法，生态系统服务情景制图可以清晰直观地展示未来生态系统服务在供给和消费方面的可能路径，对不同情景下生态系统服务的类型、数量、空间分布及其对区域社会经济影响的权衡分析，可以更科学地选择和制定生态系统管理和规划方案。模型模拟是通过机理或统计模型来揭示生态系统服务的形成、传输和消费过程，生态系统服务图既是模型模拟的输入，也是模拟结果输出的重要内容。

由于大多数土地覆被类型或景观类型能同时提供多种生态系统服务，不同生态系统服务之间也存在复杂的相互作用关系，生态系统服务制图既要考虑单一服务类型的空间分布，也要显示多种生态系统服务的联合分布，为突出区域生态系统服务的综合特征，需要进行制图综合，舍去某些次要属性信息，突出某些服务图层属性的特征。

（3）基于生态系统服务制图的政策评估

根据千年生态系统评估，地球上 24 类生态系统服务中有 15 类在持续恶化，大约 60%的人类赖以生存的生态系统服务持续下降。为了减缓或扭转生态系统服务不断退化的趋势，人们制定并实施了一系列环境保护政策。为科学评估各种政策效应和实施效果，通过生态系统服务制图有效判读区域生态系统服务的空间分布、供给方的空间分布、受益方的空间分布等是决策分析的关键。

2. 生态系统服务制图方法

（1）基于原始数据的制图方法

该方法分为基于区域典型抽样制图和基于原始数据抽样的模拟制图两种方法。前者工作量大、成本高，仅适用于少数类型的服务如生物多样性和休闲娱乐，而且制图的区域不宜过大；后者通常需要建立采样点生态系统服务与该点环境要素如气候条件、土地利用类型、土壤类型等的关系模型，以此来识别和估算整个区域生态系统服务类别和数量。

（2）基于代理数据的制图方法

该方法主要基于土地利用/土地覆被数据或基于知识和逻辑代理制图。与基于原始数据的制图方法相比，具有较低的成本和较高的数据可得性。

以上两种制图方法的优势和劣势见表5-8。

表5-8　主要的生态系统服务制图方法比较（Eigenhord et al.，2010）

方法		优势	劣势	制图案例
需要研究区原始数据	覆盖整个研究区的典型抽样（如地图集和整个研究区的调查等）	对生态系统的预估最为准确 适宜研究生态系统服务的异质性	昂贵、很难获取或不可获取 误差程度取决于采样的密度	休闲娱乐 生物多样性 渔业生产
	基于研究区抽样数据的模拟	比典型抽样需要的数据量小得多 对数据的平滑处理可以克服采样的异质性	平滑处理可能会掩盖生态系统服务本身的异质性 误差取决于样本量大小和模型模拟所选择的变量	碳储存 生物多样性 生物多样性热点 碳吸收 农业生产 授粉 水分保持 休闲娱乐
不需要研究区原始数据	基于土地利用和土地覆被的代理指标	适用于缺乏原始数据的区域生态系统服务制图	代理数据的实际表现力很弱	生物多样性 休闲娱乐 碳储存 洪水调控 土壤保持
	基于一系列因果关系的代理指标	依靠辅助数据可以提高基于土地利用和土地覆被代用指标的制图精度	如果假设的因果关系不成立，会存在较大的误差	休闲娱乐 洪水调控和水供给 土壤积累

3. 生态系统服务制图流程

生态系统服务制图流程可分为9个步骤（图5-7）。第一步，用户需求分析。图件编制者需要了解用户所关注的区域生态系统服务的类型及空间分布以及用户使用这些生态系统服务图的目的是什么。第二步，制订生态系统服务分类方案。根据区域实际情况，以及用户需求制订研究区域生态系统服务分类方案，并确定类型划分的等级与详细程度、表示方式（物质量或价值量）。同时明确制图的一系列前期准备工作，如区域范围、地图投影与坐标系统、图例与比例尺等。第三步，数据收集与整理。包括各种图件、遥感影像、野外调查与观察资料、统计资料、问卷调查及科学文献等。第四步，数据分析与评价。对收集来的各种资料进行鉴别和分析，考虑其时间上、精度上是否满足要求，有无缺少，是否需要进行数学处理等。第五步，模型计算。选择合适的统计模型或过程模型计算研究区域生态系统服务的物理量、价值量或生态系统服务的相对重要性。第六步，制图综合。对计算所得各种图件信息进行概括、简化、综合取舍，以便能快速、准确获取所关注的信息。第七步，图形符号设计。通过规范化地设计地图符号的图形、颜色、大小尺寸、文字表达及相关阴影等突出所要表达的信息。第八步，图面整饰。按照制图要求对图面进行编整和修饰处理。第九步，图形输出和印刷。

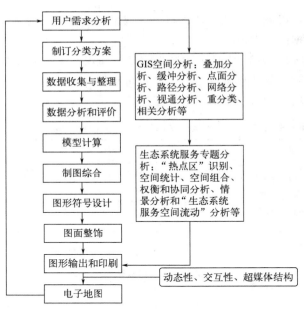

图 5-7　生态系统服务制图流程

（李双成等，2014）

四、生态系统服务模拟

近几年来，国际上在基于 GIS 的生态因子对特定生态系统服务供给的贡献、生态系统服务的地理分布、生态系统服务之间的相互关系，以及生态系统服务供给与需求等方面进行了大量研究。同时，基于空间可视化和未来情景分析的多种模型与工具也得到广泛应用。

生态系统服务功能评估模型是以已有的理论和研究成果为基础构建的，用于评价多种生态系统服务功能。结合 GIS 技术的生态系统服务评估模型可以在一定程度上解决生态系统服务的空间异质性问题，帮助决策者更好地在区域范围内进行生态系统服务的评估与管理。

基于 GIS 的生态系统服务模拟模型主要有由美国斯坦福大学与世界自然基金会等机构开发的基于生态生产功能的 InVEST 模型、弗蒙特大学冈德生态经济研究所开发的基于价值转移的 ARIES 模型、考虑社会偏好与优先的生态系统服务管理的由 Entrix 公司开发的生态系统服务功能评估和制图模型 ESValue 和美国地质调查局与科罗拉多州立大学开发的 SolVES 模型等（表 5-9）。

表 5-9　常用的生态系统服务模拟模型

模型名称	模型类型	可获得性	适宜应用尺度	利益相关者的引入
InVEST	生产功能	公开	景观到流域	可选
ARIES	收益转移	公开	景观到流域	可选
ESValue	优先级	私有	站点级到景观	需要
EcoAIM	优先级	公开	站点级到景观	需要
EcoMetrix	价值转移	私有	站点级	否
AIS	价值转移	私有	站点级到流域	可选
SolVES	优先级	公开	景观	需要

1. 生态生产功能模型

生态生产功能是生态系统服务的重要来源，通过对生态系统组成、结构、生态过程和功能的模拟，估测生态系统服务的供给与空间分布。生态系统服务与权衡综合评价模型（the integrate valuation of ecosystem services and tradeoffs，InVEST，2001）是由美国斯坦福大学、大自然保护协会（The Nature Conservancy，TNC）、世界自然基金会（World Wildlife fund，WWF）和其他一些机构联合开发的生态系统服务功能评估工具，用以量化多种生态系统服务功能（如生物多样性、碳储量和碳汇、作物授粉、木材收获管理、水库水力发电量、水土保持、水体净化等）的评估模型。该模型使用土地利用/土地覆被和相关生物物理、经济数据来预测生态系统服务的供给及其经济价值。旨在权衡发展和保护之间的关系，寻求最优自然资源管理和经济发展模式。InVEST 模型可以有效地应用于决策分析，通过不同利益相关者（如政策制定者、团体和保护组织等）的协商，确定各自需要优先考虑的问题或热点问题。InVEST 模型可以评价当前状态和未来情景下生态系统服务的量和价值。模型由一系列模块和算法组成，可用于模拟土地利用/覆被变化情景下生态系统服务功能的变化。InVEST 的设计分为 0 层、1 层、2 层和 3 层共 4 种层次。0 层模型模拟生态系统服务功能的相对价值，不进行货币化价值评估。1 层模型具有较简单的理论基础，获得绝对价值，并可进行货币化价值评估（生物多样性模型除外），但比 0 层模型需要更多的输入数据。0 层和 1 层模型已经很成熟并已发布，而且对数据的要求相对较少。一些更加复杂的 2 层和 3 层模型还在开发之中，这些模型将提供更加精确的估算结果，但同时需要更多的输入数据。模型中的一些假定以及对算法的简化，导致 InVEST 模型具有一定的局限性。模型局限性影响了估算结果的精度且增加了不确定性，但算法的简化可减少数据信息的需求，降低模型使用的难度。目前，该模型已在世界各地得到广泛的应用。

2. 价值转移模型

应用受益转移或价值转移方法，把某一特定地点特定生态系统服务类型的估计价值运用到该生态系统服务类型的其他区域，估算其他区域生态系统服务的价值。ARIES（artificial intelligence for ecosystem services）是由美国佛蒙特大学开发的生态系统服务功能评估模型（Villa 等，2009）。通过人工智能和语义建模，ARIES 集合相关算法和空间数据等信息，可对多种生态系统服务功能（碳储量和碳汇、美学价值、雨洪管理、水土保持、淡水供给、渔业、休闲、养分调控等）进行评估和量化。ARIES 可对生态系统服务功能的"源"（服务功能潜在提供者）、"汇"（使生态系统服务流中断的生物物理特性）和"使用者"（受益人）的空间位置和数量进行制图。目前，ARIES 只适用于其研究案例覆盖区域，但未来 ARIES 的全球模型开发完成后，可以用于全球范围内生态系统服务功能的评估，应用前景良好。

3. 强调社会偏好和优先的生态系统服务管理模型

该类模型强调把人类偏好和优先纳入生态系统服务评估中，以明确不同管理策略带来的主要生态效益和价值变化。SolVES（social values for ecosystem services）是由美国地质调查局与美国科罗拉多州立大学合作开发的用于评估生态系统服务功能社会价值的模型。此模型可用于评估和量化美学、生物多样性和休闲娱乐等生态系统服务功能社会价值，评估结果以非货币化价值指数表示（不进行货币化价值的估算），其评估和量化结果用 1～10 的指数来表示生态系统服务的相对感知社会价值。该模型是由生态系统服务功能社会价值模型、价值制图模型、价值转换制图模型 3 个子模型组成，其社会价值模型和价值制图模型需结合起来使用，并需要环境数据图层、调查数据以及研究区边界等数据，价值转换制图模型可单独使用，适用于没有原始调查数据的研究区（一般根据已有调查数据地区的 SolVES 分析结果，然后通过建立统计模型用于新研究区的评估）。

SolVES 模型在运行过程中，首先利用社会价值模型选择受访者组（利益相关者组），使用 Arcgis 软件中核密度分析工具得出最大价值和所确定的最高额定价值的位置；其次利用价值制图模型选择社会价值，根据最大价值将社会价值归一化处理得出价值指数，并计算环境变化；最后在 ArcGIS 输出 MaxEnt 统计模型的运算结果，得出由相应的核密度表面、价值指数和环境数据相结合的图，并经过最大熵模型处理，输出最终的社会价值地图。

以上三种主要生态系统服务评估模型的基本结构如图 5-8 所示。

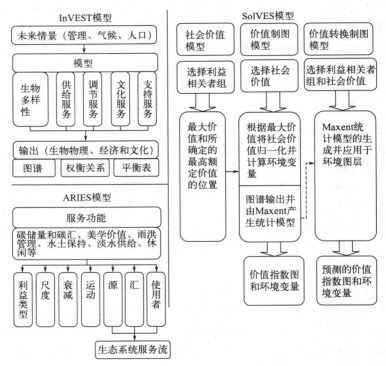

图 5-8   主要生态系统服务评估模型的基本结构
（根据模型用户手册修改）

五、案例分析

具体内容见二维码 5-5。

二维码5-5
生态系统服务
模拟案例分析

第五节   生态承载力评价

一、生态承载力的概念与内涵

在环境污染蔓延全球、资源短缺和生态环境不断恶化的情况下，科学家相继提出了资源承载力、环境承载力、生态承载力等概念。

高吉喜在研究黑河流域生态承载力时将生态承载力定义为生态系统的自我维持、自我调节能力，资源与环境子系统的供容能力及其可维育的社会经济活动强度和具有一定生活水平的人口数量；并指出资源承载力是生态承载力的基础条件，环境承载力是生态承载力的约束条件，生态弹性力是生态承载力的支持条件。对于某一区域，生态承载力强调的是系统的承载功能，而突出的是对人类活动的承载能力，其内容应包括资源子系统、环境子系统和社会子系统，生态系统的承载力要素应包含资源要素、环境要素及社会要素。所以，某一区域的生态承载力，是某一时期某一地域某一特定的生态系统，在确保资源的合理开发利用和生态环境良性循环发展的条件下，可持续承载人口数量、经济强度及社会总量的能力。张传国在《干旱区绿洲系统生态—生产—生活承载力相互作用的驱动机制分析》一文中，则认为绿洲生态承载力是指绿洲生态系统自我维持、自我调节能力，在不危害绿洲生态系统的前提下的资源与环境的承载能力以及由资源和环境承载力所决定的系统本身表现出来的弹性力大小，通过资源承载力、环境承载力和生态系统的弹性力来反映。程国栋在对西北水资源承载力进行研究时认为：生态承载力是指生态系统所提供的资源和环境对人类社会系统良性发展的一种支持能力，由于人类社会系统和生态系统都是一种自组织的结构系统，二者之间存在紧密的相互联系，相互影响和相互作用，因此，生态承载力研究的对象是生态经济系统，研究其中所有组分的和谐共存关系。王家骥认为生态承载力是自然体系维持和调节系统的能力的阈值。超过这个阈值，自然体系将失去维持平衡的能力，遭到摧残或归于毁灭，由高一级的自然体系（如绿洲）降为低一级的自然体系（如荒漠）。方创琳等综合生产承载力和生活承载力，发展了生态-生产-生活系统承载力（三生承载力）。三生承载力是指区域资源与生态环境的供容能力、经济活动能力和满足一定生活水平人口数量的社会发展能力的有机综合体。

生态承载力可总结为"特定时间、特定生态系统自我维持、自我调节的能力，资源与环境子系统对人类社会系统可持续发展的一种支持能力以及生态系统所能持续支撑的一定发展程度的社会经济规模和具有一定生活水平的人口数量"。其概念至少应包括三层基本含义：一是指生态系统的自我维持与自我调节能力；二是指生态系统内资源与环境子系统的供容能力；三是指生态系统内社会经济-人口子系统的发展能力。前两层含义为生态承载力的支持部分，第三层含义为生态承载力的压力部分。生态系统的自我维持与自我调节能力是指生态系统的弹性力大小，资源与环境子系统的供容能力则分别指资源和环境的承载能力大小；而社会经济-人口子系统的发展能力则指生态系统可支撑的社会经济规模和具有一定生活水平的人口数量。

二、生态承载力的指标体系与分析方法

1. 生态承载力指标体系构建

定量地评价或预测一个区域的生态承载力，关键是要有一套完整的指标体系，它是分析研究区域生态承载力的根本条件和理论基础。从国内外与承载力相关的指标体系研究成果来看，因为在对承载力内涵理解上有差异，所以在评价指标体系类型结构设计、指标选择上存在仁者见仁、智者见智的情况。综合已有的研究，指标体系构建应遵循以下原则：①体系的构建必须以可持续发展理论和生态经济理论为指导，体现系统性、动态性、完备性。②指标体系应具有层次性。这是由生态系统的结构性决定的，要素、子系统和评价指标相互联系，共同构成生态承载力指标体系。并且层次化一方面可以满足不同人群所需，另一方面可以使评价结果更明了、准确，更有针对性。③区域性。评价指标体系的科学性还体现在它是否能准确反映评价区域生态系统的个性。④定量指标与定性指标结合。定量与定性指标都有各自

的优点与不足，应依对事物反映精确程度不同，有选择地采用。在计算处理上定性指标亦可用分等定级的办法予以量化评分处理。⑤指标精简化。"精"是指指标应客观准确，"简"是指所选指标并不是越多越好，而应根据目标有重点地筛选一些关键性的、必要的、可行的指标。

2. 生态承载力定量研究方法

对于承载力的量化，国内外提出了许多直观的、较易操作的定量评价方法及模式。具体内容见二维码5-6。

三、生态足迹分析法

1. 生态足迹概念

生态足迹（ecological footprint）是最初由加拿大生态经济学家 E. R. William 和 M. Wacker-nagel 于 20 世纪 90 年代提出的一种度量可持续发展程度的方法，它是一组基于土地面积的量化指标。其中最具代表性的是将生态足迹表述为"一只负载着人类与人类所创造的城市、工厂……的巨脚踏在地球上留下的脚印"。

任何已知人口（某个人、一个城市或国家）的生态足迹是生产这些人口所消耗的所有资源和吸纳这些人口所产生的所有废弃物所需要的生物生产性土地面积，从生物物理量的角度研究人类活动与自然系统的相互关系。生态足迹模型主要基于两个基本的事实：①人类可以确定自身消费的绝大多数资源及其所产生的废弃物的数量；②这些资源和废弃物能转换成相应的生态生产性面积。因此，生态足迹是指能够提供或消纳废物的具有一定生产能力的生物生产性土地面积。根据生态足迹模型，各种物质与能源的消费均按一定的换算比例折算成相应的土地面积。生物生产性土地面积主要考虑以下 6 种类型：可耕地、林地、草地、化石燃料土地、建筑用地和水域。由于不同土地单位面积的生物生产能力差异很大，因此在计算生态足迹时，要在这 6 类不同的土地面积计算结果数值前分别乘上一个相应的均衡因子，以转化为可比较的生物生产均衡面积。根据国际统一标准，上述 6 种地类的均衡因子分别为 2.8、1.1、0.5、1.1、2.8、0.2；在计算生态足迹的供给即生态承载力时，由于同类生物生产性土地的生产力在不同国家或地区也存在差异，因此要在这 6 类不同的土地面积前分别乘上一个相应的产量因子，以转化成具有可比性的生物生产均衡面积。"产量因子"是一个国家或地区某类土地的平均生产力与世界同类平均生产力的比值。由此可见，生态足迹分析法从需求面计算生态足迹的大小，从供给面计算生态承载力的大小，通过对这二者的比较来评价研究对象的可持续发展状况。

2. 生态足迹的计算与比较

生态足迹的计算是基于以下两个基本事实：一是人类可以确定自身消费的绝大多数资源/能源及其所产生的废弃物的数量；二是资源和废弃物能折算成生产这些资源和废弃物的生物生产面积或生态生产面积。生态足迹的计算主要包括生态足迹、生态承载力的计算以及在此基础上得出的生态赤字或盈余的结果。

① 生态足迹的计算（生态需求）。生态足迹是指在一定经济和人口规模下满足这些人口所需的自然资源和消纳产生的废弃物所需的生物生产性面积。其计算公式如下：

$$EF = Ne_f = N \sum r_j A_i (j = 1, 2, \cdots, 6; i = 1, 2, \cdots, n)$$

式中，EF 为区域总的生态足迹；e_f 为人均生态足迹；N 为人口数；r_j 为第 j 类生物生产性土地的均衡因子；j 为 6 类生态性土地类型；A_i 为第 i 种消费项目折算的人均生态足迹分量，$hm^2/$人；i 为消费项目的类别。

A_i 通过下式计算：

$$A_i = C_i/Y_i = (P_i + I_i - E_i)/(Y_i N)$$

式中，C_i 为第 i 种消费项目的人均消费量；Y_i 为第 i 种消费项目的全球平均产量，kg/km^2；P_i 为第 i 种消费项目的年生产量；E_i 为第 i 种消费项目的年出口量；I_i 为第 i 种消费项目的年进口量。

② 生态承载力的计算（生态供给）。生态承载力是指区域所能提供给人类的生物生产性土地的面积总和。出于谨慎性考虑，在生态承载力计算时应扣除 12% 的生物多样性保护面积。计算公式如下：

$$EC = 0.88N \sum e_c = 0.88N \sum A_j r_j y_j \quad (j = 1, 2, 3, \cdots, 6)$$

式中，EC 为总的生态承载力，hm^2；e_c 为人均生态承载力；A_j 为人均实际占有的生物生产性土地面积，$hm^2/$人；y_j 为产量因子；r_j、N 意义同前。

③ 生态足迹和生态承载力的比较和分析。如果一个地区的生态足迹超过了区域所能提供的生态承载力，即 EF > EC，就会出现生态赤字；反之，EF < EC，则表现为生态盈余。生态赤字表明该区域的人类负荷超过了生态容量，区域发展模式处于相对不可持续状态。相反，生态盈余表明该区域的生态容量足以支持人类负荷，该区域发展模式处于相对可持续状态。

3. 生态足迹方法的改进

（1）生态足迹基本模型的修正

生态足迹方法提供了全球可比的、简单有用的资源可持续利用评价手段。但是在研究和应用过程中，发现基本模型存在一些缺陷或者具有争议的地方，针对基本模型的缺陷，研究者们从不同角度提出了解决方法，例如：基于净初级生产力（NPP）设定均衡因子，以体现土地的生态功能；用 NPP 方法来计算草地，水域产量因子，修正后的产量因子使生态足迹的计算结果更真实地反映人类消费对生态系统供给能力的占用；提出水足迹、碳足迹、污染足迹等新的足迹项目，克服基本模型中计算项目的偏颇性；与其他指标相结合，综合评价可持续发展状况。

（2）基于生命周期评价的生态足迹方法

生命周期评价是一种广泛使用的用于评价特定产品或服务从获取原材料、生产、使用直至最终处置的整个生命过程的环境影响的工具，通常包括 4 个阶段：目标与范围的确定、清单分析、影响评价和结果解释。生命周期评价能较全面地跟踪产品全过程，其计算过程详细，有相关的国际标准（ISO 14040：2006）和规范文件供参考，比较适合产品或服务的生态足迹研究。

（3）基于投入产出分析的生态足迹方法

环境的投入产出分析是由 Leontief 提出的包括货币与实物流动、资源输入和环境污染输出等信息的分析方法。1998 年，Bicknell 等研究新西兰生态足迹时，将投入产出分析法引入生态足迹的计算。此后，相关研究大量开展起来，在方法上有所更新，在国家、区域、社会经济组织、公司等生态足迹中广泛应用，特别是在因缺少贸易数据而难于使用综合法的研究场景中。基于投入产出分析的生态足迹方法所依据的环境经济投入产出表编制方法成熟规范，是国民经济核算体系的常规部分，数据充分可靠，能够全面提供明确、一致的从生产到消费的足迹账户，能反映不同的产业部门、消费类别、区域、组织间的生态足迹需求及流动，增强了生态足迹模型的结构性和可比性。

（4）基于时间序列的动态生态足迹方法

传统生态足迹模型是一个静态指标，它得出的结论都是瞬时性的。近年来生态足迹研究试图通过计算各指标的时间序列值来追踪各个时点的自然、社会、经济变化，以弥补指标静态性的缺陷，如2022年的《地球生命力报告》中对1961年以来全球生态足迹的变化分析。时序研究的重要目的是进行趋势模拟和预测，通过分析生态足迹与其驱动因素的定量关系，建立动态模型，进行生态足迹预测，给出具有指导意义的对生态系统总体趋势的预测。

（5）基于三维模型的生态足迹方法

传统生态足迹模型是基于生物生产性土地面积的二维模型，无法区分自然资本利息和存量的关系，也未能体现生态透支在时间维度上的积累和不可持续状况。Niccolucci等提出把基于面积的二维模型发展为基于体积的三维时空模型，以表征自然资源的过度利用。该模型有两个维度：足迹面积（EFsize）和足迹深度（EFdepth）。足迹面积是指在区域生态承载力限度内，实际所占用的生物生产性土地的面积；足迹深度则是为维持自然资产的消耗所需的生态承载力面积的倍数，又可以区分为自然深度和附加深度。自然深度取值为1，代表生态系统的年度自然资本利息，但如果自然资本利息不能满足消耗需求，需要生态透支存量资源时，就额外产生了附加深度。三维生态足迹模型在保持生态足迹基本框架和计算结果不变的基础上，丰富其内涵，增加了新的足迹深度维度，更加明确地衡量和跟踪自然资本存量的消耗程度。深度的积累和变化反映了资源消费与生态服务的代内和代际分配，同时，公众和企业也能更直观地认识他们的行为可能造成的环境影响。

四、案例分析

具体内容见二维码5-7。

二维码5-7
生态足迹分析
法案例分析

◆ **思考题** ◆

1. 什么是生态评价？生态评价有哪些特点？
2. 生态评价指标体系的基本要求有哪些？
3. 生态系统服务评价有哪几种常用方法？有什么特点？
4. 什么是生态足迹？生态足迹计算一般包括哪几个步骤？

◆ **参考文献** ◆

［1］ 王如松．可持续发展的生态学思考［M］//赵景柱，欧阳志．社会-经济-自然复合生态系统可持续发展研究．北京：中国环境科学出版社．1999.

［2］ 高林．中国城市生态环境基本特征及城市生态系统质量研究［M］//王如松，方精云，高林，等．现代生态学的热点问题研究．北京：中国科学技术出版社．1996.

［3］ 徐燕，周华荣．初论我国生态环境质量评价研究进展［J］．干旱区地理，2003，26（2）：166-172.

［4］ 叶亚平，刘鲁君．中国省域生态环境质量评价指标体系研究［J］．环境科学研究．2000，13（3）：33-36.

［5］　宋述军，柴微涛，周万村 . RS 和 GIS 支持下的四川省生态环境状况评价 ［J］. 环境科学与技术，2008，11.

［6］　赵景柱，肖寒，吴刚 . 生态系统服务的物质量与价值量评价方法的比较分析 ［J］. 应用生态学报 . 2000，11（2）：290-292.

［7］　李文华，欧阳志云，赵景柱 . 生态系统服务功能研究 ［M］. 北京：气象出版社，2002.

［8］　赵士洞，张永民，赖鹏飞 . 千年生态系统评估报告集（一）　［M］. 北京：中国环境科学出版社，2007.

［9］　孔红梅，赵景柱，姬兰柱，等 . 生态系统健康评价方法初探 ［J］. 应用生态学报，2002，13（4）：486-490.

［10］　任海，邬建国，彭少麟 . 生态系统健康的评估 . 热带地理 ［J］，2000，20（4）：310-316.

［11］　肖风劲，欧阳华 . 生态系统健康及其评价指标和方法 . 自然资源学报 ［J］，2002，17（2）：203-209.

［12］　杨志峰，何孟常，毛显强，等 . 城市生态可持续发展规划 ［M］. 北京：科学出版社，2004.

［13］　傅伯杰，刘世梁，马克明 . 生态系统综合评价的内容与方法 . 生态学报，2001，21（11）：1885-1892.

［14］　刘建军，王文杰，李春来 . 生态系统健康研究进展 ［J］. 环境科学研究，2002，15（1）：41-44.

［15］　邱薇，赵庆良，李崧，等 . 基于"压力-状态-响应"模型的黑龙江省生态安全评价 ［J］. 环境科学，2008，29（4）：1148-1152.

［16］　曾勇 . 区域生态风险评价——以呼和浩特市区为例 ［J］. 生态学报，2010，30（3）：668-673.

［17］　高吉喜 . 可持续发展理论探索：生态承载力理论、方法与应用 ［M］. 北京：中国环境科学出版社，2001.

［18］　符国基 . 海南省生态足迹研究 ［M］. 北京：化学工业出版社，2007.

［19］　张中浩，聂甜甜，高阳，等 . 长三角城市群生态安全评价与时空跃迁特征分析 ［J］. 地理科学，2022，42（11）：1923-1931.

［20］　丁鸿浩，贺宏斌，孙然好 . 景观变化的生态风险评价与预测——以河南省洛阳市为例 ［J］. 地域研究与开发，2023，42（1）：167-173.

［21］　马桥，刘康，高艳，等 . 基于 SolVES 模型的西安浐灞国家湿地公园生态系统服务社会价值评估 ［J］. 湿地科学，2018，16（1）：51-58.

［22］　周涛，王云鹏，龚健周，等 . 生态足迹的模型修正与方法改进 ［J］. 生态学报，2015，35（14）：4592-4603.

第六章

空间生态规划

第一节　空间生态规划内容与程序

一、空间生态规划的基本概念

1. 空间生态规划的概念

空间生态规划是在生态理念指导下将生态规划相关理论、方法运用到规划中，在生态目标导向下对现有空间规划理论、技术方法等进行改进与更新，强调区域发展与自然演进相协调的空间规划理论和方法。空间生态规划的理论是针对生态环境的现实问题和生态保护的迫切性，侧重从生态（尤其是自然生态）的角度来探索作用于空间规划的理论。可理解为它是空间意义上的生态规划，即生态规划在空间上的落实，具体概念可表述为：它是通过应用生态思维和生态学理论，对区域土地和空间资源的合理配置，使人类与所处空间环境协调共生、和谐共处、协同共进的物质空间规划，是一种落实空间规划的生态学途径。

2. 空间生态规划的对象

土地是地球表面的某一地段包括地质、地貌、气候、水文、土壤、动植物等全部自然要素在内的自然综合体，也包括过去和现代人类活动对地理环境的作用。土地具有养育功能、承载功能、美学功能和资产功能。作为资源的土地称为土地资源，即在一定经济技术条件下可为人类利用的土地。土地资源具有自然属性和社会经济属性两大基本特性，土地资源的自然属性是土地固有的自然属性，与人类对土地的利用与否及利用方式没有必然的联系。土地资源的社会经济属性是在受到人类利用的过程中，出现的一些生产力和生产关系方面的特性。

土地资源是各种自然要素的附着体，也是人类社会经济活动的载体，是连接区域人口、经济、环境、资源诸要素的核心，是空间生态规划的对象。空间生态规划对土地资源的利用包括两个部分：一是选择自然生态单元组织自然生态开放空间系统，如森林、草地、水系等；二是在区域城乡建设中尽可能融入自然生态化的内容，使人工生态系统向自然生态系统特征趋近。

3. 空间生态规划的目标

空间生态规划的目标可以理解为生态规划在与空间规划政策一致的情况下对空间物质层面进行生态化引导并能达到的状况。生态规划必须完成两个互为条件的中心任务：其一是把单项的专业规划进行汇总和综合，以便有可能在生态层面上去考虑更高一级的规划，如区域规划、土地利用或景观规划等；其二是它必须针对各个单项规划提出建议，以便取得共识。①从土地资源配置角度来看，应达到用地结构合理、开发有序；区域功能与空间建设在土地资源限定的环境容量范围之内。②从空间资源配置角度来看，空间与其承载的功能相适应；空间组织有利于降低使用能耗，提高效率；空间多样性、异质性合理，使区域动态发展与稳定有序兼容。③从人的适居需求角度来看，达到人与人、人与社会、人与自然等关系的和谐；区域空间的使用能够满足居民包括来自物质、文化生活质量等多方面的满意度与适居度。

4. 空间生态规划的基本原则

① 整体性原则。从保护区域生态服务功能的整体要求出发，统筹区域空间生态保护区体系，融城郊绿化、田野景观、生态用地于一体，构筑大地园林景观。芒福德特别强调区域整体自然环境保护对城市生存的重要性，指出"在区域范围内保持一个绿化环境，对城市文化来说是极其重要的，一旦这个环境被破坏、被掠夺、被消灭，那么城市也随之而衰退，两者的关系是共存共亡的"。

② 重要的生态资源首要保护原则。对于区域内具有不可替代意义的生态战略点（生态保护区、自然保护区、水源地等）要强制性保护。

③ 保护与发展协调原则。大多数经济学家都认为经济增长与环境质量之间存在着一定的"替代关系"，特别是发展初期，从我国地方社会经济发展的实际问题来看，生态规划的一个重要任务就是应用生态学和经济学的知识找到两者之间的最佳平衡点。既不能像《增长的极限》中悲观地主张"必须停止人口和经济增长（零增长）"；也不能像《没有极限的增长》中过度乐观，认为经济增长、技术进步会使环境污染得到遏制。因此，区域空间生态规划除了使生态空间得到保障，还应该给经济建设留出足够的发展空间。

④ 景观生态学原则。充分利用景观生态学原理，优化区域空间自然斑块、廊道、网络、基质等景观生态要素的空间格局，尽可能通过廊道的规划与建设将相邻保护区连接起来，在穿越生态敏感区域的道路上建设动物通道，防止生境破碎化，维护整体生态系统的完整性。

二、空间生态规划的编制程序与内容

空间生态规划具有明显的空间实践特征、区域城乡统筹特征和生态控制特征。是将自然生态空间要素纳入区域空间研究，强调充分了解区域的自然环境特点、生态过程及其与人类活动的关系，突出区域社会经济发展、资源开发与生态环境的协调，其编制的程序如下。

1. 生态调查

生态调查是一项非常重要的工作，翔实的资料是全面掌握区域内重要生态资源、生态敏感性分析、生态演替过程分析等工作的关键，其重要性毋庸置疑。生态调查要侧重于人类活动与自然环境长期影响和相互作用的关系、结果以及这种关系、结果的空间表象，例如资源衰竭、自然生境破坏、土地退化、水体污染等生态环境问题与区域开发建设的关系等。生态调查往往需要反复补充调查，以使调查目的逐渐明晰，需要的资料逐渐具体化。需要书面资料搜集、政府工作人员座谈、当地高校和相关研究所座谈、当地居民调查等多种途径，以及运用遥感和地理信息系统技术等。

2. 生态评价分析

主要运用社会-经济-自然复合生态系统的观点和生态学、环境科学的理论与方法，对区域内资源与环境的特点、主要生态过程、生态演替趋势、重要生态资源、生态敏感性等进行综合分析等，以了解和认识环境资源的生态潜力和制约方面，从而为区域重要生态资源保护提供强有力的支持，为空间管治提供参考，也为最终的区域城乡空间生态优化发展提供重要依据。生态评价分析主要包括以下方面。

① 主要生态过程分析。区域空间格局形成的实质是生态系统演化至某一阶段的物质表现，是各种生态流共同作用的结果。在空间生态规划中要特别关注受人类活动影响的生态过程与自然生态过程的关系，强调能流、物流、生物迁移、水平衡、土地承载力以及景观空间格局与区域城乡空间发展的动态关系。

② 生态承载力分析。主要针对某一空间范围内，土地资源可能达到的最大的第一性生产力或某项资源最大可能承载的人口规模、空间建设规模和开发强度进行分析。在空间生态规划中重点对土地资源、水资源、适宜的人口容量的环境承载力等进行分析。

③ 生态格局分析。区域空间格局是人类长期开发与改造而使自然生态格局留下的人工化的烙印，是人与环境长期相互作用的结果。要从景观结构分析入手，明确并提取对空间格局有指导意义的制约性格局（如山水格局）、生态安全格局（确保开发建设活动不损害自然环境的景观状态）、发展性格局（在规划中予以强化的生态格局）等，从而用于指导空间规划。

④ 生态敏感性分析。由于生态系统组成与结构的差异，不同生态系统对人类活动干扰的反应是不同的，有的生态系统对干扰具有很强的抵抗力，有的则具有强的恢复力，而有的则十分敏感，很容易受到干扰的损害。所以必须进行生态系统对人类活动反应的敏感程度的评价，将其作为空间规划的依据，并通过规划对敏感空间进行保护。

⑤ 生态适宜性分析。生态适宜性分析的实质是将各种空间利用方向对土地质量的要求和土地质量的时间供给之间进行比较和匹配的过程。生态适宜性的分析引导人们按照土地内在的适宜方向进行开发，以保证恰当地利用土地，提高土地的综合价值。同样，也可以根据土地的限制性来进行限制程度的评价。

⑥ 生态系统服务分析。生态系统服务是指生态系统及其生态过程提供给人类的各种商品和服务，反映着人类直接或间接从生态系统中得到的利益，通过生态系统服务的分析评价，可以为空间生态规划中生态空间和建设空间用地的选择提供判断依据。

3. 生态单元分类及管控

生态单元分类管控通过对自然环境不同功能的划分，揭示特定区域环境问题的现实状况与形成机制，从而提出针对性的综合整治方向与任务，为特定片区资源开发与生态环境保护提供决策依据。能够保护与修复区域生态，促进资源、环境和社会经济的可持续发展，是提升区域整体生态系统服务功能以及改善城市生态系统管理的重要方法。生态单元分类可采用传统定性和定量相结合的方法，将土地、自然要素，已发布的上位规划、平行规划、相关政策等，以及行政边界、建成区范围、城市道路系统等进行综合考量和分析后进行。也可以采用生态单元制图方法，将研究区进行网格划分，确定基本评价单元，运用景观指数空间分析方法分析单元的景观格局，包括景观要素斑块分析、景观异质性分、景观多样性分析、景观斑块破碎度分析等，高度浓缩景观格局信息，反映其结构组成和空间配置在某些方面的特征，定量表达景观格局和生态过程之间的关联。在评价基础上，确定不同生态单元类型，建立每个生态单元类型的生态信息库。

在上述分类单元基础上，提出分类管控策略和生态修复建议，在每个生态单元中落实上位生态规划，包括土地利用规划、空间管制分区和生态红线规划等。

4. 生态单元动态监督评估

主要是利用天、地、人综合监测和 GIS 平台定期对生态空间进行多尺度监测和数据分析更新。包括采用记录影像留档方式等，对生态用地空间管理规划核查规划实施情况；定期对生态单元内建设项目进行周边环境影响的动态更新，包括景观格局分析和生态环境综合信息，生成年度生态空间分类和生态单元动态变化报告；采用生态单元格监控的方式还可以在不同尺度内进行遥感监测动态变化，可实现同时得到全区域、典型地区、生态敏感区和重要功能区以及某一类生态单元的多尺度监测分析报告。

第二节　生态适宜性与生态承载力分析

生态适宜性分析是生态规划的核心内容之一，其目的是应用生态学、经济学、地学及其他相关学科的原理和方法，根据研究区域的自然资源与环境特点，根据发展和资源利用要求，划分资源与环境的适宜性等级，为规划方案提供基础。

一、生态适宜性分析的程序

麦克哈格在其生态规划方法中，基于生态适宜性的分析，提出了生态适宜性分析的七步法：
① 确定研究分析范围及目标；
② 收集自然、人文资料；
③ 提取分析有关信息；
④ 分析相关环境与资源的性能及划分适宜性等级；
⑤ 资源评价与分级准则；
⑥ 资源不同利用方向的相容性；
⑦ 综合发展（利用）的适宜性分区。
我国学者刘天齐也提出了土地利用生态适宜性评价的分析程序（图 6-1）：

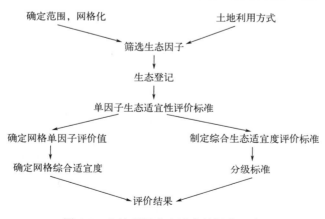

图 6-1　土地利用生态适宜性评价程序

（刘天齐，2001）

① 明确规划区范围及可能存在的土地利用方式，根据规划要求，将规划区划分为网格，如 1km×1km，明确各网格内土地或资源特性。

② 用一定方法筛选出对土地利用方式（或资源利用）有明显影响的生态因子及作用大小。

③ 对各网格进行生态登记。

④ 制定生态适宜度评价标准。根据各生态因素对给定的利用方式的影响规律定出单因子评价标准，在此基础上用一定的方法制定出多因子综合适宜度评价标准。

⑤ 按网格给出单因子适宜度评价值，然后得出特定利用方式的综合评价值。

⑥ 编制规划区域生态适宜度评价综合表和不同利用方式的生态适宜度图。

二、生态适宜性分析因子的确定

1. 筛选评价因子的原则

选择生态适宜性评价的因子要坚持两个原则：一是所选择的因子对给定的资源利用方式有较显著的影响；二是所选择的因子在网格的分布存在较明显的差异梯度。

例如，在进行公路选线规划时，就选择了坡度、地基状况、土壤性质、排水状况、景观价值等为评价值因子进行适宜性评价。国内学者在进行居住地适宜度评价时选择大气环境质量、土地利用强度、噪声、绿化覆盖率、交通便利程度、医疗服务便利程度等因子来评价。

2. 生态适宜度评价标准与分级

生态适宜度评价标准的制定主要依据生态因子对给定的资源利用方式的影响作用规律，以及该因子在评价区内时空分布特点。

生态适宜度的评价分级一般划分为三级：很适宜、基本适宜、不适宜；或划分为五级：很适宜、适宜、基本适宜、基本不适宜、不适宜（表 6-1）。每个等级可以相应给出定量表达的数值。

表 6-1　单因子生态适宜性分级标准

等级	A	B	C	D	E
很适宜	9	9	9	9	9
适宜	7	7	7	7	7
基本适宜	5	5	5	5	5
基本不适宜	3	3	3	3	3
不适宜	1	1	1	1	1

三、生态适宜性分析方法

根据生态规划的对象和规划目标的不同，生态适宜性分析方法也不同。国内外研究者先后发展了多种分析方法，归纳起来，主要有形态分析法、因子叠置法、线性与非线性因子组合法、逻辑规则组合法和生态位适宜度模型等五大类（欧阳志云，1996）。具体内容请参见二维码 6-1。

二维码6-1
生态适宜性
分析方法

四、环境承载力分析

环境承载力评价的重点是生态环境质量不降到可接受程度所允许的最大限值。在评价中涉及两个重要概念，即"发展变量"和"限制因子"。发展变量往往用区域社会经济、人口发展来度量；而限制因子则是区域内限制人类活动进一步增长的因子。其最大值多由国家、地方标准确定（如空气质量标准、水质标准等），也可由专家讨论或背靠背评判得出。在生态承载力分析中，关键问题是确定限制因子与发展变量的关系，以及如何估算限制因子对发展变量的限制程度。

例如，考虑一条流经城市的河流，为保证其水质，规定水中溶解氧（DO）不能低于 $6mg/L$，而目前监测水质 DO 为 $8mg/L$，则限制因子与发展之间还有 $2mg/L$ 的潜力。若不考虑工业发展污水排放，只考虑人口增加导致生活污水，则人口发展的潜力可根据河流水质模型计算出 $DO=6mg/L$ 时最大允许排污量，再按人均产污量换算为最大允许人口数。如果同时还考虑其他限制因素，则取限制最为严重的因素所决定的人口数为承载力。

1. 环境承载力的特点

① 客观性。环境是一个开放的系统，与外界存在物质、能量和信息交换，并依靠能流、物流和负熵流维持自身的稳态，有限地抵抗人类系统的干扰，并重新调整自己的组织形式。因而环境承载力是环境系统的客观属性，只要环境系统的结构、功能不发生质的变化，该系统的环境承载力在质和量方面是可把握的，并能定量和定性表达。

② 变动性。受环境系统自身运动，特别是人为活动的影响，环境系统的结构、功能总是在不断发生变化的，环境系统的承载力也在随之发生着质和量的变化。这种质的变化表现为反映环境承载力的指标体系发生改变，量的变化表现为指标值的数值大小。因而，人在经济活动过程中应有目的地寻求环境限制因子，并降低其限制强度，以使环境承载力在量和质两方面向人类预定的目标变化。

2. 环境承载力的量化

对环境承载力的量化研究，实质上就是对环境承载力值进行计算和分析，并提出相应的保持或提高的方法与措施。

① 环境承载力的指标体系。科学合理的指标是环境承载力计算的基础。为了比较客观地表示这个量的大小，洪阳、叶文虎等在大量研究的基础上提出将环境承载力的指标体系分为三类：自然资源支持力指标、环境生产支持力指标和社会经济技术支持水平指标。自然资源支持力指标包括不可再生资源以及在生产周期内不能更新的可再生资源，如化石燃料、金属矿产资源、土地资源等。环境生产支持力指标包括生产周期内可更新资源的再生量，如生物资源、水、空气等（污染物的迁移、扩散能力，环境消纳污染物的能力）。社会经济技术支持水平指标包括社会物质基础、产业结构、经济综合水平、技术支持系统等。因此，某区域的环境承载力（ECC）可以表示为：

$$ECC=F(R,P,N)$$

式中，R 为自然资源支持力变量；P 为环境生产支持力变量；N 为社会经济技术支持力水平变量。

在三类指标中，社会经济技术支持水平指标是最活跃的因子。通过它改变 R、P 的组合范围和程度来改变环境承载力的大小，使其产生质的下降，在同一区域，即自然资源本底值和环境生产力相同的情况下，由于社会经济技术水平（如资金技术、物质基础设施、人口条件）的不同，环境承载力可能有较大差异。

② 环境承载力的量化模型。目前，对环境承载力科学性和普遍性的量化研究仍未有突破性进展。因为环境承载力指标与经济开发活动、环境质量状况之间的数量关系本身非常复

杂且难以确定，所选的指标不仅与人类的经济活动有关，还受到许多偶然因素的影响。因而人们一般针对某一具体的区域来进行环境承载力的量化研究。

曾维华在湄洲湾的环境规划研究中使用的模型：

$$I_j = \frac{1}{n} \times \left(\sum_{i=1}^{n} E_{ij}^2 \right)$$

式中，I_j 表示第 j 个地区环境承载力的相对大小；E_{ij} 是进行归一后的第 i 个环境因素第 j 个地区的环境承载力；i 为环境承载力组成要素，$i=1,2,3,\cdots,n$；j 为进行环境承载力比较的地区，$j=1,2,3,\cdots,m$。

洪阳等人提出了可持续环境承载力两种计量模型：人口、经济、资源环境承载力模型（P-E-R）。某区域内，以 PP 表示现实的人口数量；ES 表示社会经济技术人口容量；RE 表示自然经济人口容量，则

$$ES = \frac{经济发展指标总量}{一定标准下的人均经济指标}$$

$$RE = \frac{自然资源拥有量}{一定标准下人均资源占有量}$$

人口经济承载力指数 $e = PP/ES$，人口资源承载力指数 $r = PP/RE$。当 $e < 1$，$r > 1$ 时，表明承载力相对富余；当 $e = 1$，$r = 1$ 时，表明承载力为临界状态；当 $e > 1$，$r > 1$ 时，表明承载力不足；当两个指数的加权平均值大于或等于 1 时，即可以认为该地区的承载力是可持续的。

可持续环境承载力 $ECCS = F(Rs, Ps, Ns)$，其中：Rs 为不可再生资源的替代技术开发能力和可持续利用量；Ps 为环境生产支持力变量，包括多个变量；Ns 为环境无害经济技术体系，如清洁生产工艺、生态农业技术等。

在生态规划中，适宜性分析与承载力评价涉及不同问题。适宜性分析用于评价资源的最佳利用方向，而承载力则回答在保证生态环境质量不降低到无法接受程度时所允许的发展限度。

将适宜性与承载力结合，可以使规划更科学、合理。同时，可以回答以下问题：

① 在维持一定生态环境质量前提下，规划区域有多大的发展余地？

② 自然、社会资源对维持该区域持续发展的能力如何？

③ 若要适应人口、经济的进一步发展，要花费多少财力、物力用于提高承载力，有什么可行的措施？

第三节　生态功能区划与主体功能区划分

一、生态功能区划

1. 生态功能区划的概念

生态功能区划是根据区域生态环境要素特征、生态环境敏感性与生态服务功能空间分异规律，将区域划分成不同生态功能区的过程。生态功能区划是一种以生态系统健康为目标，针对一定区域内自然地理环境分异性、生态系统多样性以及经济与社会发展不均衡性的现状，结合自然资源保护和可持续开发利用的思想，整合与分异生态系统服务功能对区域人类

活动影响的不同敏感程度，构建的具有空间尺度的生态系统管理框架。其目的是为制定区域生态环境保护与建设规划、维护区域生态安全以及资源合理利用与工农业生产布局、保育区域生态环境提供科学依据，并为环境管理部门和决策部门提供管理信息与管理手段。

生态功能区划可为管理者、决策者和科学家提供以下服务：①对比区域间各生态系统服务功能的相似性和差异性，明确各区域生态环境保护与管理的主要内容。②以生态敏感性评价为基础，建立切合实际的环境评价标准，以反映区域尺度上生态环境对人类活动影响的阈值或恢复能力。不同的生态区域因其生态环境的敏感程度有较大的区别，导致其对人类影响所能承受的阈值以及遭到破坏后的恢复能力存在一定的差异，因此，在制定生态环境评价标准和生态环境管理条例时应根据各区域的情况，区别对待。③预测未来人类活动对区域生态环境影响的演变规律。根据各生态功能区内当前人类活动的规律以及生态环境的演变过程和恢复技术的发展，预测区域内未来生态环境的演变趋势。④根据各生态功能区内的资源和环境特点，对工农业的生产布局进行合理规划，即使区域内的资源得到充分的利用，而又不至于对生态环境造成很大的影响，持续地发挥区域生态环境对人类社会发展的服务支持功能。

生态功能区划应综合考虑系统各生态环境要素的现状、问题及敏感程度、发展趋势、生态服务功能重要性、生态适宜度，提出农业、工业、生活居住、交通、基础设施、园林绿化、休闲娱乐、自然保护等功能区的综合划分及生态建设布局方案，充分发挥生态要素的功能，增强其对系统功能的反馈调节作用，促进生态的良性发展。

2. 生态功能分区的基本原则

生态功能区划分必须遵循以下原则。

（1）以生态环境特征为基础

划分生态功能区首先要考虑系统的性质、特征，分析系统各要素的空间分布规律及其主要功能、存在的主要问题，以及系统发展的总体结构与布局。同时，分区必须有利于生态环境建设，使区域内环境容量得以充分利用，生态服务功能得以正常发挥。

（2）必须有利于经济、社会的发展

生态规划的基本目的就是维护公众的生产和生活环境，实现经济社会的持续、稳定、协调发展。在进行生态功能分区时，要给经济发展留有足够的空间，在满足各类经济活动对环境不同的需要的同时，区划必须有利于居民的生活，避免经济活动给居民带来危害。

（3）必须符合国家和地方的有关法规、标准及规定的要求

国家和地方对一些特殊的区域如自然保护区、风景区、名胜古迹、疗养区、居民生活区、水源涵养区等有专门的规定，在分区中应与这些规定要求相一致。

（4）重视与人类社会生存发展密切相关的生态过程和功能

生态系统具有多种多样的生态过程和功能，与人类社会的生存发展密切相关的主要有能量的转换、水循环、物质迁移等生态过程以及水源涵养和调蓄、土壤保持、物质生产、生物多样性维持、环境净化、文化休闲娱乐等功能。因此，在生态环境功能分区时，应重点以上述特征的地域分异规律为主要的划分依据。

（5）相似性与差异性原则

区域生态环境的特征、生态过程及由此产生的对人类社会的服务功能是客观存在的，对其进行识别划分，主要是依据相似性和差异性。

（6）综合性分析与主导因素分析相结合

复合生态系统是由多种要素构成的复杂巨系统，存在着复杂的生态关系，必须综合分析

各要素相互作用的方式和过程，认识其空间分异的特点及其相似性和差异性。同时，系统中也必然存在对系统区域特征的形成、区域分异有重要影响的主导因素，应在综合分析基础上，抓住主导标志划分不同的分区界线。

3. 生态功能区划的方法

区划的方法是落实和贯彻区划原则的手段，因而，进行区划所采用的方法是与区划的原则密不可分的。区划的目的不同，所采用的方法也有很大的差异。根据区划的目的不同，在进行分区时采用不同的技术，即形成多种多样的方法，主要有以下几种。

（1）地理相关法

即运用各种专业地图、文献资料和统计资料对区域各种生态要素之间的关系进行相关分析后进行分区。该方法要求将所选定的各种资料、图件等统一标注或转绘在具有坐标网格的工作底图上，然后进行相关分析，按相关紧密程度编制综合性的生态要素组合图，并在此基础上进行不同等级的区域划分或合并。

（2）空间叠置法

以各个分区要素和各个部门的综合的分区（气候区划、地貌区划、植被区划、土壤区划、农业区划、工业区划、土地利用区划、林业区划、综合自然区划、生态地域区划、生态敏感性区划、生态服务功能区划等）图为基础，通过空间叠置，以相重合的界线或平均位置作为新区划的界线。在实际应用中，该方法多与地理相关法结合使用，特别是随地理信息系统技术的发展，空间叠置分析得到越来越广泛的应用。

要素空间叠置分析的示意图见图6-2。

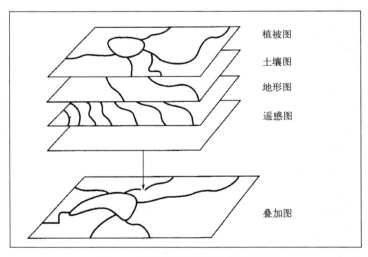

图6-2 要素空间叠置分析示意图

（3）主导标志法

该方法是主导因素原则在分区中的具体应用。在进行分区时，通过综合分析确定并选取反映生态环境功能地域分异主导因素的标志或指标，作为划分区域界线的依据。同一等级的区域单位即按此标志或指标划分。当然，用主导标志或指标划分区界时，还需用其他生态要素和指标对区界进行必要的订正。

（4）景观制图法

是应用景观生态学的原理，编制景观类型图，在此基础上，按照景观类型的空间分布及其组合，在不同尺度上划分景观区域。不同的景观区域其生态要素的组合、生态过程及人类干扰是有差别的，因而反映着不同的环境特征。例如在土地分区中，景观既是一个类型，又是最小的分区单元，以景观图为基础，按一定的原则逐级合并，即可形成不同等级的土地区划单元。

（5）定量分析法

针对传统定性分区分析中存在的一些主观性、模糊不确定性缺陷，近来数学分析的方法和手段被逐步引入区划工作中，如主分量分析、聚类分析、相关分析、对应分析、逐步判别分析等一系列方法均在分区工作中得到广泛应用。

上述分区方法各有特点，在实际工作中往往是相互配合使用的，特别是由于生态系统功能区划对象的复杂性，随着GIS技术的迅速发展，在空间分析基础上将定性与定量分析相结合的专家集成方法正在成为工作的主要方法。

二、主体功能区规划

1. 主体功能区规划的概念

主体功能区规划就是要根据不同区域的资源环境承载能力、现有的开发密度和发展潜力，统筹谋划未来人口分布、经济布局、国土利用和城镇化格局，将国土空间划分为优化开发、重点开发、限制开发和禁止开发四类，确定主体功能定位，明确开发方向，控制开发强度，规范开发秩序，完善开发政策，逐步形成人口、经济、资源环境相协调的空间开发格局。

优化开发区域是指经济比较发达、人口比较密集、开发强度较高、资源环境问题更加突出，应该优先进行工业化、城镇化开发的城市化区域。

重点开发区域是有一定的经济基础，资源环境承载力较强，发展潜力较大，集聚人口和经济的条件较好，应重点进行工业化、城镇化开发的城市化地区。

限制开发区域分为两类，一类是耕地面积较多、发展农业条件较好，从保障农产品安全和永续发展的需求出发，须把增强农业综合生产能力作为发展的首要任务，从而限制进行大规模工业化、城镇化开发的农业区；另一类是生态环境脆弱、生态系统重要，资源环境承载力较低，不具备大规模高强度工业化、城镇化开发的条件，须把增强生态产品生产能力作为首要任务，限制进行大规模高强度开发的生态地区。

禁止开发区域是依法设立的各级各类自然文化资源保护区域，以及其他需要特殊保护，禁止进行工业化、城镇化开发，并点状分布于优化开发、重点开发、限制开发区域之中的生态地区。

2. 主体功能区规划的目标

① 科学确定评价指标体系，从资源环境承载能力、现有开发密度、发展潜力等方面对国土空间进行综合评价，作为确定主体功能区的基本依据。

② 在分析评价基础上，根据人口居住、交通和产业发展等对空间需求的预测及未来国土空间变化趋势的分析，确定各类主体功能区的数量、位置和范围。

③ 根据主体功能区定位，从财政、投资、产业发展、土地利用、人口管理、环境保护、绩效评价和政绩考核等方面完善区域政策。

主体功能区规划是战略性、基础性、约束性的规划，是制定国民经济和社会发展总体规划、人口规划、区域规划、城市规划、土地利用规划、环境保护规划、生态建设规划、流域综合规划、水资源综合规划等在空间开发和布局方面的基本依据。

3. 主体功能区规划的指标与方法

（1）主体功能区规划指标体系

主体功能区规划要统筹考虑三方面因素：

一是资源环境承载能力。即在自然生态环境不受危害并维系良好生态系统的前提下，特定区域的资源禀赋和环境容量所能承载的经济规模和人口规模。主要包括：水、土地等资源的丰裕程度，水和大气等的环境容量，水土流失和沙漠化等的生态敏感性，生物多样性和水源涵养等的生态重要性，地质、地震、气候、风暴潮等自然灾害频发程度等。

二是现有开发密度。主要指特定区域工业化、城镇化的程度，包括土地资源、水资源开发强度等。

三是发展潜力。即基于一定资源环境承载能力，特定区域的潜在发展能力，包括经济社会发展基础、科技教育水平、区位条件、历史和民族等地缘因素，以及国家和地区的战略取向等。

省级区划采用全国统一的指标体系，包括 10 个指标项。其中 9 个是可计量指标项，分别为可利用土地资源、可利用水资源、环境容量、生态系统脆弱性、生态重要性、自然灾害危险性、人口集聚度、经济发展水平、交通优势度；另一个为调控指标项，即战略选择。每个指标项功能及含义见表 6-2。

表 6-2　主体功能区规划指标体系

序号	指标项	功能	含义
1	可利用土地资源	评价一个地区剩余或潜在可利用土地资源对未来人口集聚、工业化和城镇化发展的承载能力	由后备适宜建设用地的数量、质量和集中规模三个要素构成，通过人均可利用土地资源或可利用土地资源来反映
2	可利用水资源	评价一个地区剩余或潜在可利用水资源对未来社会经济发展的支撑能力	由本地及入境水资源的数量、可开发利用率、已开发利用量三个要素构成，通过人均可利用水资源来反映
3	环境容量	评估一个地区在生态环境不受危害前提下可容纳污染物的能力	由大气环境容量承载指数、水环境容量承载指数和综合环境容量承载指数三个要素构成，通过大气和水环境对典型污染物的容纳能力来反映
4	生态系统脆弱性	表征区域生态环境脆弱程度的集成性指标	由沙漠化、土壤侵蚀、石漠化三个要素构成，通过沙漠化脆弱性、土壤侵蚀脆弱性、石漠化脆弱性等级指标来反映
5	生态重要性	表征区域生态系统结构、功能重要程度的综合性指标	由水源涵养重要性、土壤保持重要性、防风固沙重要性、生物多样性维护重要性、特殊生态系统重要性五个要素构成，通过这五个要素重要程度指标来反映
6	自然灾害危险性	评估特定区域自然灾害发生的可能性和灾害损失的严重性而设计的指标	由洪水灾害危险性、地质灾害危险性、地震灾害危险性、热带风暴潮灾害危险性四个要素构成，通过这四个要素灾害危险性程度来反映
7	人口集聚度	评估一个地区现有人口聚集状态的集成性指标	由人口密度和人口流动强度两个要素构成，通过采用县域人口密度和吸纳流动人口的规模来反映
8	经济发展水平	反映一个地区经济发展现状和增长活力的综合性指标	由地区生产总值和人均地区生产总值增长率两个要素构成，通过县域地区生产总值增长率和人均地区生产总值规模来反映
9	交通优势度	评估一个地区现有通达水平的集成性评价指标	由公路网密度、交通干线的拥有性或空间影响范围和与中心城市的交通距离三个指标构成
10	战略选择	评估一个地区发展的政策背景和战略选择的差异	

（2）主体功能区规划方法

① 国土空间综合评价与功能区域类型划分。在指标项评价的基础上，统筹考虑未来省域人口分布、经济布局、国土利用和城镇化格局，采用定性和定量相结合的方法，对国土空间进行综合评价，并提取四类主体功能区中优化开发区域、重点开发区域以及限制开发的生态地区和农业地区的备选区域。对每一个县级行政单元的9项指标进行标准化分级打分，1分为最低等级，5分为最高等级，并根据指标项的内在含义及指标之间的相互关系，将9个指标项分为3种类型。

第一类指标：包括人口集聚度、经济发展水平和交通优势度三项指标，这三个指标从不同的视角刻画了一个区域的经济社会发展状况。

第二类指标：包括生态系统脆弱性和生态重要性两项指标，通过这两项指标的评价可以判断出区域生态系统需要保护的程度。

第三类指标：包括人均可利用土地资源、可利用水资源、自然灾害危险性和环境容量四项指标，通过这四项指标反映区域国土空间开发的支撑条件。

② 分类指标综合指数的算法。

第一类指标计算公式为：

$$P_1 = \sqrt{\frac{1}{3}\left(\left[人口集聚度\right]^2 + \left[经济发展水平\right]^2 + \left[交通优势度\right]^2\right)}$$

第二类指标计算公式为：

$$P_2 = \max\left(\left[生态系统脆弱性\right], \left[生态重要性\right]\right)$$

第三类指标计算公式为：

$$P_3 = \min\left(\left[人均可利用土地资源\right], \left[可利用水资源\right]\right) / \max\left(\left[自然灾害危害性\right], \left[环境容量\right]\right)$$

③ 判别评价。判别评价法是国土空间综合评价的定性方法。根据不同指标项的含义及所示地域功能指向，通过组合关系对地域功能进行定性判别，从而获取各类功能区的空间格局。依据指数评价法和判别评价法的划分结果，结合战略选择可确定出省级主体功能区域划分的两种备选方案。

④ 主导因素法。主导因素法是自上而下划分主体功能区的技术方法，通过选取决定不同类型主体功能区形成的主导因素，按照关键指标项的评价结果，结合分析其他指标项的影响，划分优化开发、重点开发区域以及限制开发的生态地区、农业地区，得到规划的备选方案。

⑤ 综合划分。根据以上划分依据和步骤，对各类型的划分结果进行微调，形成备选方案三，在区域类型划分备选方案的基础上，结合指标聚类分析、城市夜间灯光数据等辅助分析方法获得的结果，与国家主体功能区相衔接，与周边省（区、市）的区域功能相协调，优化本省（区、市）的国土空间结构，最终生成省级规划方案。

三、生态功能区划与主体功能区规划的区别与联系

生态功能区划与主体功能区规划之间既有区别，也有联系。它们都属于功能区划和政府管理创新的产物，但在编制依据、功能、性质、作用和管理等方面存在差异（章家恩，2009）。

（1）同属功能区划，是编制相关规划的依据

生态功能区划是制订生态环境保护与建设规划的基础和依据，为维护区域生态安全、促进经济社会可持续发展提供科学依据。主体功能区规划是制订经济社会发展规划、区域规

划、城市总体规划、城镇体系规划、土地利用规划以及其他空间规划和专项规划的基础和依据，是完善区域政策和绩效评价、规范空间开发秩序、形成合理的空间开发结构的重要基础和依据。

（2）同属政府管理创新，是强化空间管制的手段

生态功能区划和主体功能区划都是为促进经济社会可持续发展提供科学依据的基础性工作，是政府明确区域功能定位、调整现有开发模式、规范空间开发秩序的重要举措，是实现决策科学化、管理现代化、区域开发合理化的重大管理创新。

（3）同属人与自然关系研究，是同一问题的两个不同方面

生态功能区划主要研究人类活动的服务支持功能以及对人类干扰的敏感性和承受能力；主体功能区划着重研究如何根据区域资源环境承载能力进行国土开发和空间管制，实现人与自然和谐发展。两者是同一个问题的两个不同方面。生态功能区划和主体功能区划工作的开展，将从源头上和根本上扭转生态环境恶化的趋势，转变经济增长方式，对统筹人与自然和谐发展具有重要意义和深远影响。

（4）区划功能不同

生态功能区划和主体功能区划都兼具保护自然生态系统和引导区域合理开发的功能，但两者各有侧重。生态功能区划是围绕生态环境保护与建设这一核心问题展开的。编制生态功能区划的根本目的是改善区域生态环境质量，维护区域生态环境安全，促进资源合理利用与自然生态系统良性循环，推动经济社会健康发展。因此，生态功能区划是以"加强保护"为主要功能导向的区划，强调通过维护自然生态系统来实现区域可持续发展。主体功能区划着重从"合理开发"角度对不同区域进行优化开发、重点开发、限制开发和禁止开发的主体功能定位，对开发秩序进行规范，对开发强度进行管制，对开发模式进行调整，引导形成主体功能清晰、发展导向明确、开发秩序规范、开发强度适当，经济社会发展与人口、资源环境相协调的区域发展格局。

（5）区划性质不同

生态功能区划主要考虑区域的自然属性，是根据区域自然要素进行的专项性区划。研究内容主要包括区域生态环境现状、生态环境敏感性与生态服务功能重要性。主体功能区划除考虑区域的自然属性外，还考虑区域的经济与社会文化属性，是建立在自然区划和经济区域基础之上的一种综合性区划。研究内容主要包括资源环境承载能力、现有开发密度和发展潜力。

（6）区划作用不同

生态功能区划的专项性，决定了它的直接作用范围主要集中在生态系统维护与生态环境建设领域。相对而言，主体功能区划具有更广的作用范围和较强的作用力，它不仅是维护自然生态系统的根本保障，更通过明确区域主体功能定位，建立和完善人口转移、财政转移支付和政绩考核等多种政策手段，缩小不同区域间居民生活和公共服务等方面的差距，使全体人民共享改革发展成果。主体功能区划的编制，将在统筹区域协调发展和提高空间开发调控水平等方面产生广泛和重要的作用。

（7）区划管理不同

生态功能区划是生态环境保护与生态建设方面重要的基础性工作，并不直接制定相关政策。因此，生态功能区划的管理职能主要体现在对相关规划中生态环境保护和建设方面的约束和管理，以及为相关政策的制定提供依据和指导。而主体功能区划工作除划分主体功能区

外，还包括制定分类管理的区域政策和绩效评价等配套政策。因此，主体功能区划不仅是政府协调各类空间规划和专项规划的基础平台，而且还是各级政府履行社会管理和公共服务职能、进行宏观调控的重要手段，是协调区域发展、审批和核准重大建设项目布局、促进人与自然和谐发展的依据。

综上所述，生态功能区划和主体功能区划是紧密联系、相互影响但又存在明显差异的功能区划。生态功能区划是主体功能区划的重要基础和依据，主体功能区划是保证生态功能区划落实的重要载体和途径。两项工作是各有侧重，不可替代的。

第四节　国土空间"三区三线"识别与划定

2018年11月，中共中央、国务院发布《关于统一规划体系更好发挥国家发展规划战略导向作用的意见》，"三区三线"的划定和管理，成为各级国土空间规划编制与监督实施的重要内容。国土空间规划中划定各类不同的区界，是实现国土空间分层分级分类管控的重要抓手，其中最主要的是"三区三线"划定。"三区三线"是指：城镇空间、农业空间、生态空间3种类型空间所对应的区域，以及分别对应划定的城镇开发边界、永久基本农田保护红线、生态保护红线3条控制线。其中"三区"突出主导功能划分，"三线"侧重边界的刚性管控，"三区三线"作为国土空间规划的"底图"，是国土空间用途管制的重要内容，也是国土空间用途管制的核心框架。

建立国土空间规划体系是新时代国家空间治理能力建设的需要。在国土空间规划改革过程中，为了树立国土空间"全域全要素"的概念，处理好保护与发展的关系，以统筹划定"三区三线"作为优化国土空间布局、实施国土空间用途管制、协调人地关系的重要途径，构建从国家到地方国土空间开发保护的新格局的底板。"三区三线"划定是国土空间规划编制实施的重要内容，也是省、市、县级国土空间规划布局优化与重点管控性内容。"三区"是构建国家开发保护格局的要求，对应空间功能分区，是多层次的。"三线"是落实国家战略的具体治理手段，要落实到土地用途分类管控。按照区域目标定位、空间战略意图和关键技术落实"三区三线"。

一、"三区"识别

1. "三区"概念与管控重点

生态空间：指具有自然属性、以提供生态服务或生态产品为主体功能的国土空间，包括森林、草原、湿地、河流、湖泊、滩涂、岸线、海洋、荒地、荒漠、戈壁、冰川、高山冻原、无居民海岛等。该空间承担生态服务和生态系统维护等功能，以自然生态景观为主划定。该空间配套严格的保护规程，明确禁止的开发建设行为，确保建立高标准的保护格局。

农业空间：指以农业生产和农村居民生活为主体功能，承担农产品生产和农村生活功能的国土空间，主要包括永久基本农田、一般农田等农业生产用地，以及村庄等农村生活用地。该空间要形成严格的农田保护体系，明确保留的乡村居民点布局导向，以及允许适度的开发建设内容，维护田园生态格局。

城镇空间：指以城镇居民生产生活为主体功能的国土空间，包括城镇建设空间和工矿建设空间，以及部分乡级政府驻地的开发建设空间。该空间要明确城市化空间布局，提出产业、基础设施、公共服务配套等建设导向，形成高效生产力布局。

2. 三类空间识别的技术流程

（1）编制空间规划底图

收集地理国情普查成果、主体功能区资料、基础地理信息成果、各类规划资料以及保护、禁止（限制）开发区边界线资料及其他资料等；依据测绘资料、规划资料和其他相关资料收集整理，对现有资料进行整理，对空间数据以及统计数据进行处理；对处理后的数据进行数据生产，生成负面清单数据、三类空间地表覆盖数据、现状空间数据、空间开发评价数据等；通过外业核查等方式对所生产的数据进行数据整合和数据集成。以第三次全国国土调查成果为基础，整合规划编制所需的空间关联现状数据和信息，形成坐标一致、边界吻合、上下贯通的一张底图，用于支撑国土空间规划编制。

（2）"三类空间"功能适宜性评价

基于资源环境承载能力与国土开发适宜性评价（简称"双评价"）开展功能适宜性评价。"双评价"主要是根据资源环境承载能力单要素评价，通过集成评价得到生态保护、农业生产、城镇建设等不同功能指向下的承载能力等级，并将生态保护等级划分为生态保护极重要区、重要区、一般区。在资源环境承载能力评价的基础上，进行国土空间开发适宜性评价，划分农业生产和城镇建设的适宜区、一般适宜区和不适宜区。根据"双评价"，每个栅格（省域为 50m×50m，市县为 30m×30m）都将对应不同的生态保护等级、农业生产适宜性、城镇建设适宜性评价结果，进行全域"三类空间"功能划分。

（3）评价结果叠加处理与初步集成

根据三类功能划分结果，结合适宜性评价划分三区的规则，通过 ArcGIS 空间叠置工具，结合区域叠加等级研判，以生态、农业、城镇三类空间单项评价结果为基础进行集成，找出需要生态保护、利于农业生产生活和适宜城镇发展的单元地块，划分适宜等级并合理确定规模。

（4）成果细化修正与最终划定

"双评价"预判划定为生态、农业和城镇空间"三区"。通过遥感影像、外业核查、部门核实等方法，对"三类空间"划定结果进行修正。将"三类空间"划分结果与省级相关指标和相邻市县进行衔接，对"三类空间"划定结果进行调整。

根据上述步骤，确定"三类空间"划分的最终结果。三类空间识别技术流程如图 6-3 所示。

3. 三类空间的确定

（1）生态空间的确定

生态空间主要依据"两个评价"结果以及生态空间内涵进行划定。依据"双评价"结果，开展生态功能适宜性评价，依据生态功能适宜性评价结果来确定生态空间。从生态敏感性和生态系统服务功能重要性出发，开展生态功能适宜性评价。首先，依据国土空间开发适宜性评价中的生态评价结果与土地资源评价结果，得到生态功能适宜性初步评价；其次，结

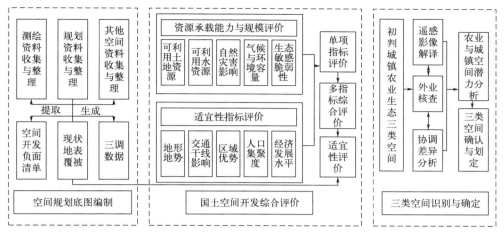

图 6-3　三类空间识别技术流程

(李宏志，2017)

合国土空间开发适宜性评价中的现状地表分区数据，得到生态功能适宜性中间评价；再次，根据资源环境承载能力评价中的土地退化、地下水超采、地质灾害等数据，结合现状实际，对中间评价结果进行适当调整，形成生态功能适宜性最终评价结果；最后，根据生态功能适宜性评价结果以及生态保护红线确定生态空间。

（2）农业空间的确定

农业空间是以农村居民生产生活为主要功能的国土空间，包括耕地、改良草地、人工草地、园林、农村居民点、其他农用地等。确定农业空间，首先需要进行农业功能适宜性评价。从农业资源数量、质量及组合匹配特点的角度，将国土空间中进行农业布局的适宜性程度划分为高、中、低 3 个等级。优先将永久基本农田划入农业空间。将生态保护红线内区域划入生态空间，城镇开发边界内区域划入城镇空间。剩余未划定区域，对照生态空间适宜性评价、城镇空间适宜性评价，将以下区域划入农业空间：农业功能适宜性高，其他适宜性中或低的区域；城镇功能适宜性高，农业功能适宜性高，生态功能适宜性中或低的区域；对于各项评价均为中或低，但所在地主体功能区定位为粮食主产区的，优先划入农业空间；对于城镇功能、生态功能、农业功能三类中有两项适宜性评价结果为中，但与其主体功能区定位对应的功能类型适宜性为低的区域，一般优先划入农业空间。

（3）城镇空间的确定

在资源环境承载能力评价和国土开发适宜性评价的基础上，进行生态功能、农业功能、城镇功能三类功能适宜性评价。其中，城镇功能适宜性主要从资源环境、承载能力、战略区位、交通、工业化和城镇化发展等角度，根据资源环境承载能力评价和国土空间开发适宜性评价结果，结合现状地表实际情况，将其划分为适宜程度高、适宜程度中、适宜程度低三种等级。生态功能适宜性、农业功能适宜性、城镇功能适宜性评价完成后，按照以下四步集成，确定城镇空间。第一步：将城镇开发边界以内区域划定为Ⅰ类城镇适宜区。第二步：根据三类功能适宜性评价高值区划定城镇功能Ⅱ类适宜区。针对第一步未划定的区域，评价结果中仅有城镇功能一项适宜性为高的区域，划定为Ⅱ类城镇适宜区。对于城镇功能适宜性高，生态功能适宜性、农业功能适宜性至少其一为高的区域，原则按照生态-农业-城镇的优先级次序进行确定，局部地区可按照城镇发展集中制原则，划定为Ⅱ类城镇适宜区。第三步：根据三类功能适宜性评价中值区和低值区划定城镇功能Ⅲ类适宜区。针对上两步未划定的区域，评价结果中仅有城镇功能一项适宜性为中的区域，划定为Ⅲ类城镇适宜区。评价结果中两项为中，但生态功能适宜性为低的区域，一般按照农业-城镇-生态的优先级次序进行确定，也可按照三类功能的空间集中原则进行确定。第四步：城镇功能适宜区集成。综合前三步，取全部城镇适宜区为城镇空间。

4. 空间约束下不同尺度的国土空间地域功能识别

（1）重要生态空间识别

宏观与中观尺度，应基于生态系统服务评估，主要从水源涵养、生物多样性维护、水土保持、防风固沙、海岸生态稳定等方面评估区域生态功能重要性，从水土流失、土地沙化、石漠化、盐渍化等方面评估区域生态环境脆弱性，综合两者识别生态保护重要性区域，刻画国家、区域尺度的生态安全格局与生态网络体系。微观尺度，应基于更高精度的数据，采用景观生态学"斑块-廊道-基质"模式判别生态子系统的结构与功能关系，对各类自然保护地、珍稀物种栖息地以及人造景观（公园绿地）等生态源地进行评价与识别，在此基础上识别重要的生态廊道节点与具备联通价值的生态空间，创建微观尺度以生态核心区（规模较大、斑块完整、具备维持关键物种生存等生态功能）为中心，生态绿心为节点，生态廊道为串联的生态网络，对宏观生态格局进行修正与完善。在综合识别不同尺度下生态安全格局的基础上，确定区域的重要生态空间。

（2）农业空间识别

宏观与中观尺度，应紧扣粮食安全目标，从耕地质量等级、土壤环境质量、土壤有益元素、农产品产地适宜性、地面沉降等地质条件等方面，评估种植业、畜牧业、渔业等农业生产的适宜区域，结合现状耕地和永久基本农田布局，明确耕地保护、生态退耕、土地整治补充、治理提升的耕地差异化治理的空间范围，优化区域农业空间格局。微观尺度，需要结合特色村落布局、农业基础设施、特色农产品种植区、重要经济作物与粮食作物分布等，进一步识别优势农业生产空间，并进行验证与完善；在特殊地貌（喀斯特地貌、雅丹地貌等）及生态脆弱区域，应甄选差异化的评价指标体系，识别基于特色农业（山地特色农业、基塘农业等）发展模式的农业生产空间格局。

（3）城镇建设空间识别

宏观与中观尺度，应根据资源环境承载能力评价确定城镇开发边界及规模约束，考虑地形坡度、地质条件、地下水开采、交通区位条件，结合宏观区域空间战略、主体功能区划、地方发展诉求以及前述识别的重要生态空间和农业空间，分析区域城镇建设的限制性，确定国土空间开发的底线约束，为城镇合理布局提供空间依据。微观尺度，应基于城镇发展安全角度，进一步开展雨洪灾害、地面沉降、重大防灾减灾基础设施分布等评估，识别城镇发展避让区及潜在灾害风险高发区域，同时横向衔接防灾减灾专项规划，重点识别城镇建设不适宜区。

二、"三线"划定

1. "三线"概念

（1）生态保护红线

生态保护红线指在生态空间范围内具有特殊重要生态功能、必须强制性严格保护的区域，是保障和维护国家生态安全的底线和生命线，通常包括具有重要水源涵养、生物多样性维护、水土保持、防风固沙、海岸生态稳定等功能的生态功能重要区域，以及水土流失、土地沙化、石漠化、盐渍化等生态环境敏感脆弱区域。

（2）永久基本农田保护红线

永久基本农田保护红线是按照一定时期人口和社会经济发展对农产品的需求，依法确定的不得占用、不得开发、需要永久性保护的耕地空间边界。

（3）城镇开发边界

城镇开发边界是在国土空间规划中划定的，一定时期内指导和约束城镇发展，在其区域内可以进行城镇集中开发建设，重点完善城镇功能的区域边界。城镇开发边界内可分为城镇集中建设区、城镇弹性发展区和特别用途区。

2．"三线"划定技术方法

（1）生态保护红线划定

按照科学性、整体性、协调性和动态性原则，落实管控要求，保证功能不降低，面积不减少，性质不改变。通过定量与定性相结合，科学评估，识别生态保护的重点类型和重要区域，合理划定生态保护红线。

① 科学评估。在国土空间范围内，按照资源环境承载能力和国土空间开发适宜性评价技术方法，开展生态系统服务功能重要性评估和生态环境敏感性评估，确定水源涵养、水土保持、防风固沙、生物多样性维护等生态功能极重要区域及水土流失、土地沙化、石漠化和盐渍化等极敏感区域，纳入生态保护红线。科学评估的主要步骤包括：确定基本评估单元、选择评估类型与方法、数据准备、模型运算、评估分级和现场校验。

② 校验划定范围。根据科学评估结果，将评估得到的生态功能极重要区和生态环境极敏感区进行叠加合并，并与已有保护地进行校验，形成生态保护红线空间叠加图，确保划定范围涵盖国家级和省级禁止开发区域，以及其他有必要严格保护的各类保护地。

③ 优化衔接。将第②步确定的生态保护红线叠加图，通过边界处理、现状与规划衔接、跨区域协调、上下对接等步骤，确定生态保护红线边界。

④ 形成划定成果。在上述工作基础上，编制生态保护红线划定文本、图件、登记表及技术报告，建立台账数据库，形成生态保护红线划定方案。

⑤ 勘界定标。根据划定方案确定的生态保护红线分布图，搜集红线附近原有平面控制点坐标成果、控制点网图，以高清正射影像图、地形图和地籍图等相关资料为辅助，调查生态保护红线各类基础信息，明确红线区块边界走向和实地拐点坐标，详细勘定红线边界。选定界桩位置，完成界桩埋设，测定界桩精确空间坐标，建立界桩数据库，形成生态保护红线勘测定界图，设立统一规范的标识标牌。

（2）城镇开发边界划定

城镇开发边界划定，一方面，依据资源环境承载能力评价、国土空间开发适宜性评价，以生态保护红线、永久基本农田红线作为限制性依据，明确不能开发建设的国土空间刚性边界，同时提出允许开发建设的国土空间区块；其次，划定城镇开发边界，要充分尊重自然地理格局，统筹发展和安全，统筹农业、生态、城镇空间布局；坚持反向约束与正向约束相结合，避让资源环境底线、灾害风险、历史文化保护等限制性因素，守好底线；设置扩展系数，严控新增建设用地，推动城镇紧凑发展和节约集约用地。此外，将预测的人口规模以及控制的城镇人均建设用地指标作为控制性依据，得出满足城镇发展所需的合理建设用地规模。城镇开发边界划定中，以限制性依据、控制性依据为基础，综合考虑城镇发展定位，最终确定城镇开发边界。

① 基础数据收集。有针对性地开展经济社会发展、国土空间利用、生态环境保护、城乡建设等方面的调研，收集相关资料数据，梳理城镇发展需求和趋势，分析确定采用的基础数据，编绘相关现状基础图件。

② 评价分析。城镇发展定位研究。紧紧围绕"两个一百年"奋斗目标，落实国家和区域发展战略，依据上级国土空间规划要求，明确城镇定位、性质和发展目标。对自然资源和生态环境本底条件开展综合评价，识别城镇发展的限制因素和突出问题；对国土空间开发保护适宜程度进行综合评价，明确适宜和不适宜城镇开发的地域空间。基于资源环境承载能力和国土空间开发适宜性评价，充分考虑各类限制性因素，测算新增城乡建设用地潜力。

城镇发展现状研究。摸清现状建设用地底数和空间分布，分析存在的问题，提出优化方案。

城镇发展规模研究。贯彻"以水定城、以水定地、以水定人、以水定产"的原则，根据水资源约束底线和利用上限，控制新增建设用地规模，引导人口、产业和用地合理布局。"以产定地、以人定地"分析城镇人口发展趋势和结构特征、经济发展水平和产业结构、城镇发展阶段和城镇化水平，落实上级国土空间规划规模指标要求，提出行政辖区内不同城镇的人口和用地规模。

城镇空间格局研究。综合研判城镇主要发展方向，平衡全域和局部、近期和长远、供给和需求，可以运用城市设计、大数据等方法，提出城镇空间结构和功能布局。

③ 边界初划。城镇集中建设区初划。结合城镇发展定位和空间格局，依据国土空间规划中确定的规划城镇建设用地规模，将规划集中连片、规模较大、形态规整的地域确定为城镇集中建设区。现状建成区、规划集中连片的城镇建设区和城中村、城边村，依法合规设立的各类开发区，国家、市确定的重大建设项目用地等应划入城镇集中建设区。城镇集中建设区内，为应对城镇发展的不确定性，满足未来重大事件和重大建设项目的需要，可根据地方实际，划定一定比例的功能留白区。

城镇有条件建设区初划。在与城镇集中建设区充分衔接、关联的基础上，在适宜进行城镇开发的地域空间合理划定城镇有条件建设区，做到规模适度、设施支撑可行。城镇有条件建设区面积原则上不得超过城镇集中建设区面积的 50%。

特别用途区初划。根据地方实际，特别用途区可以包括对城镇功能和空间格局有重要影响、与城镇空间联系密切的山体、河湖水系、生态湿地、风景游憩空间、防护隔离空间、农业景观、古迹遗址等地域空间。要做好与城镇集中建设区的蓝绿空间衔接，形成完整的城镇生态网络。

④ 方案协调。区县（自治县）自然资源主管部门在开展城镇开发边界具体划定工作时，应征求相关部门和镇（乡）人民政府意见。

⑤ 划定入库。明晰边界。尽量利用国家有关基础调查明确的边界、各类地理边界线、行政管辖边界、保护地界、权属边界、交通线等界线，将城镇开发边界落到实地，做到清晰可辨、便于管理。城镇开发边界由一条或多条连续闭合线组成，范围应尽量规整、少"开天窗"，单一闭合线围合面积原则上不小于 $30hm^2$。

三线协调。城镇开发边界原则上不应与生态保护红线、永久基本农田交叉冲突。零散分布、确实难以避让的生态保护红线和永久基本农田，可以"开天窗"形式不计入城镇开发边界面积，并按照生态保护红线、永久基本农田的保护要求进行管理。

上图入库。划定成果矢量数据采用 2000 国家大地坐标系（CGCS2000），在第三次全国国土调查成果基础上，结合高分辨率卫星遥感影像图、地形图等基础地理信息数据，和国土空间规划成果一同上图入库，并纳入自然资源部国土空间规划"一张图"。

（3）永久基本农田划定

永久基本农田根据土地利用变更调查、耕地质量等级评定、耕地地力调查与质量评价等成果数据，以国家、省、市县永久基本农田划定的最终成果为基础，按照《基本农田划定技术规程》（TD/T 1032—2011）、《全国"三区三线"划定规则》等对规划期内需占用基本农田的重点项目进行梳理，按照"数量不减少、质量不降低"原则在区域范围内对基本农田进行调整，划定永久基本农田保护红线。同时，按照永久基本农田核实、储备区划定及整改补划技术路径和永久基本农田储备区划定技术路径进行调整。

① 基础数据收集整理。收集划定的永久基本农田、最新的土地利用变更调查、耕地质量等别评定、耕地地力调查与质量评价等成果数据。

② 基本农田划出。市县根据国家、省级重点建设项目占用需求和生态退耕要求等进行基本农田划出。依据土地利用变更调查、耕地质量等别评定、耕地地力调查与质量评价等成果数据，统计分析划出基本农田的数量和质量情况。

③ 确定基本农田补划潜力。根据最新的土地利用变更调查数据，充分考虑水资源承载力约束因素，明确在已划定基本农田范围外、位于农业空间范围内的现状耕地，作为规划期永久基本农田保护红线的补划潜力空间。依据土地利用变更调查、耕地质量等别评定、耕地地力调查与质量评价等成果数据，明确基本农田补划潜力的数量和质量情况。

④ 形成划定方案。校核划出永久基本农田和可补划耕地的数量和质量情况，按照数量不减少、质量不降低要求，确定永久基本农田划定方案。最终形成市县永久基本农田划定情况表、市县永久基本农田调整补划情况表、永久基本农田调整补划分析图、永久基本农田数据库等划定成果。

三、案例分析

具体内容见二维码 6-2。

二维码6-2
"三线"划定
案例分析

第五节　空间要素规划的基本途径

空间要素是自然要素和人类活动物质空间的点、线、面、网络构型的相互结合，包括区域的城乡聚集点、区域发展的轴网系统、绿色生态网络等。

一、城乡聚居点布局

对城乡聚居点的控制一是要防止缺乏重点、全面蔓布的散点布局趋向；二是要防止点状聚居点不断拓展、无序蔓延的趋向；三是防止多个聚居点空间过分集中，各自拓展后形成无序蔓延的趋向。因此，在空间规划上应采取以下几个对策。

（1）适度集中

以公共交通为主导，促使乡村人口向城镇集中，小城市人口向大城市集中，在一定地域内聚集发展城市群。

（2）容量限制

聚居点的数量、规模等应符合环境容量限度的阈值。由于对城乡规模产生制约的环境因素是在区域空间尺度上进行的（如水资源、土地资源、粮食等），所以必须从区域空间层面考虑对城乡聚居点的限定阈值。

（3）分隔原则

为防止城乡空间不断拓展形成空间连绵蔓延的问题，利用区域空间中的自然空间要素（如河流、山体等），或人为划定生态空间加以保护，作为永久性分隔区域空间的生态单元。

二、区域轴网规划

传统的区域规划认为轴线是区域人流、物流、信息流、资金流等的途径和通道，在地表空间上主要表现为交通线路、通信线路、供水排水线路、能源供应线路等。发展轴指重要线状基础设施经过的附近有较强的社会经济实力和开发潜力的地带，在平面上包括线状基础设施部分、发展轴的主体部分、发展轴的直接吸引部分。

针对传统区域规划中发展轴以满足经济运行为目的，以最小经济成本实行最佳经济目的，缺乏对自然生态价值考虑的问题，在空间生态规划中要强化自然生态轴与发展轴共同构建区域轴网系统的观点。

1. 区域发展轴规划

由于城镇发展对线性基础设施趋近利用的特点，区域发展轴逐渐趋向城镇空间连绵的轴带格局，为控制轴带的无序发展，一是改变传统的沿交通道路发展模式，引导城镇发展轴向两侧延伸，加强纵深方向的发展；二是在实体发展轴中插入自然空间以隔断城镇连绵趋势，缓解交通等问题，并就近提供休憩空间。

2. 区域自然生态轴规划

区域自然生态轴是区域自然空间的发展骨架，由水系、山体、水陆交界带和生物迁移通道等组成。应以自然保育为主，适度人工干预。在规划中应考虑连续的原则，尽量保持自然生态轴的连续。如果某一生态轴出现中断，可以采用多种生态轴相交的方法构成区域连续的自然生态轴。同时，为了增加人类接触自然的机会，提高人居环境的品质而又不过分干扰自然，可以采用增加自然轴与聚居点的边缘长度的方法，获得良好的边缘效应（图6-4）。

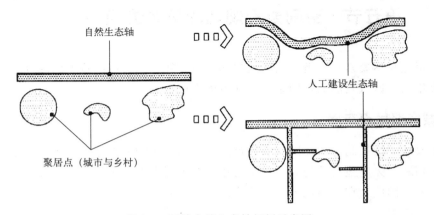

图6-4　区域自然生态轴规划示意图

（杨培峰《城乡空间生态规划力量与方法研究》，科学出版社，2005）

3. 虚实相依的轴线布置

针对发展实体轴带可能对自然生态轴造成割裂，导致生物迁移和自然系统能流、物流阻断的问题，采用自然生态轴与发展实体轴并列建设，充分利用实体轴两侧控制区域组成虚实相依的轴线，减少两轴的相交接点。如无法避免相交，应采用工程的措施（上架或下穿）以保证生态轴的畅通。

4. 网络化规划

网络化是轴线发展的理想状态，实体轴的网络化有利于把空间结构的活动功能从集中向分散转移，功能从分离向融合转化。而自然生态轴的网络化有助于提高整体的生态稳定性和多样性，也使基质、斑块、廊道的相互作用复杂化，产生更加丰富的生态效益。

三、生态网络规划

1. 生态网络概念与特征

生态网络定义为：基于景观生态学原理，以保护生物的多样性及景观的完整性为目的，在开敞空间内利用各种线性廊道将景观中的资源斑块进行有机连接，以维持和保护其生态、社会、经济、文化、审美等多种功能的网络体系。其概念的发展如表 6-3 所示。

表 6-3　生态网络概念的发展（刘世梁等，2017）

角度	生态网络含义
网络的重要性	提供人们接近居住地的开放空间，连接乡村与城市空间，并将其连成一个循环系统
廊道的连接性	连接公园、自然保护区、文化景观或历史遗迹之间及其聚落的开放空间
生态系统的多重稳定性	连接开放空间的景观链，认为生态网络是具有自然特征的廊道，集文化、生态、娱乐于一体
生态过程的一致性	由多种类型的生态节点和连接各节点的生态廊道组成的空间连贯的生态系统，系统中的生物有机体之间进行有机交流，其目的是维持在人类活动影响下生态过程的完整性
土地规划及生态网络的功能性	由线性要素组成的土地网络，是为了多种用途而规划、设计和管理的，它兼备自然保护、生态、休闲、美学、文化、交通等多重功能
生物多样性的保护	应用保护生物学和景观生态学来解决生物多样性保护问题的生态学思想，能有效缓解生物多样性保护需求和人类对自然资源需求之间的矛盾

20 世纪 90 年代以来，生态网络的研究开始在不同尺度上，通过提高生态连接度来维持内部的一致性，保护生物的多样性以及恢复退化的生态系统。到 90 年代末，生态网络的发展已趋于成熟，生态网络的建设可以保护濒危物种的生境、生态系统以及景观特性，同时还可以为城镇景观提供大量的自然廊道，降低自然空间的损失，恢复和改善城镇的自然系统质量，缓解人们来自城镇化过程的生理和心理上的压力。欧美学者对于生态网络的研究也有各自的特点。西欧学者主要关注高度集约化土地的生态网络研究，尤其是如何减少城市化和农业活动对生态环境的负面影响，研究中多使用生态网络这一术语。而北美学者的研究，则更关注国家公园和自然保护区等的生态网络建设，研究中多使用绿道网络一词。

生态网络的基本特性为：①连接性；②保护物种和生态环境，维持生态系统的结构平衡及其功能；③廊道的空间结构是线性的；④规划开敞空间中的一个系统整体；⑤提高自然资源利用率，最大限度减少人类活动对生物多样性的影响。

解决快速城镇化所产生的生态问题，以往通过建立国家公园、自然保护区、城郊公园、风景名胜区等办法所产生的效果不太明显，城市用地扩张不断割裂森林、湿地等自然景观，人们逐渐意识到通过建立单独、孤立的森林公园、自然保护区等，所取得的保护效果并不是很明显，人们忽视了不同景观之间以及同类景观之间连接建立的重要性。从生态服务效能层面来讲，不管是对野生动物保护还是为人类提供休闲游憩场所，一个相互连接的网络能够产生更大的生态服务效益，而且还能够增加景观效能。因此，区域层面绿色生态网络的构建相比其他传统保护策略，对新型城镇化背景下生态可持续性发展具有重要意义。

2. 生态网络规划的主要方法

目前针对景观生态网络方面的研究方法，主要采用基于格局与景观连接度的指数和利用模型对景观生态网络进行模拟，来分析和反映实际景观生态网络的格局、过程或空间关联。

（1）景观格局指数法

景观格局指数能够对景观的空间格局信息进行高度概括，并对其组成结构和空间配置等进行简单定量。

① 用于描述景观要素的指数，如斑块的周长、形状、面积、密度、最近临近距离等，以及廊道的曲度和长度等。这类指数可以用于刻画生态网络的空间构型，如针对森林生态网络开展研究。

② 用来描述景观总体特征的指数，如优势度（dominance）、蔓延度（contagion）及分形维数（fractal dimension）等。这些指数可以用于描述景观中不同斑块类型的空间分异、团聚程度、延展趋势、几何形状和复杂程度。优势度与蔓延度以信息论为基础，分形维数则以分形几何学为基础，这些指数在描述景观格局时有着各自的特征。分形维数与优势度可以在较大尺度上反映景观的格局，而蔓延度则相反。随着科学技术的发展，产生了更为复杂的聚集指数（aggregation index）、孔隙度等景观指数。

景观格局指数有利于理解和评价现有研究区内的景观现状，即通过不同的景观指数的对比，揭示研究区内的生态状况、空间特征和格局演变，了解其内在驱动力及发展趋势，为将来的景观评价和规划管理提供重要的参考价值。

（2）景观连接度指数法

① 指数法。如破碎度指数、聚合度指数、分离度指数、扩展指数等，其侧重与斑块之间的关系，在景观单元或者流域上进行综合，但对于生态过程的描述较少。

② 图论法。其特点是用图形的形式直观地描述和表达，可以定量化斑块之间的关系，侧重于生态过程。

③ 耗费距离法。其特点是侧重于基质的影响，定量化斑块之间的隔离程度，可以确定廊道和战略点，有一定的生态学意义。

④ 电流理论。其特点是基于电流产生经过每个栅格流的测度、集合所有可能的通道，与随机行走模型具有很好的吻合性。

（3）景观生态网络的模型模拟

景观网络由节点（node）和廊道（linkage）相互交叉连接形成，而景观要素之间借助网络进行能量流、物质流和信息流的交换。一般来说，图论常把复杂的景观简化为简单的点和线，从网络密度（network density）、网络连通性（network connectivity）和网络闭合度（network circuitry）来计算景观网络的结构和功能，而忽视了点（斑块）之间的实际距离、线性程度、连接线方向和节点的实际空间位置，而这些要素在景观生态学的"流"的研究中则比较重要。在实际对景观生态网络模型的模拟和构建中，通常需考虑节点本身的属性特征及其相互关系，如利用重力模型测量节点之间的相互作用。最重要的是景观生态网络的构建必须考虑物种迁移、扩散等生态过程，考虑基质对这些过程的作用。目前，有很多方法与模型对景观生态网络系统进行研究，较为常见的方法是最小耗费距离方法、图论方法与电流理论，常用的软件包括 Conefor Sensinode、Circuitscape、Guidos、Zonation、Marxan 等。以 Conefor Sensinode 为例，该软件结合物种扩展概率，利用图论方法，结合最小耗费距离等方法，可以对重要栖息地、廊道等进行量化分析与空间直观显示，并且可以在较大尺度上运用。

3. 生态网络规划步骤

Conine 等人从需求的角度提出了构建生态网络的 6 个步骤：①确定目标；②需求评估；③确定潜在连接通道；④评估可达性；⑤划定廊道；⑥最终评估。

目前生态网络规划主要通过源地提取、阻力面建立、识别生态廊道等步骤来构建区域生态安全格局。选取特殊重要生境斑块作为生态源地。然后采用土地利用类型和边界分析方法建立阻力面，使用最小累积阻力模型识别生态廊道，对由生态源地和生态廊道所构成的生态网络进行优化布局，形成生态安全格局。

生态网络规划步骤详见二维码 6-3。

二维码6-3
生态网络规划
步骤

四、案例分析

具体内容见二维码 6-4。

二维码6-4
生态网络规划
案例分析

◆ 思考题 ◆

1. 空间生态规划的主要内容有哪些？
2. 生态适宜性评价的方法有哪些？各有什么特点？
3. 生态适宜性评价与生态承载力评价有何不同？
4. 什么是主体功能分区？它与生态功能分区有何区别？
5. 什么是"三区三线"？
6. 简述区域生态网络构建的基本步骤。

◆ 参考文献 ◆

［1］杨培峰 . 城乡空间生态规划理论与方法研究［M］. 北京：科学出版社，2005.
［2］黄平利，王红扬 . 我国城乡空间生态规划新思路［J］. 浙江大学学报（理学版），2007，34（2）：45-48.
［3］张伟，刘毅，刘洋 . 国外空间规划研究与实践的新动向及对我国的启示［J］. 地理科学进展，2005，24（3）：79-90.
［4］李博，韩增林，佟连军 . "吉三角"区域生态规划与生态网架建设［J］. 应用生态学报，2009，20（5）：1160-1165.
［5］麦克哈格 . 设计结合自然［M］. 芮经纬，译 . 天津：天津大学出版社，2006.
［6］刘天齐，等 . 区域环境规划方法指南［J］. 北京：化学工业出版社，2001.
［7］欧阳志云，王如松 . 生态规划的回顾与展望［J］. 自然资源学报，1995，10（3）：203-215.
［8］欧阳志云，王如松，符贵南 . 生态位适宜度模型及其在土地利用适宜性评价中的应用［J］. 生态学

报，1996，16（2）：113-120.

[9] 曾维华，王华东，薛纪渝，等．环境承载力理论及其在湄洲湾污染控制规划中的应用［J］．中国环境科学，1998，(S1)：71-74.

[10] 李宏志．县域空间规划三类空间划定技术路径与实践［C］．2017中国城市规划年会论文集．

[11] 章家恩．生态规划学［M］．北京：化学工业出版社，2009.

[12] 燕乃玲，虞孝感．我国生态功能区划的目标、原则与体系［J］．长江流域资源与环境，2003，12（6）：579-585.

[13] 车生泉，王小明．上海世博园区域生态功能区规划研究：生态上海建设的理论与实践［M］．北京：科学出版社，2008.

[14] 张韶月，刘小平，闫士忠，等．基于"双评价"与FLUS-UGB的城镇开发边界划定——以长春市为例［J］．热带地理，2019，39（3）：377-386.

[15] 刘世梁，侯笑云，尹艺洁，等．景观生态网络研究进展［J］．生态学报，2017，37（12）：3947-3956.

[16] 李权荃，金晓斌，张晓琳，等．基于景观生态学原理的生态网络构建方法比较与评价［J］．生态学报，2023，43（4）：1461-1473.

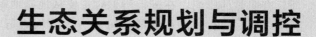

第七章
生态关系规划与调控

生态规划是实施区域生态建设的基础，也是生态管理的重要组成部分之一。以生态适宜性评价为基础可以得出区域发展生态规划的初步方案，但由于生态适宜性分析主要侧重于生态因子对发展方向或措施的垂直的、静态的影响，对各种组分之间横向的复杂影响关系考虑较少。因此，从复合生态系统整体协调持续发展角度出发，还必须对系统的生态关系进行规划与调控。生态系统生态关系规划与调控是以社会-经济-自然复合系统为对象，以区域资源合理利用为核心，从总体和综合的角度出发，以可持续发展为目标，对复合系统的各种生态关系进行规划与调控，以实现系统整体功能的最优。

第一节　复合生态系统结构、功能的辨识

一、系统边界的辨识

系统边界的确定是进行系统结构与功能分析的基础，由于生态系统是一个开放的系统，不断地与外界进行物质、能量、信息的交换及物种的迁移，系统的边界往往是不明确的，必须根据研究的目标来确定系统的边界。例如，在研究西安市城市生态系统中选择三个空间尺度作为系统的边界，分析区域自然背景及社会经济发展时，从生态关系上考虑，市区、郊区及郊县之间具有紧密的联系，中心区是城市的核心，而远郊区则是整个区域资源，特别是水资源、农副产品的主要供应基地，是城市废弃物排放还原的场所，也是城市居民休闲娱乐和进行旅游活动的重要场所。因此以西安市行政辖区作为系统的边界，可以充分反映系统的总体特征。在进行城市化和产业发展研究时，除中心区外，未央区、灞桥区、长安区、临潼区及阎良区是城市化发展较快，特色产业最具有发展潜力的区域，构成系统的又一个边界。中心区是西安市的核心区，人口、社会经济活动高度密集，城市发展中各种问题突出，旧城改造、土地利用结构调整、城市污染控制等应以此为系统边界进行研究。

二、生态系统结构的辨识

复合生态系统是由社会、经济、自然三个子系统构成的，对其结构的辨识可以分别从这三方面入手。

1. 自然环境结构

自然环境条件是生态系统产生和发展的基础，对于生态系统的性质、形状及空间分布特征具有明显的影响。在进行辨识时主要从地质地貌条件、气候条件、生物、土壤条件、土地利用结构、复合生态系统的环境效应等方面进行分析。例如平原、盆地地貌往往形成集中式、多格局的复合生态系统，峡谷、丘陵地貌地区多形成带状扩展的系统形状，河网密集地区则形成明显的依水而居的空间形状。在复合生态系统中，同时存在着自然生态系统、半人工生态系统和人工生态系统。自然生态系统主要是残存下来的森林、草地、水体和湿地等，半人工生态系统有耕地、果园等。人工生态系统有城市和居民地等，可以通过对土地利用结构的分析判别不同生态系统的发展演化趋势。再如，对关中地区自然环境结构辨识就可看出，由于秦岭的抬升作用，北坡陡峻，发育了一系列箧状水系，形成渭河的主要支流和水源补给。关中平原地势平坦，雨热同期，是农业的发祥地之一，人类活动历史悠久，自然景观已被农业和城镇等人工景观所取代，形成陕西省最主要的农业区和城市经济带。长期的人类活动，特别是不合理的土地开垦和森林采伐，造成秦岭北坡森林大面积破坏，水源涵养能力下降，水资源短缺已成为制约区域发展的主要因素。同时，人类活动的高度密集，人工生态系统的不断发展，带来一系列环境效应。城市生产生活和建设导致热岛效应，空气污染、水污染等不断加剧，地下水的过度开采引发地面沉降，地裂缝等地质灾害不断增加。

2. 社会结构

主要由人口结构、行政结构和文化结构等构成。人口结构的分析主要包括人口总数、自然增长率、人口的年龄结构和性别比例、劳动力比例和职业结构、人口的教育与文化程度等内容；行政结构主要指规划区域的行政区划结构；文化结构包括当地历史和传统文化特点，周边地区文化的影响，外来文化的影响等。

3. 经济结构

复合生态系统与自然生态系统最大的区别在于具有活跃的经济活动和物质生产过程。经济系统一般由物质生产、流通服务和消费等环节构成，在进行辨识时主要分析评价其产业结构是否合理。

4. 营养结构与生态网络分析

人是复合生态系统的核心。与自然生态系统一样，人类与其他生物之间的食物链关系是复合生态系统营养结构的具体表现（图7-1）。其类型主要有两种：一是自然-人工食物链，以绿色植物为初级生产者，草食动物和肉食动物为初级和次级消费者，人类为杂食性的高级消费者；二是完全人工食物链，由环境系统提供的食物直接供人类食用。

复合生态系统中除了人类的食物消费外，还有大量的生产活动、文化活动、社会活动等，构成了复合系统有形的和无形的生态网络。对该网络的特征进行分析，可以找出系统的一些关键的有利因子和限制因子。

三、生态系统功能评价

复合生态系统的功能包括生产、生活和还原三大功能。生产功能为社会系统提供了生存与发展所需的各种物质产品和信息；生活功能则为人类提供了生活条件和生活环境，满足人类不断增长的物质需求；还原功能保证了复合系统自然资源的可持续利用及社会、经济系统的协调发展。

1. 生产功能

有目的地组织生产和追求最大效益是复合生态系统的显著特点，其生产活动具有空间高度利用、物流和能流高度密集、输入和输出高速运转的"三高"特点。对生产功能的分析可选择三产的产值结构、利税、人均 GDP、单位产值能耗与物耗、生产效率等方面的指标进行横向与纵向的评价和辨识。

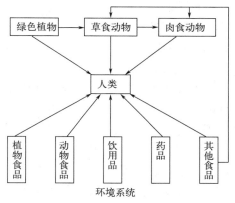

图 7-1　复合生态系统中的食物链结构
（沈清基，1998）

2. 生活功能

生活功能包含生活条件与生活环境两方面内容，可用生活质量来描述。如高林等在进行城市生活质量评价时，选择了人口指数、人类活动强度、物质生活指数、居住适宜程度、教育服务能力、医疗服务能力、交通便利程度、文娱便利程度、环境污染程度和社会安全状况等 10 个方面 61 项具体指标进行评价，给出了 10 个大城市的生活质量的对比结果。

3. 还原功能

复合生态系统还原功能指降解和还原系统生产生活所产生的废弃物的过程，以及系统自我调节和自我组织的能力。对于人类活动密集的复合系统来说，废弃物的排放量远大于自然的净化能力，因此人工的环境设施和人工过程在还原功能中占有很大的比重。在还原功能的辨识中，主要侧重于以下几个方面。

（1）系统的环境容量

环境容量是某一环境在自然生态的结构和正常功能不受损害、人类生存环境质量不下降的前提下，能容纳的污染物的最大负荷量。它与环境空间的大小、环境要素的特性和净化能力、污染物的理化性质有关。总环境容量（绝对容量）与时间无关，是环境能容纳污染物的最大负荷量，大小由环境标准和自然背景值所决定；年环境容量是在考虑输入量和输出量，以及环境自净量的条件下，每年环境中所能容纳的污染物最大量。考虑到人工设施及人类活动的影响，环境容量又可分为三类。

① 环境容量Ⅰ指环境的自净能力。在该容量限度范围内，排放到环境中的污染物通过自然降解和循环，一般不会对人类健康和自然生态系统造成危害。

② 环境容量Ⅱ指不损害人类健康的环境容量。它既包括环境的自净能力，也包括人工环保设施对污染物的处理能力。环保设施处理能力越大，环境容量越大。

③ 环境容量Ⅲ指人类活动的地域容量。它包括前面两类环境容量，并加入了人类活动及其强度因素。

在对复合系统环境容量的辨识中，正确识别上述三种环境容量，在一定的经济水平和安全卫生要求下，对系统的发展规模及人类的各项活动强度提出容许限度。

（2）系统的自我调控能力

可以应用系统的结构多样性指标、稳定性指标、依赖性指标等来进行自我调控能力的辨识。以西安市为例，在过去的几十年中，该市建立了门类较为齐全的工业体系，拥有数量在国内名列前茅的高等院校和科研机构，系统结构的多样性较高。工业部门多为国有企业，居民多以本省的和邻近省的为主，文化多样性偏低。同时，悠久的历史导致相对稳定的社会结构，发展的活力相对落后。因此，西安的发展必须增强系统的自我调控能力，提高自我组织水平。

（3）生态流分析

复合生态系统的各个组分及其功能是通过物质流通、能量转化、信息传递和物种迁移等一系列生态过程连接为一个整体，这些生态过程构成了系统的生态流。对生态流的输入-输出关系、输入-输出转换关系、生态效率等进行分析，把握生态流的特征，寻找控制系统的一些关键环节，可以发现改善系统结构、提高系统效率、减少损耗的途径。

在对复合生态系统结构和功能辨识的基础上，应用生态评价的方法，对系统进行可持续发展能力的评价，找出系统发展存在的主要问题以及系统发展的优势与劣势，为进行系统模拟和规划提供依据。

第二节　生态系统规划的目标与指标体系

指标体系是描述、评价事物的可度量参数，在生态规划中建立指标体系和规划目标是一项重要的工作。根据复合生态系统的特征，其内容应包括社会、经济、环境三方面，用以全面反映复合生态系统的特点、规划期内的发展状态和所要达到的目标。由于规划的目的、要求、范围、内容的不同，生态规划的指标体系也不相同。

一、生态规划的目标

规划的目标包括系统的基准值、整体目标、分目标、近期和远期目标及分年度目标等。

1. 整体目标

生态规划的总目标是依据生态控制论原理调控复合系统内部各种不合理的生态关系，提高系统的自我调节能力，在一定的外部环境条件下，通过技术的、行政的、行为的诱导实现因地制宜的可持续发展，实现高效、公平和可持续性。

2. 经济系统目标

充分利用当地资源优势和技术优势，因地制宜地发展产业和进行技术改造，使产业结构和资源结构相匹配，与技术结构相协调，提高产业的产投比效益，增加经济系统的调节能力。从单一的资源优势结构过渡为资源-技术优势组合结构，形成合理的城乡关系、工农关系，构建内外经济联系协调发达的经济网络。

3. 社会系统目标

实现城乡结构与布局合理，生活环境干净舒适，人口增长与经济支持能力相适应，人口结构合理，社会服务便利，公众生态意识提高，行政管理机构精干，具有灵敏高效的信息反馈和先进的决策支持系统。

4. 生态环境系统目标

根据自然条件特点，实现自然资源特别是土地资源和水资源的持续利用，提高系统各环节的生态效率，增强生态系统的服务功能，使系统达到高效、稳定、合理，为公众提供环境优美、舒适的生活和居住条件。

以上是复合生态系统规划的总体目标，在规划中必须根据具体对象和规划时段提出详细的指标和要求，并进行合理性和可行性的论证。

二、生态规划的指标体系

生态规划指标体系的结构指组成指标体系的各个部分及其相互关系。指标体系应充分体现科学性、综合性、层次性、简洁完备性等特点，并应根据复合生态系统的特点，从协调社会经济发展与生态环境保护的关系出发来选择。

1. 确定规划指标体系的依据

（1）国家标准

制定生态建设规划指标体系首先要符合国家有关的法规、标准和条例。例如我国在生态示范区、生态市、生态省建设中都提出了相应的指标要求，进行上述类型的生态规划时，指标体系必须符合国家要求。

（2）国际标准

生态建设是实现可持续发展的重要途径。国际上许多组织和机构都在进行此方面的研究，也制定了相应的一些标准，参考这些国际标准，对生态规划指标确定有一定的意义。

（3）同类先进地区的标准

国家和国际标准只为生态规划指标体系建立提供了宏观的指导，但针对性不强。因此，在建立指标体系时以公认的同类先进地区建立的指标体系为参考，更具有针对性和可比性。

2. 指标体系的结构

一般来说，完整的指标要素应包括以下方面：

（1）分类指标

是综合性指标，由多个单项指标构成。在复合生态系统研究中，一般最高一级指标分为社会、经济、生态环境三大分类指标。每个分类指标下又可分为若干次级分类指标。如社会指标下可分人口指标、生活质量指标、社会福利指标等；经济指标下可分为国民经济指标、产业结构指标等；生态环境指标下分为土地利用指标、环境污染指标等。

（2）单项指标

是具体的可明确度量的指标，用来描述和反映分类指标的状况。

（3）参考标准

指国家或地方法律规定的标准或国内外已成功应用的指标。如在生态环境指标中根据所处地区社会经济发展水平、水环境、人均公共绿地和空气质量环境等指标的具体度量值可分别参考国家标准来制定。

规划指标的选取要根据规划对象、范围、内容和要求来确定，在选取方法上常用的是专家咨询法、层次分析法等。

第三节　生态关系规划与调控的方法

在对复合生态系统结构与功能辨识的基础上，明确了系统发展的优势与劣势，找到了系统存在的主要问题，运用系统科学的方法、计算机工具和专家的经验知识，分析主要问题的组分与因素，建立其相互作用的反馈关系，模拟分析问题产生的原因，寻找解决问题的方法与途径。目的是调整和改革系统不合理的管理体制，增强和完善系统的共生功能，为复合生态系统的建设和管理提供灵敏有效的决策支持系统。

一、生态关系规划与调控的基本程序

1. 生态关系规划与调控方法选择

社会-经济-自然复合生态系统与一般的生态系统相比，具有以下的系统学特征：

① 边界模糊、因素众多。

② 系统具有多重反馈环。

③ 属非线性系统。

④ 原因与结果在时间和空间上常常是分离的。

⑤ 对外界的干扰的反应具有迟钝性。

上述特点使得复合系统的研究在理论和方法上都具有相当的难度。要认识系统的整体特征，把握系统的发展趋势，仅凭人的直观感觉是不行的，用传统的线性的、静态的数学方法也难做到这一点，这也是造成许多数学规划结果与实际不相符合，或很难在实际工作中应用的主要原因。近几年来，摆脱传统数学假设，基于系统结构、动态、反馈关系的系统动力学方法，基于生态控制论的灵敏度分析法和泛目标规划方法在复合生态系统规划中得到广泛应用，在分析系统的行为、生态过程、反馈关系等方面取得较为令人满意的效果，已成为进行生态规划与调控的主要方法。

2. 模型的建立与验证

模拟模型的建立过程是对现实复合生态系统的识别、因子筛选、组织、再认识的多次反复过程，工作程序见图 7-2。

① 提出问题，明确目的。

② 确定边界。模型的行为取决于边界内部的因素，边界的确定由地域边界和问题边界共同来决定。

③ 变量的选择。这是系统模型能否建立的关键一步，要求广泛征求各方面的意见和综合专家的知识，确定能反映系统特征的变量集，并按各变量的特点予以赋值。

④ 模型的建立。根据变量之间的关系和研究目的，绘制模型流程框图并建立适合的数学模型。

⑤ 模型验证。模型建立起来后，应用历

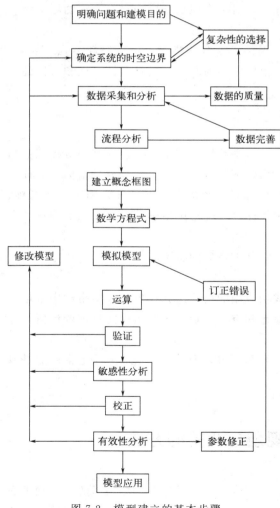

图 7-2　模型建立的基本步骤

史数据进行模拟，回顾验证模型是否符合历史变化趋势。如符合，说明模型建立是正确的，可以应用于系统的模拟；如不符合，则须返回到前面的步骤中进一步对参数、方程式及模型进行修正。

3. 灵敏度分析

在模型应用之前，有两个问题必须解决，一是模型的变量参数选取是否符合实际，二是哪些变量和参数的变化对系统影响大，这就是灵敏度分析所要解决的问题。一般是给选中的变量和参数一个变化范围，分析变化后对输出结果的影响，并用方差分析的方法判断变量或参数变化后输出结果是否具有显著性差异，从而确定对系统影响较大的敏感性因素。

4. 模型应用

模型得到验证后就可以对系统未来的发展进行研究，通过对一定时段内系统行为的模拟，得到系统动态发展趋势及问题，分析不同的规划策略和调控方案可能的结果，为进行系统的生态调控提供依据。

二维码7-1
生态关系规划
与调控的主要
方法

二、生态关系规划与调控的主要方法

生态关系规划与调控的主要方法见二维码 7-1。

第四节　情景规划与泛目标生态规划

一、情景规划

1. 情景与情景设计

情景（scenario）通常被描述为有情节的动态故事，比如电影场景、小说描述的情景等等，它一般存在于人类大脑中对于某个时间段的某个场面的想象或回忆。科学研究当中的情景与人们日常生活当中所理解的情景的概念是相通的，但又有着深刻区别。它并不是简单的空想，而是在对系统的结构和各要素进行严密分析的基础上，对未来进行的合理而具创造性的思考。我国学者宗蓓华（1994）将"情景"定义为对事物所有可能的未来发展态势的描述，描述的内容既包括了各种态势基本特征的定性和定量描述，也包括对各种态势发生可能性的描述。基于情景的概念，情景设计就是设计、构建情景的过程。它可以被定义为：设定一组可认知的、合理而具想象力的、可供选择的未来环境的一个过程。在此过程中关于未来的决策可能被实施，其目的是改变当前思维，提高决策水平，加强人和系统的学习能力。

自从 20 世纪 60 年代起，情景设计已经开始成为关于未来研究的一个重要的方法论。"情景"最早出现于 1967 年 Herman 和 Wiener 合著的《2000 年：对未来三十三年的推测框架》一书中。70 年代初期，荷兰皇家壳牌（Shell）公司率先运用情景设计方法对公司可能的未来前途进行分析，从而成功避免了 70 年代和 80 年代石油危机的冲击。壳牌公司的成功使得情景设计应用范围开始明显扩展，80 年代开始很多大企业在面临竞争者行为的不确定性时通常用情景设计来研究产业结构和公司的布局。同时随着环境问题的日益突出，欧美生态学家与景观规划学家将情景分析方法用于协调保护与开发的矛盾、以可持续发展为目标的区域与环境的管理，规划的实践中包括用于大规模的湿地恢复、物种保护研究等。到了 90

年代以后，情景设计开始应用到复杂和不确定的社会经济领域和生态领域。千年生态系统评估（MA）组织从全球生态系统到局地社会-生态系统应用情景设计对不同尺度的生态系统服务的未来进行了评估。

现在，情景设计的应用已经扩展到包括城市规划、企业发展战略、土地利用、生态环境规划、战略管理等领域。非营利组织和政府代理机构也开始应用情景设计规划未来，尤其是情景设计已经被应用到全球可持续性和欧洲的可持续发展的研究当中。

2. 情景设计方法的特点

情景是对一些有合理性和不确定性的事件在未来一段时间内可能呈现的态势的一种假定，情景分析是预测这些态势的产生并比较分析可能产生影响的整个过程，其结果包括：对发展态势的确认及对各态势的特性、发生的可能性的描述，并对其发展路径进行分析。与传统的预测、预报或者趋势外推法相比，情景设计方法是在正确描述现状的条件下，根据未来可能发生的变化（未来的条件），给出两种或多种可能会发生的情况或情景，因此在对随机因素的影响和决策者意愿的处理上具有更大的灵活性和实用性（图7-3）。与专家打分法相比，它更强调专家之间的观点差异，并试图解释这种不一致性，这也使得它更复杂和更完善。

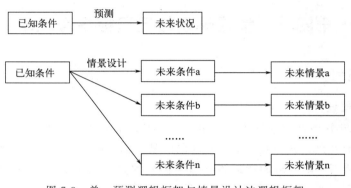

图 7-3　单一预测逻辑框架与情景设计法逻辑框架

（于红霞，2004）

国外学者 Walters（1986）认为情景设计和适应性管理相似，因为两者都充分考虑不确定性。两者都建立关于世界如何变化的可供选择模型，并寻求对不确定性有抵御能力的发展策略。两者的区别在于：如果实验操作的方法是可能的，适应性管理在应对问题时就是有效的，而情景设计是在实验操作困难并且不确定程度高时最有用。根据不同系统的不确定性和可控制程度不同的特点，一般来说，适应性管理适用于不确定程度高，而可控度也高的情况；套期保值策略在可控度和不确定程度都比较低的情况下是有效的；在可控度高而不确定程度低的理想情况下一般采用最优控制管理；而情景设计适用于可控度比较低、不确定程度比较高的系统。

"情景规划"（scenario planning）方法被认为是应对复杂和不确定性环境的好方法。相比传统规划方法，情景规划之所以能够适用于高度复杂和不确定的系统研究是因为其能够拓展思维，激发广泛思考，其优越性主要体现在改造心理模型、激发广泛参与和提高决策能力三个方面。传统规划与情景规划的特征比较详情见表7-1。

表 7-1 传统规划与情景规划的特征比较

要素	传统规划	情景规划
参与者	主要是专业规划人员	规划人员、地方官员、社区代表、私人企业、公共机构、公众等不同利益主体
目标	预测未来	提高适应未来的能力
对未来的态度	消极的、顺从的	积极的、创造性的
程序	单向的	螺旋上升的
观点	偏颇的	全面的
逻辑	过去推断未来	未来反推现在
变量关系	线性的、稳定的	非线性的、动态的
方法	宿命论、量化法	定性与定量结合、交叉影响和系统分析
未来图景	简单的、确定的、静态的	多重的、不确定的、适时调整的

（1）改造心理模型

Chermack 提出的关于情景的定义中阐明了构建情景目的之一是改变当前思维。实际上，改变当前思维更精确的含义就是指改造人们当前的心理模型（mental model）。Senge（1990）把心理模型定义为"能影响人们理解世界和改造世界的根深蒂固的假定、概括或是图片和图像"。人们现有的心理模型既是认识世界的基础，但同时其包含的局限性又是人们改造世界的障碍。情景设计所包含的思维通常挑战着人们心理模型当中认为理所当然的假定，它所引发的对系统及其环境的重新理解促使参与者重新检验和改造他们的心理模型。情景设计在改变当前参与者的心理模型的基础上，能够提供给决策者一个更宽阔的视野和更有弹性的未来设计方案。

（2）激发广泛参与合作

理想的情况下，情景设计应该由多样化人类群体来共同参与，以便在设计过程中能够纳入各种各样的定量数据和定性信息。通常，系统地考虑多样的信息有助于更好地制定决策。此外，多样的人类群体参与到收集信息、讨论关键不确定和分析驱动力的情景构建过程会使其分享对未来景象的不同理解。

情景设计能够促使各方面的相关利益主体都参与到对系统的各要素和外部环境的思考中来。对系统或组织未来的创造性思考加强了高层管理者之间的对话，促进了利益相关人之间的交流。设计者在情景构建的过程中应该通过大量的实际访谈和问卷调查与相关利益主体交流以获取关于系统的信息。相关利益主体通过他们各自对系统的长期理解，能够提供系统的主要问题、关键因素、显著变量和在不同情景下的人类行为意愿。每个利益主体很可能构建一些情景来代表他们想实现的某一种未来，而相反其他的相关利益主体却并不很情愿接受这种结果。这种多方面参与式的交互过程显然能够促使人们更深入地思考系统未来的可能变化。

（3）提高决策能力

情景设计由于能帮助决策者关注关键决策点，所以可以用来扩展生态环境决策制定的深度和宽度。情景设计能够使得决策者关注不确定性，通过提供给决策者们一些不同未来情景的展望，激发他们对各种可能性的思考。情景设计注重因果联系和关键的决策点，它在考虑外部环境变化的同时，更注重决策者对系统的理解。Brehmer（1992）认为应用环境下的决策制定比传统可认知决策制定更具有复杂性，特别是动态决策环境的变化和人们心理模型的局限性往往成为决策制定时的障碍。要克服这些障碍，就必须得时时考虑环境的变化和改变人们现有思维和心理模型，情景设计能够克服这些障碍。

3. 情景规划的步骤

情景规划可分为情景设计和应用。其中情景设计通常由5~8步组成。最佳的设计应该是基于团队合作的基础上，提出的情景相对比较合理和有所创新，且内容丰富。在选择情景设计的团队时，一些有影响的研究和咨询机构、高等院校等是理想的合作方，因为这些机构或高校在相关领域享有较高的学术地位，具有丰富的实践经验。尤其是当该团队中拥有一些享有盛誉的专家时，设计出的情景更易被接受。生态规划中的情景设计与分析主要包含8步。

① 规划对象、焦点问题及关键决策识别。环境规划情景的设计要面对一定的对象群体，并鉴别这些对象所关心的焦点问题（如污染和生态破坏）和相关的重要决策。

② 关键要素识别。核心要素是在情景设计时需要重点考虑的影响因子，如规划区域的经济因素、环境管理因素等，是参与者认为系统中难以控制的但又很重要的因素。通常采用PEST（政治的、经济的、社会的、技术的）分析方法列举出15~20个因素来描述情景，并对每个因素进行赋值，包括它们在情景中的定性和定量的价值。

③ 驱动因子列举。驱动因子是"推动情景情节发展的原理，是动机，是影响事件结果的事物"，由情景设计小组以研讨会或其他方式邀请一些专家和对象群体代表，对未来区域内生态环境可能出现的一些情况和预期达到的目标进行展望，以"头脑风暴"的形式产生。这一过程分3步：第一步是根据所识别的核心要素将邀请到的人员分组，使他们就某些问题发表自己的看法，从而得到一系列的观点清单，在这一阶段不审核哪些观点是不重要或是不切合实际的；第二步是对观点进行归纳整理，去掉一些含混不清的和重复的观点；第三步是根据观点涵盖范围的不同进行分类。驱动力是通过研究系统外部而确认的。这些外部力量可能包括人口变化、社会发展趋势或创新技术的应用等。不同的驱动力下情景内涵是不同的，沿着驱动力不同方向的发展决定了一组情景之间的关系和差别。

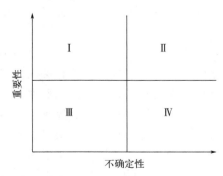

图7-4　情景设计中的驱动因子排序

④ 驱动因子的重要性和不确定性排序。在这个步骤中，设计者根据重要性和对系统的潜在影响对关键因素和驱动力进行分类排序（图7-4）。分类的结果被置于两个轴线上，沿着这两条轴线所展开的情景最终也将不同。图7-4中Ⅰ和Ⅱ象限内的因子重要性程度高，在情景设计中需要重点考虑，而Ⅲ和Ⅳ象限中的因子是情景设计中次要考虑的因子。

⑤ 情景构建。根据驱动因子的排序情况，通常选择2种或者2种以上的驱动因子作为构建情景的核心不确定性因子。以2种驱动因子为例，如将经济发展（U_1）和环境政策（U_2）分别设计成U_1和U_2的2种（或多种）发展趋势，从而构成一个$n+m$矩阵S，形成$n+m$种不同的情景：

$$S = f(U_1, U_2) = f(\{U_{1,1}, \cdots, U_{1,i}, \cdots, U_{1,n}\}, \{U_{2,1}, \cdots, U_{2,j}, \cdots, U_{2,m}\})$$
$$= \{S_{1,1}, \cdots, S_{i,j}, \cdots, S_{n,m}\}$$

其中，f表征U_1和U_2的组成函数；$U_{1,i}$和$U_{2,j}$分别表U_1和U_2的不同发展趋势；

$S_{i,j}$ 是最终设计的情景，用情景矩阵或者是情景树的方法来表示。根据分类结果所发展和形成的情景逻辑为每个情景提供了基本情节或界定状态。一个给定情景的逻辑将以它在矩阵中的位置为特征。

⑥ 情景展开与描述。首先是确定要展开情景的数量。一般认为合适的情景数量为 3～4 个，两个情景通常不能足够扩展思维，而多于 4 个可能会使应用者混淆和限制其探索不确定性的能力。情景应该成为简短而又生动的叙述。为了看起来合理，每个情景无疑应该锚定过去，用假设的未来事件把历史事件和当前事件联系起来，使得未来从过去到现在以一种自然而然的方式出现。接着，设计者以自上而下的形式展开情景；为了帮助理解和讨论情景，应该给每个情景确定一个名称，以便能马上联想到它的主要特征。为每个情景选择主题后，参与者主观地为每个主题下的因素设计它们包含在主题和时间范围内的价值。每个情景一旦被细致地展开，就可以被认为是关于未来的一个理论。

⑦ 情景测试与检验。这个步骤主要是检查已展开情景的含义，步骤①的问题或决策是通向情景的风向标，通过这样的问题检查每个情景是否成立是很重要的。如：通过一个或两个情景看决策是不是对的？揭示出了什么样的脆弱性？一个特定的情景是否需要一个高风险政策？

⑧ 应用和结论。分析预测的情景结果，结合实现这些目标的假定条件，给出未来规划区域内环境变化趋势以及环境技术上、经济上和政策上的建议。

情景设计的步骤和过程不是固定的。由于应用者的具体目的不同，研究对象的特征、复杂程度不同，所以情景设计的程序就不是一成不变的。

情景规划的主要程序包括四个阶段，即问题的辨析、情景的界定、情景的评估和动态的决策（图 7-5）。其中问题的辨析包括确定规划面临的焦点问题、时间框架、地域范围、参与者等，焦点问题是规划工作的背景、待解决的问题和实现的目标，它是整个规划的出发点；情景界定阶段的主要任务是对系统的动力因素、因果关系、表现特征等进行全面分析；在情景的评估阶段，需要系统考察各种情景的利弊，并进行综合评估；动态的决策即为选择阶段，是基于上一步情景的评估过程和结果而作出选择。情景综合评估的目的并非仅仅为决策者提供一个确切的最终解决办法，其重要性在于推动各行为主体积极参与战略的形成过程——进行创造性地思考和真切地讨论，从而影响方案的选择和实施。

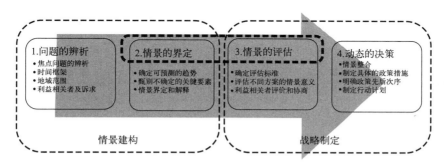

图 7-5　情景规划的四个阶段

需要指出的是，在实际操作中要防止出现将"方案比较"与"情景规划"相互混淆的情况。在规划方案的比较模式中，规划人员只管做客观的调查分析，从同一调查分析结果出发提出诸多可能的方案，进而让决策者来使用一种方案。而在某些情形下，如决策者的主观能动将会改变发展态势，或是先要有一定的政治决断才能有确定的资源配置，这时，如果在方案形成的过程中没有辨识与"政治意愿"等相对应的发展情景，其必然结果就是方案不被采纳，或是被决策者修改后失去原样。所以"方案比较"的本质在于从同一组客观条件出发而提出几种可能的战略，并以规划人员基于自身"技术理性"的判断来代替真正决策者的"政治约束"和"意愿"进行方案比选和决策，认为存在且仅有唯一的最优战略方案。情景规划承认方案不再是规划专家一厢情愿的"科学"判断，其基本技术路径是帮助决策者充分、真实、有效地表达自身的"政治意愿"，明晰各种发展情景的空间图景，以及其潜在的经济、社会、环境及政治益损。规划人员的重要任务是借助调查、评估和预判等方法为决策者展现更多的选择，帮助决策者基于清晰和完整的信息而决策。

4. 案例分析

这里以赵民、陈晨、黄勇、宋博等的研究为例探讨对应于"政治意愿"的情景规划方法及其在战略规划中的应用。

具体内容见二维码 7-2。

二维码7-2
情景规划案例
分析

二、泛目标生态规划

泛目标生态规划是由我国著名人类生态学家王如松教授创建的一种人机对话的生态系统规划方法。它是以生态控制论的原理作指导，以调节生态系统的功能为目标，以专家系统为工具，定量定性方法相结合，决策、科研、管理人员相结合，对人工生态系统进行规划和调控的一种智能辅助决策方法。

1. 泛目标生态规划的特点

① 这里的规划，既有实际规划中计划的含义，又有数学规划中安排的含义，旨在利用数学规划方法帮助决策部门安排实际规划。传统数学规划和实际规划往往结合不紧密，原因就在于实际系统中的许多参量在决策过程中往往是不确定的，无法向数学工作者提供，而数学工作者做出来的有限几个优化结果，往往又都不符合决策者的要求。决策者的许多规划是没有经过严密的数学推理，而只通过简单的试错法（比较法和关键因子法）在一大堆备选方案中找出来的，其结果常常比用严格的数学规划所得出来的更可行。但由于人脑有限的判别能力和个人经验的片面性，这种决策往往不是最优的。因而，泛目标生态规划是取二者之长，建立一个由决策者、数学工作者和有经验的专家三者结合的与大脑思维方法相仿的人机对话式规划过程。传统数学规划与泛目标生态规划的比较见表 7-2。

表 7-2　传统数学规划与泛目标生态规划比较

规划方法	单目标或多目标规划	泛目标规划
数学模式	$\max CX$ 或 $\max f_i(X)$ s.t $AX \leqslant b$　s.t $g_i(X) \leqslant 0$ $X \geqslant 0(i=1\cdots p;j=1\cdots m)$	Opt A s.t $b_i \leqslant AX \leqslant b_u$
目的	在系统关系 A、C 及约束条件 b 不变的情况下，求某个单项式综合指标的最大（最小）值及规划变量 X 的值	求系统关系的最优调解
输出	CX、X 最终值，可能无解或有无界解	关系变量 A，状态变量 X，机会变量 O，风险变量 R，中间及最终结果，必有可行解
参量	A、b、c 是变量	A、b_u、b_i、X 均为变量

续表

规划方法	单目标或多目标规划	泛目标规划
运算过程	计算机一次优化	逐步逼近优值
信息反馈方式	一次输入	人机对话,随时反馈
初始处理	需人工变量	不需人工变量
基本原理	单纯形法	单纯形法,生态控制论原理
数据要求	可靠性	可容忍不完全性、不确定性和粗糙性

②　生态规划要求按生态学原则优化系统功能。生态规划的基本思路就是要依据生态控制论中的生态工艺原则去调控系统关系,改善系统功能,具体就是:

a. 规划的目的不在于求系统某一个或多个指标的最优值,而在于系统生态关系的最优调节;不是在现有系统结构下去求某种资源或产出的最优分配,而是要去平衡系统各组分的合理关系、生态经济效益、机会和风险,以使整体功能最优。

b. 任何生态因子过多或过少都对系统有害。比如,产值不是增长得越快越好,从整体功能出发,国家要求产值增长必须控制在一定的速率范围内,否则国民经济比例将会失调。又如 SO_2 的排放,也不是越少越好,在达到环境质量标准的前提下,过严控制 SO_2 的排放量将会给工业生产造成过重的负担。因此,对各类生态因子都要规定其合理的上、下限,这些上、下限本身隐含着许多丰富的非线性外部关系。

c. 在规划过程中,主要关心的不是每一步优化的最终结果,而是优化过程中那些达到限制因子上、下限的变量的动态,它们与系统内部其他各组成的关系以及与外部系统的关系,这些关系决定了系统的整体功能和行为。而那些基本变量的绝对数值对决策者却是无关紧要的,只要它们离上、下限的风险较远,其数值变动对系统整体行为将不起支配作用。

③　从多目标到泛目标,一般多目标规划方法的基本思想都是在固定的系统结构参数下,按某种确定的优化指标或规则去求极值。其规划方法不过是系统参数与最优结果间的一种特殊映射关系而已,优化结果往往缺乏普遍性和灵活性。

利用生态调控原理,将多目标发展为泛目标,这里的"泛"字有以下三层含义:a. 规划目标广泛。传统规划中的每一结构变量 X,关系矩阵 A 和控制向量 b 都是生态规划中不同阶段的调控目标,且优化规则和指标可通过人机对话随时调整。传统规划中的多目标最多不过是一向量,而生态规划中的目标则是整个系统关系组成的网络空间。b. 规划对象广泛。一般数学规划只适用于那些有确定性、完整性数据的系统,泛目标规划则允许数据的粗糙性、不完全性和不确定性。规划中把所有参数都当作变量处理,给规划和决策者留有充分的余地,以克服参数的不确定性给规划造成的困难。只需输入一批初始数据,对这些数据只求同类指标间统计误差大致相同,因而只承认在反映各组分间相互关系时的相对可靠性,而不追求其绝对数量的精确性,以解决数据的粗糙性问题。至于数据的不完全性,由于规划的只是系统各组分间的一些主要关系(不是全部)对系统整体功能的影响,所以只需把握住系统的一些主要因子即可。同时,我们已将那些不完全和不确定的关系体现到系统外部条件中去,因而结果中也隐含了这些关系。比如,工业产品的市场需求系数未找到,无法作为一个约束去规划,但我们通过对历史数据的统计分析和专家评估,将这一信息体现到对各部门产值的控制变量中去,规划结果中将隐含这一关系。至于初始数据的不确定性,可通过对输出结果的对策分析调节外生变量、关系变量和结构变量间的数量关系，在不改变最优比例的前提下，确保输出对策的可行性。c. 规划结果多样，输出结果不是一个或几个最优值或影子价格，而是一系列效益机会、风险矩阵和关系调节方案；输出方式不只是最终输出，而且整个优化过程的每一中间过程都可输出对决策有用的信息。泛目标规划的原理如图 7-6 所示。

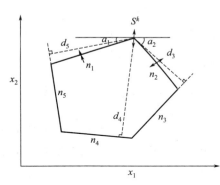

图 7-6　泛目标生态规划原理示意图
（王如松，2001）

图中 n 为系统各种约束条件或限制因子；
S^k 为在各种约束条件下目标函数的最大值；
d 为各因子到最大值的距离；
a 为系统约束因子与目标曲线之间的夹角

2. 泛目标生态规划的数学描述

泛目标生态规划是一个着眼于功能辨识的生态思维、探索过程，其最终目的不在于求解模型，制定最优对策，而是通过多层次、多方位、多阶段、多目标和多方法的探索和学习，弄清系统的机会和风险，为决策者指引一条通向生态协调的满意途径，其决策方法的数学表达式可简化为：

$$\text{opt} F$$
$$\text{s. t} F(x,t) \in N(t)$$
$$N(t) = \left[N^l(t), N^u(t) \right]$$

这里的 F 为目标系统的组分间关系，含有生态学中的功能和数学中的函数两层含义；$N(t)$ 为系统的结构向量，它通过一定的系统关系 F 映射为 m 维生态空间 E 中的一个新的向量 $Y(t) = F(x,t)$，使得在某一现实生态位空间（或环境空间）$N[(t) = \left[N^l(t), N^u(t) \right]$ 内，其中 $N^l(t)$ 和 $N^u(t)$ 分别为生态位因子（或环境因子）的下限和上限向量。规划的目的就是在现实生态位 $N(t)$ 内不断搜索改进系统关系 F 的可行对策，使得 $Y(t)$ 向着较理想的方向发展。从生态学上讲，F 含有各组分对物质能量的利用关系，各组分间的相生相克关系以及系统与周围环境和未来发展机会间的关系三层含义。

从数学上讲，泛目标生态规划试图利用各种组合的优化手段，去调节生态系统的三个生态特征矩阵及其派生矩阵，即效率矩阵 $E = \{e_{ij}\}$，关联矩阵 $C = \{c_{ij}\}$，活力矩阵 $V = \{v_{ij}\}$。它们都与 X 间有一定的映射关系，但不一定能够用特定的数学关系式表达出来，通过泛目标生态规划的智能调节，寻找出其间的对应关系，使系统向高效、和谐、生机勃勃的方向发展。

3. 泛目标生态规划流程

以王如松进行的天津市工业生态对策分析为例，阐述泛目标生态规划的基本过程。

（1）系统问题辨识，包括城市生态位势辨识和生态效能辨识

几十年前，天津城市生态系统是一个以工业生产活动为主的高物耗型生态系统。工业产值占社会总产值的 70% 以上，物耗占社会总产值的比例为 65.2%。存在的主要问题有资源利用效率不高、环境污染严重、行业结构和布局不尽合理，从而影响着城市环境质量的提高。这些问题的实质是经济开发与环境负载能力的矛盾。因此，对策分析集中在由密集的人类活动而引起的资源消耗（如水耗、能耗、物耗、劳动力、土地利用、运输、固定资产、环保投资等）和环境污染（如废水、重金属、SO_2、NO_x、废渣、工业烟尘、粉尘等）两方面。

（2）系统结构辨识与度量

行业区域公司和企业等不同层次将各个工业系统或子系统划分成相互关联的组分。选取

状态变量 X_i（各个组分的结构变量和资源环境变量）、关系变量 a_{ij}（反映系统内部各组分的经济产出、资源消耗和环境污染强度及相互联系的变量，即第 i 个状态变量在第 j 个生态位因子中所占的地位和作用）、控制变量 N_j（系统外部对第 j 个生态位因子的约束及控制变量）来测度系统的结构和功能现状。

（3）变量赋值

在生态对策分析中，所有的系统参数都是变化着的（我们均视其为变量），需要确定其变化的初值和上、下界。这些值来自历年统计实验数据和有目的的点、面调查结果，并通过广泛听取专家和决策者的意见得出。经过统计分析和处理，对每一个初值都赋予一个统计可信度（0～100%），对定性数据、模糊数据设法定量化。

（4）选择系统目标

最终目的是要通过一系列逐步优化手段去改善系统的整体功能，而不是优化某个单项或综合指标，旨在调整系统各组分间的关系。而各组分的数量只具相对意义。在各个优化阶段，将根据决策者的意图，从 m 个生态位因子中找一个或几个生态因子为单项目标（如产值、水耗、能耗）或将它们处理成综合指标（如效益、风险等）作为中间优化目标，但是这种优化只是系统调控过程中一个探索过程，为探讨总体对策服务，本身优化结果不一定有实用价值。

（5）调理系统功能

利用生态规划原理和数学优化手段及人机对话过程，可以逐步调节系统内、外部关系，使其功能趋向协调，这是泛目标生态规划的主要目的。它可分为以下几个步骤。

① 关系组建。所有状态变量 X_i 都通过某一关系变量耦合规则 F 与每一个生态位 N_j 建立联系，使得 $y = FX = (Y_1, Y_2, \cdots, Y_n)$ 的每一个分量 y_j 都被限制在 $N_j = [N_j^l(t), N_j^u(t)]$ 中，$y_j \in N_i$。

在天津市工业发展的生态对策分析中，由于多数数据来自统计资料，其统计方式大多是以线性关系出现的，将算子 $*$ 定义为简单乘法，即

$$\text{Opt } F$$
$$\text{s. t } AX \in N(t)$$
$$A \in [e_{ij}^l, e_{ij}^u]$$
$$N \in [n_j^l, n_j^u]$$

② 迭代。当目标选定后（单目标或多目标），即可按常规数学规划方法开始中间优化。由于做了一些带上、下界的数学处理，并将当前系统初值作为系统的一个可行解，因而运行结果一定能得出一个过渡解 S^k。

$$S^k = R^k(FO_o^k, NO_o^k, XO_o^k)$$

这里 FO_o^k、NO_o^k、XO_k^k 分别为第 K 次运算时的系统关系变量、控制变量和结构变量的边值；R^k 是第 K 次运算时的优化规划（比如选择第 p、q、r 个生态因子为目标作多目标规划）。但最终目的不在于求 S^k、$N_j^l(t)$、$N_j^u(t)$ 而在于系统趋向 S^k 的动态过程，从每次迭代中我们可以得到三类生态特征矩阵：效率矩阵 $E = e_{ij}$ 反映了系统各个组分对资源利用的效率或环境影响的强度；关联矩阵 $C = c_{ij}$ 反映系统中各个组分对每一生态因子的占用比率；活力矩阵 $V = v_{ij}$ 反映放松限制因子或挖掘系统潜力的机会和风险。

③ 限制因子分析。每次迭代过程的实质是在 m 维生态位空间 $N_j = [N_j^l(t), N_j^u(t)]$ 中

作各种探索，使得预先规定的目标 $O^{(k)}$ 达到最优。最优解 S^k 必然处在该生态位的边缘处，其中至少必有一个或几个生态位因子的短缺限制了目标值的继续优化（如图 7-16 的 n_1，n_2），这几个因子即为当前条件下的第 1，2，3，…限制因子，以下不妨设第 1 个因子为限制因子。这时，有下列对策：一是决策者对当前的目标已经满意，系统关系不需要进一步调整，可回到主程序，换另一些目标进行优化；二是外部"开源"，即放宽外部的约束，调整控制条件，拓宽生态位 N_j；三是内部"节流"，即提高对第 l 种生态因子的利用率（这里是降低资源消耗数和环境污染系数）。当决策者愿意走后两条路时，首先要核实一下所有与 l 因子有关的数据 n_j^l、n_j^u 及 e_{ij}^l、e_{ij}^u 的精确性（因为一开始就要求所有关系数据都很精确是不可能的，也是不必要的，但作为涉及限制因子的关系变量，必须小心核实每个数据的相对准确性及映射关系的准确性），然后再搜集有关开源和节流的补充数据，将 e_{li} 作为规划变量进入子程序作 e_{li} 的寻优规划及效益代价分析（这里涉及深入现场调查，征询各层次人员的意见及与国内外先进水平相比较等），从而得出开源（调节 n_l）或节流（调节 e_{lj}）的代价和方案 $E^{k'}$，$N^{k'}$。

下一步根据开源或节流的代价大小和优化方案，适当拓宽生态位 N_l 或改善 e_{li}。

$$令\ E^{k+1}=E^{k'},N^{k+l}=N^{k'}$$

得 E^{k+1} 和 N^{k+l}，进入第 $k+1$ 次迭代。运行结果 l 因子有可能继续成为限制因子，这时根据决策者的意见决定是进一步开源节流，还是就此为止转入下一个目标；或者出现新的限制因子，则重复上述步骤进行开源节流分析。

④ 关键组分分析。计算机在输出第一、第二和第三限制因子的同时，还将输出第一、第二和第三关键组分，这些组分是对当前目标改善影响最大的几个状态变量（不妨设第一关键组分为 X_k），同样，首先必须核实 X_k 与每个生态因子有关的关系变量 e_{ik} 的界值和初值的统计可信度；其次要检查对每个 X_k 控制值 X_k^l、X_k^u 的合理程度，即与决策者洽商改变 X_k^l、X_k^u 的可能性，并进行效益代价分析，计算改变 X_k^l 或 X_k^u 后的损益；若 X_k^l、X_k^u 不可改变，则必须考虑改善每个 e_{ik} 的可能，即将 $e_{ik}(i=1,2,…,m)$ 作为规划变量进入另一个人机对话的优化子程序（可以用定量、半定量或定性方法进行比较选优），找出代价和具体方案来，对于其中同限制因子有关的 e_{ik} 必须给以特别的关照，e_{ik} 的任何细微变化都将对系统目标的变化产生大的影响，称其为敏感变量。

将改善后的 e_{ik} 重新输入，即可进入同前面相似的下一步迭代。

总之，系统功能调理的基本思想是详略有别，依情而异。对于关键因子、关键组分，其参数精度要求较高，对非关键变量精度要求较低；对关键变量的控制要合情合理，对非关键变量的控制可以放宽；对关键因子的数学关联（线性或是非线性等）要求较严，而对非关键因子的数学关联则可以由简单关系来代替。

⑤ 关联分析。每一步迭代都将输出关联矩阵 $C^k=C_{ij}^k$，其中每一行代表系统的一个组分，比如一个工业部门；而每列代表一个生态因子；每列元素之和为 100%。每一列中，可以比较不同部门对同一生态因子的占用或贡献率，从中找出每个生态因子的关键组分（贡献率最大的组分）和惰性组分（贡献率最小的组分）；每一行中，可以比较同一部门对于不同生态因子的占用或贡献率，分析其长处和短处。由于 m 维生态位空间的代价-效率分析是一个多属性决策问题，可以在征求决策者意见的前提下，从方法库中选取某一多属性评判规则对每个组分的代价-效益状况（包括社会、经济、环境）进行评判，并将不同部门进行比较，

找出四类不同的部门：效益高、代价小；效益低、代价大；效益高、代价大；效益低、代价小四类。在一般数学规划的结论中，总是建议严格控制第二类部门，积极发展第一类部门，其实这是任何一个明智的决策者都能得出的结论。但实际上第二类部门往往是社会必须发展的，第一类部门发展过多会造成过剩而降低经济效益。因此，泛目标生态规划中，从分析 C 矩阵出发，将这些社会和经济效益的变化考虑进去，对效益和代价进行修正，重新进入迭代。特别是对后两类部门，情况比较复杂，但调整机会也最大，从对 C 矩阵的认真分析、选用适宜的多属性评价方法并通过与决策者的对话，可以得出很多有用的结论。

⑥ 机会风险分析。迭代过程中，还可以得到两类活力矩阵 V_1 和 V_2。

$V_1 = v_{ij}^1$ 是外部机会风险矩阵，其中每一个元素 v_{ij}^1 代表第 j 个生态位因子的变化对第 i 类目标所带来的影响。如图 7-9 所示，各个生态因子对第 6 个目标（图中为 S^k）的影响分析为风险型：$V_{61} = a_1，V_{62} = a_2$，其中 a_i 越小，限制因子作用强度越大，风险就越大；机会型：$V_{63} = d_4，V_{65} = d_5$，$d_i$ 越大，该因子可利用强度就越大，机会越大。利用 V_1 可以探讨扩展紧缺生态位或利用空余生态位的对策和办法。

V_2 是内部机会风险矩阵，其中每一个元素 v_{ij}^2 代表改善第 j 个系统组分的系统关系 e_{ij} 后，对第 i 类目标的积极或消极影响。利用 V_2 可以寻找挖掘内部潜力、提高资源利用效率的对策。

（6）政策试验

决策者可以利用上述的生态特征矩阵进行政策试验，例如：变更目标、扩展生态位、调整变量 X 的边界值以及改善 e_{ij}、c_{ij}、v_{ij}，以寻求系统持续发展的满意对策。

e_{ij}、c_{ij}、v_{ij} 调节到限制强度适中，剩余生态因子得到合理利用，决策者对运算结果也满意时，我们的最终目标就实现了，迭代运算可暂告结束。但留有继续调节的余地，决策者可以随时根据环境变化来继续探讨对策。

传统的多目标规划是在各种不同的目标之间折中并寻求一个最优解。但是，在泛目标生态规划中，最优解并不在由所有目标构成的多面体的顶点或边缘，其确切的位置取决于决策者的意见和建议。泛目标生态规划不能指出最优点在何处，但能向决策者提供调节实际系统的学习工具。泛目标生态规划的整个规划过程是一个智能辅助的决策支持过程，在每次迭代运算过程中，不断吸取专家的知识和各种信息，更新生态信息系统。

◆ 思考题 ◆

1. 在进行区域生态规划时，如何正确确定系统边界？
2. 如何应用系统动力学方法模拟分析复杂系统？
3. 灵敏度模型有何特点？
4. 情景分析有什么特点？它在生态规划中有什么作用？

◆ 参考文献 ◆

［1］ 王如松，周启星，胡聘．城市生态调控方法［M］．北京：气象出版社，2000.
［2］ 王如松．高效、和谐——城市生态调控原理和方法［M］．长沙：湖南教育出版社，1988.
［3］ 沈清基．城市生态与城市环境［M］．上海：同济大学出版社，1998.

［4］ 王祥荣．生态与环境——城市可持续发展与生态环境调控新论［M］．南京：东南大学出版社，2000．

［5］ 王其藩．系统动力学［M］．北京：清华大学出版社，1988．

［6］ 汪洋，王晓鸣，张珊珊．2009旧城更新系统动力学建模研究［D］．深圳大学学报（理工版），2009，26（2）：169-173．

［7］ 康慕谊，城市生态学与城市环境［M］．北京：中国计量出版社，1997．

［8］ 欧阳志云，王如松，包景岭，等．天津市生态系统水流分析及系统行为模拟［M］//王如松，方精云，高林，等．现代生态学的热点问题研究．北京：中国科学技术出版社，1996．

［9］ 比尔·莱尔斯顿，伊汉·威尔逊．情景规划的18步方法［M］．齐家才，等译．北京：机械工业出版社，2009．

［10］ Hopkins L D，Zapata M A．融入未来：预测、情境、规划和案例［M］．韩昊英，赖世刚，译．北京：科学出版社，2013．

［11］ 赵民，陈晨，黄勇，等．基于政治意愿的发展情景和情景规划——以常州西翼地区发展战略研究为例［J］．国际城市规划，2014，29（2）：89-97．

第八章

3S 技术在生态规划中的应用

第一节　3S 技术基本原理

随着人类进入信息时代，现代信息技术手段在地球科学问题的研究中所起的作用越来越重要。地球科学信息化指运用现代高新技术，如遥感（remote sensing，RS）、遥测和全球定位系统（global positioning system，GPS）等手段获得数据，使用计算机、数据库、信息系统与专家系统等存储、管理和分析数据，运用光缆、通信卫星等传输数据，实现快速、大容量、高保真地获取、处理、分析和传输、存储、管理地球空间信息的全部过程。

3S 是指以遥感（RS）、地理信息系统（geographic information system，GIS）和全球定位系统（GPS）为主的，与地理空间信息有关的科学技术领域。

一、GPS 的基本原理

全球定位系统（GPS）是导航卫星授时和测距/全球定位系统（navigation satellite timing and ranging/global positioning system，NAVSTAR/GPS）的简称，是利用人造地球卫星进行点位测量导航技术的一种，由美国军方组织研制建立，从 1973 年开始实施，到 90 年代初完成。俄罗斯的格洛纳斯（GLONASS）于 2007 年开始运行。中国北斗卫星导航系统（BeiDou navigation satellite system，BDS）是中国自行研制的全球卫星导航系统，2019 年 9 月，北斗系统正式向全球提供服务。

1. GPS 的组成

GPS 包括三大部分：空间部分——GPS 卫星星座；地面控制部分——地面监控系统；用户设备部分——GPS 信号接收机（如图 8-1）。

（1）GPS 卫星及其星座

GPS 由 21 颗工作卫星和 3 颗备用卫星组成，它们均匀分布在六个相互夹角为 60°的轨道平面内，即每个轨道上有四颗卫星（图 8-2）。卫星离地面高度约为 20000km，绕地球运行一周的时间是 12 恒星时，即一天绕地球两周。GPS 卫星用 L 波段两种频率的无线电波

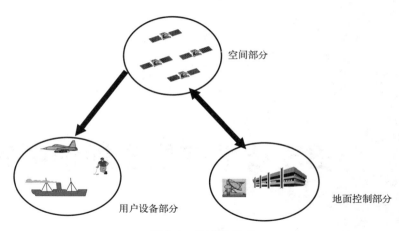

图 8-1　GPS 的组成

（1575.42MHz 和 1227.6MHz）向用户发射导航定位信号，同时接收地面发送的导航电文以及调度命令。

（2）地面控制系统

对于导航定位而言，GPS 卫星是一动态已知点，而卫星的位置是依据卫星发射的星历（描述卫星运动及其轨道的参数）计算得到的。每颗 GPS 卫星播发的星历是由地面监控系统提供的，同时卫星设备的工作监测以及卫星轨道的控制，都由地面控制系统完成。

GPS 卫星的地面控制站系统由位于美国科罗拉多的主控站以及分布全球的三个注入站和五个监测站组成，实现对 GPS 卫星运行的监控。

（3）GPS 信号接收机

GPS 信号接收机（图 8-3）的任务是，捕获 GPS 卫星发射的信号，并进行处理，根据信号到达接收机的时间，确定接收机到卫星的距离。如果计算出四颗或者更多卫星到接收机的距离，再参照卫星的位置，就可以确定出接收机在三维空间中的位置。

图 8-2　GPS 星座

图 8-3　GARMIN 手持式 GPS 接收机

2. GPS 定位基本原理

GPS 定位基本原理是利用测距交会确定点位。如图 8-4 所示，一颗卫星信号传播到接收机的时间只能决定该卫星到接收机的距离，但并不能确定接收机相对于卫星的方向，在三维空间中，GPS 接收机的可能位置构成一个球面；当测到两颗卫星的距离时，接收机的可能位置被确定于两个球面相交构成的圆上；当得到第三颗卫星的距离后，球面与圆相交得到两个可能的点；第四颗卫星用于确定接收机的准确位置。因此，如果接收机能够得到四颗GPS 卫星的信号，就可以进行定位；当接收到信号的卫星数目多于四颗时，可以优选四颗卫星计算位置。

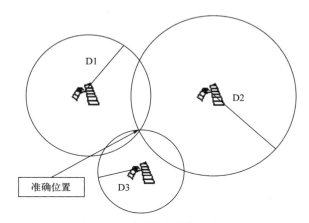

图 8-4　测距交会定位示意图

二、RS 技术系统基本原理

1. 遥感及遥感技术系统

（1）遥感的概念

遥感通常是指通过某种传感器装置，在不与研究对象直接接触的情况下，获得其特征信息，并对这些信息进行提取、加工、表达和应用的一门科学技术。

遥感作为一个术语出现于 1962 年，而作为一门技术则是在 1972 年美国第一颗地球资源技术卫星（Landsat-1）成功发射并获取了大量的卫星图像之后在世界范围内迅速发展和广泛使用。近年来，随着地理信息系统技术的发展，遥感技术与之紧密结合，发展更加迅猛。

遥感技术的基础，是利用地物反射或发射电磁波的特征，从而判读和分析地表的目标以及现象。一切物体，由于其种类及所处环境条件不同，具有反射或辐射不同波长电磁波的特性（图 8-5），所以遥感也可以说是一种利用物体反射或辐射电磁波的固有特性，通过观测电磁波，识别物体以及物体存在的环境条件的技术。

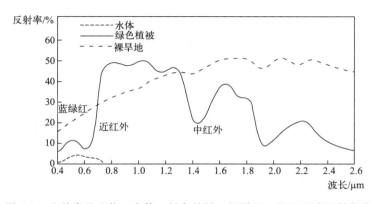

图 8-5　几种常见地物（水体、绿色植被、裸旱地）的电磁波反射曲线

（2）遥感技术系统

遥感技术系统（图 8-6）则包括被测目标的信息特征、信息的获取、信息的传输和记录、信息的处理和信息的应用五大部分。目标物反射、发射和吸收的电磁波是遥感的信息源。目标物的电磁波特性是遥感探测的依据。接受、记录目标物电磁波特征的仪器被称为传感器或遥感器，如扫描仪、雷达、摄影机、摄像机、辐射计等。装载传感器的平台称为遥感平台，通常分为地面平台（如地面观测台）、空中平台（如飞机等）、空间平台（如人造卫星等）。传感器接收到目标物的电磁波信息，记录在数字磁介质或胶片上。卫星地面站接收到遥感卫星发送来的数字信息，并进行一系列的处理，如信息恢复、辐射校正、卫星姿态校正、投影变换等，再转换为用户可使用的通用数据格式，或转换成模拟信号（记录在胶片上），才能被用户使用。遥感获取信息的目的是应用，应用需要大量综合的信息处理和分析。

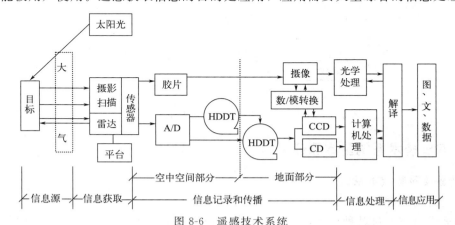

图 8-6　遥感技术系统

A/D—模拟信号和数字信号相互转换；HDDT—高度、距离数据传输；CCT—计算机兼容磁带；CD—耦合器件

2. 遥感分类

遥感的类型多种多样，根据分类方法而定。按遥感平台分类则有地面遥感、航空遥感、航天遥感和航宇遥感；按探测器的探测波段分类则有紫外遥感（波段范围 0.05～0.38μm）、可见光遥感（波段范围 0.38～0.76μm）、红外遥感（波段范围 0.76～1000μm）、微波遥感（波段范围 1mm～10m）（见图 8-7）；多波段遥感则指探测波段在可见光波段和红外波段范围内，再分成若干窄波段来探测目标。根据探测器是否发射电磁波能量分为主动遥感和被动遥感。主动遥感是探测器主动发射一定电磁波能量并接受目标物的后向散射信号；而被动遥感的传感器不向目标发射电磁波，仅被动接受目标物的自身反射和发射的电磁波能量。根据

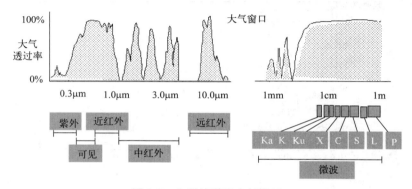

图 8-7　电磁波谱及大气窗口

是否成像分为成像遥感和非成像遥感。成像遥感中传感器接收的目标电磁波信号可转换成（数字或模拟）图像；非成像遥感中传感器接收的目标电磁波信号不能形成图像。按具体应用领域可分为农业遥感、林业遥感、渔业遥感、地质遥感、气象遥感、城市遥感等。

3. 遥感图像分辨率

遥感图像是各种传感器所获信息的产物，是遥感探测目标的信息载体。传感器特性对判读标志影响最大的是分辨率。遥感解译人员需要通过遥感图像获取三方面的信息：目标地物的大小、形状及空间分布特点，目标物的属性特点，目标物的变化动态特点。因此相应地将遥感图像归纳为三方面特征，即几何特征、物理特征和时间特征，这三方面的表现参数即为空间分辨率、光谱分辨率（波谱分辨率）、辐射分辨率和时间分辨率。

传感器瞬时视场内所观察到地面的大小称空间分辨率，如 Landsat-TM 图像为 30m×30m。遥感图像的空间分辨率指像素（pixel，也叫像元）所代表的地面范围的大小，即扫描仪的瞬时视场，或地面物体所能分辨的最小单元。例如 Landsat-TM 的 1～5 和 7 波段一个像素代表地面28.5m×28.5m（通常概略地说空间分辨率为 30m）。而对于航空摄影成像的图像来说，地面分辨率（Rg）取决于胶片的分辨率和摄影镜头的分辨率所构成的系统分辨率，以及摄影机焦距（f）和航高（H）。图像能够被分辨出来的地面上两个目标的最小距离为 Rg 的一半。

光谱分辨率是指传感器在接收目标辐射或反射的波谱时能分辨的最小波段间隔，而确切一些讲，应为光谱探测能力。它包括传感器总的探测波段的宽度、波段数、各波段的波长范围和间隔。间隔愈小，分辨率愈高。例如成像光谱仪在可见光的红外波段范围内，被分割成几百个窄波段，具有很高的光谱分辨率，从近乎连续的光谱曲线上，可以分辨出不同物体光谱特征的微小差异，有利于识别更多的目标，甚至有些矿物成分也可被分辨。

辐射分辨率指遥感器对光谱信号强弱的敏感程度、区分能力，即探测器的灵敏度——遥感器感测元件在接收光谱信号时能分辨的最小辐射度差，或指对两个不同辐射源的辐射量的分辨能力。一般用灰度的分级数来表示，即最暗-最亮灰度值（亮度值）间分级的数目——量化级数。它对于目标识别是一个很有意义的元素。例如 Landsat-MSS，起初以 6bit（取值范围 0～63）记录反射辐射值，经数据处理把其中 3 个波段扩展到 7bits（取值范围 0～127）；而 Landsat4、5-TM，7 个波段中的 6 个波段在 30m×30m 的空间分辨率内，以 8bit（取值范围 0～255）记录数据，显然 TM 比 MSS 的辐射分辨率高，图像的可检测能力增强。

对于空间分辨率与辐射分辨率而言，有一点是需要说明的。一般瞬时视场角（IFOV）越大，最小可分像素越大，空间分辨率越低；但是，IFOV 越大，光通量即瞬时获得的入射能量越大，辐射测量越敏感，对微弱能量差异的检测能力越强，则辐射分辨率越高。因此，空间分辨率越大，将伴之以辐射分辨率的降低。可见，高空间分辨率与高辐射分辨率难以两全，它们之间必须有个折中。

时间分辨率是指对同一地区重复获取图像所需的时间间隔，即采样的时间频率，也称为重访周期。遥感的时间分辨率范围较大，时间分辨率与所需探测目标的动态变化有直接关系。以卫星遥感来说，静止气象卫星（地球同步气象卫星）的时间分辨率为 2 次/h，太阳同步气象卫星的时间分辨率是 2 次/d，Landsat 为 1 次/16d，中巴（西）合作的 CBERS 为 1 次/26d 等。时间分辨率对动态监测尤为重要，天气预报、灾害监测等需要短周期的时间分辨率，故常以"小时"为单位。植物、作物的长势监测、估产等需要以"旬"或"日"为单位，而城市扩展、河道变迁、土地利用变化等多以"年"为单位。

总之，可根据不同的遥感目的，采用不同的时间分辨率和空间分辨率（表 8-1 和表 8-2）。

表 8-1　各种遥感目的对空间分辨率的要求

Ⅰ．巨型环境特征		森林清查	400m	森林火灾预报	50m
地壳	10km	山区植被	200m	森林病害探测	50m
成矿带	2km	山区土地类型	200m	港湾悬浮质运动	50m
大陆架	2km	海岸带变化	100m	污染监测	50m
洋流	5km	渔业资源管理与保护	100m	城区地质研究	50m
自然地带	2km	Ⅲ．中型环境特征		交通道路规划	50m
生长季节	2km	作物估产	50m	Ⅳ．小型环境特征	
Ⅱ．大型环境特征		作物长势	25m	污染源识别	10m
区域地理	400km	天气状况	20m	海洋化学	10m
矿产资源	100km	水土保持	50m	水污染控制	10～20m
海洋地质	100km	植物群落	50m	港湾动态	10m
石油普查	1km	土种识别	20m	水库建设	10～50m
地热资源	1km	洪水灾害	50m	航行设计	5m
环境质量评价	100m	径流模式	50m	港口工程	10m
土壤识别	75m	水库水面监测	50m	鱼群分布与迁移	10m
土壤水分	140m	城市、工业用水	20m	城市工业发展规划	10m
土壤保护	75m	地热开发	50m	城市居住密度分析	10m
灌溉计划	100m	地球化学性质、过程	50m	城市交通密度分析	5m

表 8-2　几种常用的遥感卫星及其遥感器参数

卫星传感器	波段/μm	空间分辨率	覆盖范围	周期	主要用途
Landsat TM	0.45～0.52	30m(1～5,7波段)	185km×185km	16天	探测水深、水色
	0.52～0.60				探测水色、植被
	0.63～0.69				探测叶绿素、居住区
	0.76～0.90				探测植物长势
	1.55～1.75				探测土壤和植物水分
	10.4～12.4				探测云及地表温度
	2.05～2.35				探测岩石类型
SPOT-HRV	0.50～0.59	20m	60km×60km	26天	探测水色、植被
	0.61～0.68	20m			探测植物状况、叶绿素
	0.79～0.89	20m			探测居住区
	0.51～0.73	10m			探测植物长势等制图
NOAA-VHRR	0.58～0.68	1.1km	2400km×2400km	0.5天	探测植物、云、冰雪
	0.72～1.10				探测植物、水陆分界
	3.55～3.93				探测热点、夜间云
	10.3～11.3				探测云及地表温度
	11.5～12.5				探测大气及地表温度
IKONOS	0.45～0.9	0.82m	11km×11km	14天	全色段,商用
	0.45～0.52	4m			探测水深、水色
	0.52～0.60	4m			探测水色、植被
	0.63～0.69	4m			探测叶绿素
	0.76～0.90	4m			探测居住区、植物长势

三、地理信息系统（GIS）基本理论

1. 地理信息系统（GIS）概述

20 世纪六七十年代，在计算机制图（computer cartography）、数据库管理（database management）、计算机辅助设计（computer aided design）、管理信息系统（management information system，MIS）、遥感、应用数学和计量地理学等技术的支持下，测绘工作者和地理工作者逐渐利用计算机汇总各种来源的数据，并利用计算机处理和分析这些数据，最后通过计算机输出一系列结果，作为决策过程的有用信息，不仅大大提高了地图制图的速度，而且提高了制图的精度，还可以用地理信息系统进行复杂问题的综合分析，地理信息系统技术应运而生。

地理信息系统由计算机辅助制图发展起来，却又不仅仅限于计算机辅助制图的功能，它区别于计算机辅助制图的重要方面在于其可进行空间分析，进行复杂问题的综合分析，从而提取有用的信息以辅助决策，因此地理信息系统又被称为决策支持系统。

经历了 20 世纪 60 年代的起步阶段、70 年代的发展阶段、80 年代的推广应用阶段和 90 年代至今的用户时代阶段，地理信息系统的发展越来越注重和社会应用与服务的结合，并且与遥感和全球定位系统进一步结合，构成空间信息系统日趋完善的技术体系。

2. 地理信息系统的特征和分类

（1）地理信息系统的特征

① 数据具有公共的地理定位基础。地理事物及其特征录入系统时必须采用统一的地理空间参考坐标系进行定位，也就是说要有统一的坐标系和高程系。目前的地理信息系统技术比较成熟的是二维系统，因此，统一的坐标系是定位的基础。坐标系包括地理坐标系和平面坐标系。地理坐标系也就是指经纬度坐标系，而平面坐标系是将椭球体面上的点通过投影的方法投影到平面上，可采用平面极坐标系和平面直角坐标系。在地理信息系统中平面坐标系通常采用平面直角坐标系表示，由于其建立了地理空间良好的视觉感，并易于进行距离、方向和面积等空间参数的量算，利于进一步空间数据处理和分析。

② 系统具有采集、管理、分析和输出多种地理空间信息的能力。数据采集是指通过扫描输入、屏幕数字化输入、键盘输入以及通过数据接口接受其他系统的数据等多种方式输入图像、图形、数字等。采用数据库关系系统对数据进行增加、修改、删除等管理。采用叠加分析、缓冲分析、地图代数等方法进行空间数据的处理和分析以获取决策支持信息。并可将需要的信息通过屏幕显示、报表和图件打印输出的方式进行信息的输出。

③ 系统以分析模型驱动，具有极强的空间综合分析和动态预测能力，并能产生高层次的地理信息。GIS 应用模型的选择和构建也是系统应用成败至关重要的因素，对于某一个专门应用目的，必须通过构建专门的应用模型，如土地适应性模型、公园选址模型、最优路径分析模型等才能更有力地提供能够辅助决策支持的信息。分析模型反映了人类对客观世界利用改造的能动作用，并且是 GIS 技术产生社会经济效益的关键所在，也是 GIS 生命力的重要保证。

④ 以地理研究和地理决策为目的，是一个人机交互式的空间决策支持系统。由于 GIS 为解决各种现实问题提供了有效的基本工具，但是在解决具体问题时，必须和具有丰富专业知识的人相结合，进行人机交互，才能够进行专门问题的深入研究和解决。

（2）地理信息系统的分类

地理信息系统根据其研究范围，可分为全球性信息系统和区域性信息系统；根据其使用的数据结构，可分为矢量、栅格和混合型信息系统；根据其研究内容，可分为专题信息系统和综合信息系统。

矢量数据结构和栅格数据结构是地理信息系统存储、管理和处理地学图形的逻辑结构，是地理实体的空间排列方式和相互关系的抽象描述。栅格结构是最简单直观的表示方法，又称为网格结构（grid cell）或者像元。整个地理空间被规则地划分为一个个小块，对于平面将其划分为规则的格网，每一个网格作为一个像元或像素，由行、列号定义，并包含一个代码，表示该像素的属性类型或量值，具有"属性直观、定位隐含"的特点；矢量数据结构强调空间要素的个体现象，矢量数据结构中用点、线和面的边界或表面来表达空间对象，用标识符表达的内容描述属性对象。

3. 地理信息系统的数据源

地理信息系统的数据源，是指建立地理数据库所需的各种数据的来源，主要包括地图、遥感影像数据、文本资料、统计资料、实测数据、多媒体数据以及已有系统的数据等。

（1）地图

地图是地理信息系统主要的数据源。地图是对地理数据的传统描述形式，具有统一的参考坐标系统，同时地图是对现实世界的抽象和概化，内容丰富；属性通过符号来区分，空间位置及其相互关系直观，并且在地图中，地理事物抽象表示为点、线、面，进行二维形式的存储也和地理信息系统中的抽象描述一致。但由于纸质地图存储介质的缺陷以及地图现势性较差、地图投影转换不易等原因影响了其的应用。

地图数据主要通过对地图的扫描数字化和屏幕跟踪数字化获取录入地理信息系统。

（2）遥感影像数据

遥感影像是地理信息系统极其重要的信息源。遥感数据是一种大面积的、动态的、近实时的数据源，遥感技术是GIS数据更新的重要手段，具有快速、周期性、准确、大面积和综合性的特点。

但在遥感影像的使用中应注意影像的成像规律、变形规律、分辨率以及遥感影像的纠正和解译等技术的掌握。

（3）文本资料

文本资料是指各行业、各部门的有关法律文档、行业规范、技术标准、条文条例等，如边界条约等。对于GIS数据的准确性的保障具有重要的作用。

（4）统计资料

国家和军队的许多部门和机构都拥有不同领域，如人口、基础设施建设、兵要地志等的大量统计资料，这些也属于GIS的数据源，尤其是GIS属性数据的重要来源。

（5）实测数据

野外试验、站点观测、实地测量等获取的数据可以通过转换直接进入GIS的地理数据库，以便于进行实时分析和进一步的应用。全球定位系统（GPS）所获取的数据也是GIS的重要数据源。

（6）多媒体数据

多媒体数据（包括声音、录像等）通常可通过通信口传入 GIS 的地理数据库中，目前其主要功能是辅助 GIS 的分析和查询。

（7）已有系统的数据

GIS 还可以从其他已建成的信息系统和数据库中获取相应的数据。由于规范化、标准化的推广，不同系统间的数据共享和可交换性越来越强。这样就拓展了数据的可用性，增加了数据的潜在价值。

地理信息系统数据采集的任务是将现有的地图、外业观测成果、航空像片、遥感图像、文本资料等转换成地理信息系统可以处理与接收的数字形式，通常要经过验证、修改、编辑等处理。

四、面向应用的 3S 技术系统

遥感图像（与从这样的图像中提取的信息）和全球定位系统（GPS）数据一起已经变成现代 GIS 主要的数据源（图 8-8）。实际上，遥感（RS）、地理信息系统（GIS）和全球定位系统（GPS）技术的界限已经变得模糊不清，它们的结合领域将继续变革我们日常的普查、监测和管理自然资源的方式。

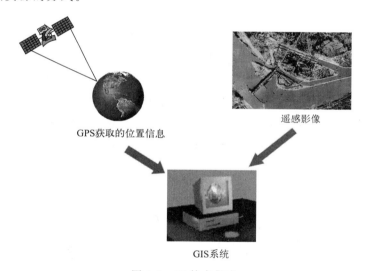

图 8-8　3S 技术集成

全球定位系统（GPS）的发展带来了空间定位技术的根本变革，用 GPS 测定三维坐标的方法使空间定位扩展到海洋和外层空间，从静态到动态，其精度达到米级和厘米级。

遥感为地理信息系统提供多种类、多时相、大范围的极其丰富的信息来源，为提高地图质量、加快成图速度、扩大制图范围创造了条件，也使地理信息系统实现资源与环境动态监测、数据实时更新成为可能。

地理信息系统在空间数据结构与管理、用户使用界面、数据集成与更新、空间检索、空间分析与模型建立、人工智能与专家系统及 webGIS 等方面不断发展和完善。

遥感、地理信息系统和全球定位系统相结合形成了综合的、完整的对地观测系统，3S 的结合应用，取长补短，是一个自然的发展趋势，三者之间的相互作用形成了"一个大脑，两只眼睛"的框架，即 RS 和 GPS 向 GIS 提供或更新区域信息以及空间定位，GIS 进行相应的空间分析，为科学研究、政府管理、社会生产提供了新一代的观测手段、描述语言和思维工具，使之成为决策的科学依据。

第二节　基于 3S 技术的数据处理与产品输出

一、基于 3S 技术的数据处理流程

对于某个具体问题的解决，需要首先收集不同来源的数据，这些数据包括了空间的和非空间的数据；然后在地理信息系统软件和遥感图像处理软件的支持下建立空间数据库；最后根据研究问题，采用合适的空间分析方法，在地理信息系统软件的空间分析功能的支持下完成数据图层的操作，将最终的结果用图件、图表和文档的形式表示出来，作为分析、解决地理问题的依据。具体流程见图 8-9。

二、空间数据库的建立

空间数据库是指地理信息系统在计算机物理存储介质上存储的与应用相关的地理空间数据的总和，一般是以一系列特定结构的文件的形式组织在存储介质之上的。空间数据库的研究始于 20 世纪 70 年代的地图制图与遥感图像处理领域，其目的是有效地利用卫星遥感资源迅速绘制出各种经济专题地图。由于传统的关系数据库在空间数据的表示、存储、管理、检索上存在许多缺陷，从而形成了空间数据库这一数据库研究领域。而传统数据库系统只针对简单对象，无法有效地支持复杂对象（如图形、图像）。空间数据库是某区域内关于一定空间要素特征的数据集合，是地理信息系统（GIS）在物理介质上存储的与应用相关的空间数据总和。空间数据库的建立流程如图 8-10 所示。

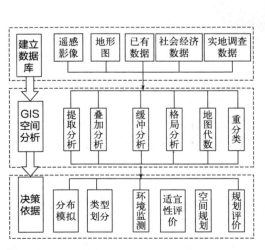

图 8-9　3S 技术系统的数据处理流程

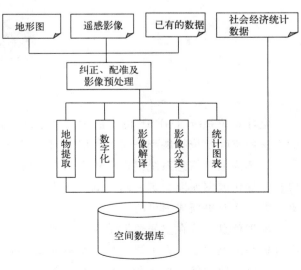

图 8-10　空间数据库的建立流程

收集不同来源的数据，包括统计资料、观测数据和文本资料、专题图件、地形图、一定精度的遥感影像以及野外调研的 GPS 定点数据。对地图资料进行扫描，转为数字格式，并对数字格式的地形图进行纠正，对专题图件和遥感影像以纠正好的数字格式的地形图进行配准，将 GPS 定点数据转为图形数据，在必要的情况下和地形图进行配准，从而使不同来源的数据具有相同的坐标参考系统，具有了公共的定位基础，从而可以进行进一步的空间分析。其中地形图，特别是大比例尺地形图不仅提供了各种地理实体的属性信息和空间信息，而且具有严格的数学基础，是其他来源的数据的配准依据。

对纠正好的地形图和专题地图进行数字化，根据需要提取有用的专题信息从而形成矢量格式的数据。根据统计资料、观测数据和文本资料对数字化的地理实体赋属性值。对经过几何精纠正的遥感影像进行分类或者解译等数据处理，提取出有用的专题信息，从而建立了对同样区域的具有统一坐标参考系统的空间数据库（地理数据库）。

三、遥感影像的处理

遥感图像处理通常指图像形式的遥感数据的处理，主要包括纠正（包括辐射纠正和几何纠正）、增强、变换、滤波、分类等功能，其目的主要是提取各种专题信息，如土地建设情况、植被覆盖率、农作物产量和水深等等。遥感图像处理可以采取光学处理和数字处理两种方式，数字图像处理由于其可重复性好、便于与 GIS 结合等特点，目前被广泛采用。按照在实际应用的过程，将遥感影像的数据处理过程分为图像的预处理、图像增强、图像分类和图像解译几个过程。

1. 遥感图像预处理

图像预处理包括了图像的纠正（correction）、裁切（subset）、镶嵌（mosaic）和重投影（reprojection）等步骤。

（1）图像纠正

图像纠正是消除图像畸变的过程，包括辐射纠正和几何纠正。辐射畸变通常由太阳位置，大气的吸收、散射引起；而几何畸变的原因则包括遥感平台的速度、姿态的不稳定，传感器结构、地形起伏变化等。几何纠正包括粗纠正和精纠正两种，前者根据有关参数进行纠正；而后者通过采集地面控制点（ground control point，GCP），建立纠正多项式，进行纠正。

（2）图像裁切

在实际工作中，经常需要根据研究工作范围对图像进行裁剪，根据实际需要，有规则裁切、不规则裁切和分块裁切的方法。

（3）影像镶嵌

如果工作区域较大，需要用两景或者多景遥感影像才能覆盖的话，就需要进行遥感影像镶嵌处理。图像的镶嵌处理就是将经过几何纠正的若干相邻图像拼接成一幅图像或者一组图像，需要拼接的输入图像必须含有地图投影信息，且必须具有相同的波段数。

（4）重投影

图像的重投影，又被称为投影变换，目的在于将图像文件从一种地图投影类型转换到另一种投影类型，和图像几何纠正过程中的投影变换相比，这种直接的投影变换可以避免多项式近似值的拟合，对于大范围图像的地理参考是非常有意义的。

2. 图像增强

图像增强（image enhancement）是改善图像质量、增加图像信息量、加强图像判读和识别效果的图像处理方法。图像增强的目的是针对给定图像的不同应用，强调图像的整体或者局部特性，将原来不清晰的图像变得清晰或者增强某些感兴趣区域的特征，扩大图像中不同物体特征之间的差别，满足某些特殊分析的需要。

图像增强的方法包括空间域增强和频率域增强。空间域增强通常包括空间增强（spatial enhancement）、辐射增强（radiometric enhancement）和光谱增强（spectral enhancement）。

（1）空间增强

图像空间增强技术是利用像元自身及其周围像元的灰度值进行运算，达到增强整个图像的目的。如通过卷积运算，进行锐化处理以及不同空间分辨率的融合等。

（2）辐射增强

图像的辐射增强处理是对每个波段的单个像元的灰度值进行变换，达到图像增强的目的。如通过查找表拉伸、直方图均衡化、直方图匹配、亮度反转以及去霾降噪和去条带处理从而达到图像增强的目的。

（3）光谱增强

图像光谱增强处理是基于多波段数据对每个像元的灰度值进行变换，达到图像增强的目的。如通过主成分变换、主成分逆变换、色彩变换、指数计算和自然色彩变换等，达到图像增强的目的。

（4）频率域增强

频率域增强指在图像的频率域内，对图像的变换系数（频率成分）直接进行运算，然后通过傅里叶（Fourier）逆变换以获得图像的增强效果。一般来说，图像的边缘和噪声对应Fourier变换中的高频部分，所以低通滤波能够平滑图像、去除噪声。图像灰度发生聚变的部分与频谱的高频分量对应，所以采用高频滤波器衰减或抑制低频分量，能够对图像进行锐化处理。

3. 图像分类

遥感图像分类是指根据遥感图像中地物的光谱特征、空间特征、时相特征等，对地物目标进行识别的过程。计算机分类的基本原理是基于图像上每个像元的灰度值，将像元归并成有限几种类型、等级或数据集，通过图像分类，可以得到地物类型及其空间分布信息。经典的遥感图像分类有两类方法，即非监督分类（unsupervised classification）和监督分类（supervised classification）两种，近来又发展了新型的专家分类方法。

（1）非监督分类

又称为聚类分析、点群分析、空间积群等，直接根据像元灰度特征之间的相似和相异程度进行合并和区分，形成不同的类别。分类标准的确定不需要人的参与，由计算机按照某一标准（例如距离最短）自动进行确定。需要确定要分几种类别，或者类似的输入条件。分类后的结果，还需要再给出具体的含义。典型的非监督分类算法有 K-均值算法和 ISODATA 算法。

（2）监督分类

监督分类比非监督分类更多地需要用户来控制，常用于对研究区域比较了解的情况。首先选择已知类别的具有代表性的训练区（试验区），然后让计算机系统基于该模板自动建立判别准则，对未知的地区进行自动判别。典型的监督分类算法有最小距离法、最大似然法、平行六面体法等。

　　总之，遥感的出现，扩展了人类对于其生存环境的认识能力。较之于传统的野外测量和野外观测得到的数据，遥感技术能够提供大范围的瞬间静态图像，可用于监测动态变化的现象，并且能够进行大面积重复观测，特别是对人类难以到达的地区；同时大大"加宽"了的人眼所能观察的光谱范围，并且不受制于昼夜、天气变化。目前，世界上许多国家都已经发射了服务于不同目的的各种遥感卫星，其遥感器的空间分辨率和光谱分辨率也都各异，形成了从粗到细的对地观测数据源系列。利用遥感技术，可以更加迅速、更加客观地监测环境信息；同时，由于遥感数据的空间分布特性，可以作为地理信息系统的一个重要的数据源，以实时更新空间数据库。

四、地理信息系统（GIS）空间分析功能

　　地理信息系统的空间分析功能是一个地理信息系统的核心，其功能的强大与否是系统完善与否的度量。通常将其空间分析方法按照所操作的数据的存储结构是栅格结构还是矢量结构而进行划分。其中栅格结构的地理信息系统的空间分析方法和遥感图像的数据处理方法具有本质的相同性。

1. 基于矢量数据结构的空间分析方法

　　基于矢量数据结构的空间分析方法主要有空间查询、缓冲区分析和空间叠加操作等。

　　（1）空间查询

　　空间查询主要用于进行高层次分析前的查询定位空间对象。目前 GIS 的空间查询主要有下列几种方式：基于属性数据的查询、基于图形数据的查询（可视化查询）、图形与属性的混合查询。

　　（2）缓冲区分析

　　缓冲区分析是指根据分析对象的点、线、面实体，自动建立它们周围一定距离的带状区，用以识别这些实体或主体对邻近对象的辐射范围或影响度，以便为某项分析或决策提供依据。从数学的角度看，缓冲区分析的基本思想是给定一个空间对象或集合，确定它们的邻域，邻域的大小由邻域半径 R 决定。因此对象 O_i 的缓冲区 B_i 定义为：

$$B_i = \{x : d(x, Q_i) \leqslant R\}$$

即对象 O_i 的半径为 R 的缓冲区为距 O_i 的距离 d 小于 R 的全部点的集合。根据空间对象的类型的差异，缓冲区分类是根据空间对象的不同而分类的，分为点的缓冲区、线的缓冲区和面的缓冲区。但缓冲区本身都是面状区域。

　　（3）空间叠加

　　空间叠加，又称叠置分析、叠加分析，是在同一空间参照系统条件下，每次将同一地区两个地理对象的图层进行叠加，以产生空间区域的多重属性特征，并且建立地理对象之间的空间对应关系。

　　在叠加操作时，如果两个叠加的图层在同一个参考坐标系统下但范围大小不一致，则因保留图层的范围和属性而采用不同的叠加命令。在 ArcGIS 和 ArcView 软件下的命令分别为 union、identity 和 intersect，其不同点如表 8-3 所示。

表 8-3　叠加操作的不同命令及其作用的形式

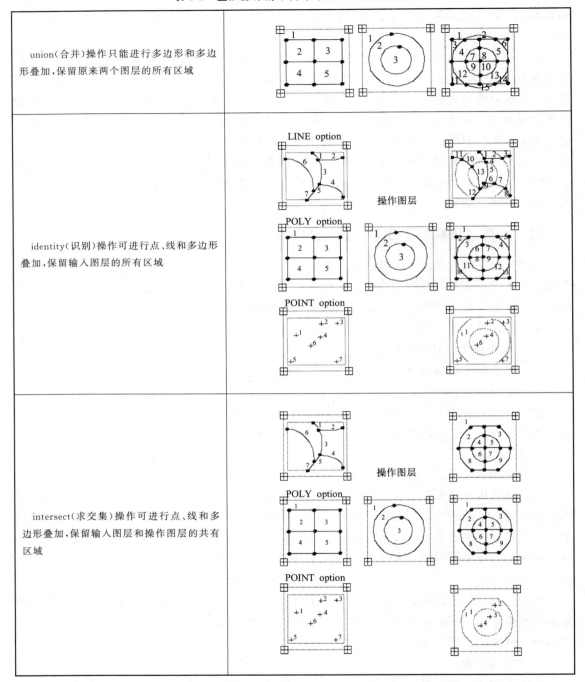

union（合并）操作只能进行多边形和多边形叠加，保留原来两个图层的所有区域	
identity（识别）操作可进行点、线和多边形叠加，保留输入图层的所有区域	
intersect（求交集）操作可进行点、线和多边形叠加，保留输入图层和操作图层的共有区域	

2. 基于栅格数据结构的空间分析方法

基于栅格数据结构的空间分析方法可以分为栅格数据的空间变换和地图代数运算。

栅格数据的空间变换是指对原始图层及其属性进行一系列的逻辑或代数运算，以产生新的具有特殊意义的地理图层及其属性的过程。其中最常用的空间变化方法是重分类。重分类是将属性数据的类别合并或转换成新类。即对原来数据中的多种属性类型，按照一定的原则进行重新分类，以利于分析。比如将等高线插值得到的 DEM 栅格数据采用不同的高程范围分为高中山、低山、丘陵和平原四种地貌类型的过程。又如将各种土壤类型重分类为水面和陆地两种类型。

基于栅格数据结构的叠加分析是指将不同数据层叠置在一起，在对应位置的栅格单元产生新的属性值的分析方法（图 8-11）。通常把作用于不同数据层面基于数据运算的叠加操作称为地图代数。

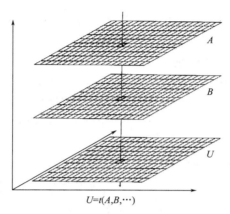

$$U=t(A,B,\cdots)$$

图 8-11　栅格数据叠加分析图解

新属性值的计算可由下式表示：

$U=f(A,B,C,\cdots)$，其中，A、B、C 等表示第一、二、三等各层上的确定的属性值，f 函数取决于叠置的要求。

由于栅格化的数据结构是将地理空间进行规则划分，栅格单元的属性由确定的值来表示，因此图层的叠置运算变为对应位置上的栅格单元的属性值的运算。这种运算可以是加、减、乘、除、乘方和开方的代数运算，也可以是逻辑运算，还可以是复杂的模型运算。当采用模型运算的时候事实上已经是进行地理信息系统的模型运算了。栅格数据结构非常适用于地理信息的“模型化”运算。

在此需要注意的是，栅格数据进行叠加分析是栅格单元内的属性值进行运算，因此进行运算的图层应该保证在同一个参照坐标系统下的同一个范围内，并且栅格单元的大小是一致的。

五、3S 技术系统产品输出

3S 技术系统是一个包括了空间定位、数据获取和空间分析处理以及产品输出的综合系统。3S 技术集成的方式可以在不同的技术水平上实现。低级阶段表现为互相调用一些功能来实现系统之间的联系；高级阶段表现为三者之间不只是相互调用功能，而是直接共同作用，形成有机的一体化系统，对数据进行动态更新，快速准确地获取定位信息，实现实时的现场查询和分析判断。

3S 技术系统产品指经过系统处理和分析，可直接供专业规划或决策人员使用的各种地图、图表、图像、数据报表和文字说明（文档）等。地理信息系统产品的输出有多种多样的形式，可以是软拷贝（屏幕输出）、硬拷贝（地图）、磁介质记录等。

第三节 3S 技术系统在生态规划中的应用

一、生态规划中 3S 技术的应用

1. 数据采集存储管理

生态规划首先需要采集区域环境信息。环境信息涉及宏观和微观、区域和局部、定性和定量等各方面因素。具体包括地貌、大气、土壤、植被、水体、居民地、道路等。这些数据、信息的质量将直接影响规划管理的效率。

多波段、多分辨率、多时相、多角度遥感影像可以从不同角度反映生态环境的不同专题信息。利用遥感影像，按照生态环境要素的遥感图像解译标志进行环境信息的提取，可以获取规划所需的许多相关信息。GPS 技术与遥感相结合，可以高效率地完成遥感影像的定位和校准工作，实现区域精确定位。

区域地理环境的表达涉及空间数据及非空间数据如社会经济统计数据，数据量大，数据结构复杂。强大的数据存储管理功能可以将空间数据和非空间数据存储在空间数据库中实现一体化管理和可视化表现，并可以进行查询检索、统计分析等。

2. 生态空间数据的定量化表征

基于规划数据库的建设，可以对区域各类生态、环境、社会、经济和文化要素的空间分布特征及其相互作用结果进行定量表征。例如，通过采用多种空间差值的方法，可以获得不同要素空间面状分布特征；按照一定的规则进行不同要素的叠加分析，可以得到土地适用性或敏感性评价结果；采用缓冲区分析功能分析公交站点、商场、医院、学校、文化娱乐设施、公园等公共设施的服务范围；利用网络分析进行最佳选址、资源分配等。

3. 三维景观分析

三维立体景观是由提供高程信息的数字高程模型以及提供平面坐标的表面纹理影像来构建的。在 ArcGIS 中可以准确模拟地形在一定方向光的照射下，因其形状关系以及各个格网面被照明的程度不同而产生的明亮和阴暗的差别，其中的一个重要应用就是生成自动地貌晕渲图。晕渲图本身可以描述地表三维状况，而且在地形定量分析中的应用不断扩大。如果把其他专题信息与晕渲图叠置组合在一起，将大幅度提高地图的使用价值。为了弥补灰度图像只表示地形起伏情况的不足，需要表现出地表的各要素特征即可通过添加表面细节来达成，这种在三维物体上加绘的细节称为纹理。

三维数据和以影像为基础的系统之间的结合将产生更逼真的环境表示。比如在生态规划的目标区域，三维景观建模可以判断和分析地形起伏因素对生态环境造成的影响，同时也可以为生态设计方案提供真实形象的效果演示。而影像纹理则可以直观表示不同植被覆盖的分布情况。在景观模型表面还可以叠加各种人文的、自然的特征信息，如行政区划边界和植被覆盖等空间数据。

目前主流的 GIS 与 RS 系统已能够将影像和 DEM 集成到逻辑上无缝的数据库联合使用。

此外，虚拟现实技术的长足发展使得将规划管理人员创建的区域或城市模型通过三维仿真形式表示出来成为可能。这样，规划人员就可以"身临其境"地感受其创建的区域或城市生态规划空间模型。

4. 生态模拟分析

规划最显著的特征就是前瞻性，基于 3S 技术的实际应用，对主要生态环境要素的动态演变进行模拟，基于现有资料或情景设置对区域生态环境的未来演变进行分析与预测，为规划决策、管理等提供有力支持。例如，基于 CA 模型的区域土地利用变化预测、不同规划情景下生态系统服务及其价值的空间分布与权衡分析、区域生态风险评估、城市绿地系统环境效应评估、城市雨洪径流模拟等。

5. 成果表达

生态规划的成果往往通过各种专题图件来表达。3S 技术综合应用系统除了是一个优秀的数据处理和信息提取系统外，还是一个功能强大的制图系统，可以将规划的成果制作成精美的数字图件，加强生态规划成果的视觉表现力。基于 3S 的生态规划系统较易实现将各种规划方案发布于网上，实现公众参与。

二、规划决策支持系统

随着计算机技术和 GIS 的发展，生态规划逐渐从定性向定量分析和模拟方向发展，开始利用系统分析的方法和控制论原理开展生态建设对策研究，使规划工作平台更加合理、更加高效。

以空间科学和计算机科学为基础建立起来的生态规划决策支持系统能够将生态观、整体观、信息技术和模拟技术等引入生态规划建设。生态规划决策支持系统通过使用高新技术来解决生态规划建设中的问题，提高了决策和管理的效率，为实现人与自然和谐发展提供了有利方式。

1. 总体结构设计

运用软件工程原理、面向对象方法和决策支持系统理论，设计基于 GIS 的生态规划决策支持系统，拟采用原型模型，主要考虑到需求无法准确定义和用户需求之间的沟通而采用该模型。系统设计的总体思路是综合考虑区域生态建设的社会、经济和自然三个方面，进行整体规划评价，借助 GIS 存储和管理庞大纷杂的社会经济等属性数据和地理布局等空间数据，建立基础数据库。基于 GIS 的索引功能（尤其是空间索引）和空间分析功能辅助数据挖掘，将采集到的数据转换为有价值的信息，汇集于数据仓库中，以便模型计算时提取信息。通过模型库中多种模型的设置，定量分析如何在满足相关社会和经济发展规划指标下，能够达到环境保护和资源合理利用的要求，保持自然生态的平衡。为了更好地应对区域生态系统的复杂性和多样性，满足可持续发展的需要，特别设计了知识库，用于获得更高层次的信息，将 GIS 技术和人工智能相结合训练生态规划知识发现，实现信息到知识的转换以及知识的综合。生态规划决策支持系统的结构如图 8-12 所示。

2. 数据库设计

数据库子系统包括数据库本身及其管理系统，其中数据库包含空间数据库和属性数据库两部分，空间数据库是整个系统的核心。由于数据获取的来源不同，数据结构及规范不同，为保证结果的准确性，必须进行数据的规范化和标准化处理。另外，数据库应与模型库相结合，使数据能够直接支持各种模型。数据库管理系统的设计还要保证数据的

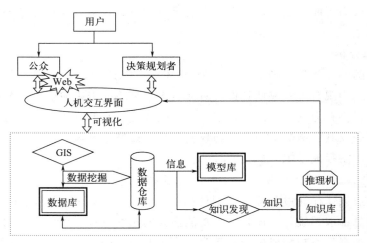

图 8-12　生态规划决策支持系统结构

完整性与可扩充性。

3. 模型库设计

模型库子系统的功能主要是利用相关的数据信息定量分析，辅助制定生态规划决策方案，评价生态建设，形成生态知识，为区域可持续发展提供科学的决策依据。方法库是土地利用总体规划实施评价中常用方法的汇总，为数学模型提供计算方法和算法程序。方法库的作用主要是存储在做出决策时所需要运用的规则及建议。为了便于模型与方法的调用、组合、更新和扩充，可将模型库与方法库分开管理，各自成为独立的管理子系统。

4. 知识库设计

知识库子系统包括知识库、推理机和解释模型。通过知识发现技术将数据库中提取的信息转换为知识以建立和扩展知识库。知识库中存储了理解、阐释和解决生态规划建设所必需的知识，这些知识以事实和规则的形式存放。推理机是一组程序，针对用户的问题，从知识库中的事实和规则出发求解问题的答案，并通过解释模型解释所提出的问题或意见。

三、应用案例

在生态规划中，往往要对区域生态环境的敏感性、重要性、资源环境的生态适宜性进行评价，并落实到具体的空间上。使用地理信息系统的空间分析方法、多种信息的叠加处理及一系列分析软件，可以方便地完成上述工作。

具体应用案例见二维码 8-1。

二维码8-1
生态规划中3S
技术应用案例

◆ 思考题 ◆

1. 什么是 3S 技术？

2. 地理信息系统由哪些部分组成？如何建立地理信息系统？

3. 地理信息系统的空间分析功能有哪些？

4. 专家决策支持系统由哪些基本模块构成？

◆ 参考文献 ◆

［1］　叶佳安，宋小冬，钮心毅，等 . 地理信息与规划支持系统［M］. 北京：科学出版社，2006.

［2］　赵英时，等 . 遥感应用分析原理与方法［M］. 北京：科学出版社，2003.

［3］　陈述彭，鲁学军，周成虎 . 地理信息系统导论［M］. 北京：科学出版社，2000.

［4］　李天文 . GPS 原理与应用［M］. 北京：科学出版社，2007.

［5］　汤国安，杨昕 . ArcGIS 地理信息系统空间分析实验教程［M］. 北京，科学出版社，2006.

［6］　欧阳志云，张和民，谭迎春，等 . 地理信息系统在卧龙自然保护区大熊猫生境评价中的应用研究［M］//见王如松，方精云，高林，等 . 现代生态学的热点问题研究 . 北京：中国科学技术出版社 .1996.

［7］　李旭祥 . GIS 在环境科学与工程中的应用［M］. 北京：电子工业出版社，2003.

［8］　杨邦杰，王如松，吕永龙，等 . 城市生态调控的决策支持系统［M］. 北京：中国科学技术出版社，1992.

［9］　黄静虹，葛大兵，王文婕，等 . 生态县建设规划与管理决策支持系统研究［J］. 环境与可持续发展，2015，40（3）：160-162.

第九章

区域生态规划

第一节　区域与区域生态规划

一、区域与区域发展问题

1. 区域的概念

区域是一个空间概念，是指地球表面上占有一定空间的、以不同的物质客体为对象的地域结构形式（崔功豪、陈宗兴，1999）。区域具有以下属性：

① 区域是地球表面的一部分，占有一定的空间，这些空间可以是自然的、经济的、社会的……。

② 区域具有一定的范围和界线，依据不同的要求和指标，其范围有大有小。

③ 区域具有一定的结构形式，这是由区域要素的等级层次性和相互关联性所决定的，因而区域存在着上下的等级层次联系和左右的横向联系。也就构成了区域最本质的特征——整体性和结构性。

从系统生态学角度看，区域又是一类典型的社会、经济、自然复合生态系统。区域的自然亚系统是整个区域生态系统的基础，它由地质、地貌、气候、水文、生物、土壤等自然地理条件及交通、农村、城镇及其基础设施等人工环境构成。区域的自然地理条件往往规定了区域社会经济，特别是农业生产和农业经济的基本特征。而人工环境则是人类长期活动的产物，交通是连接区域内外社会经济活动的纽带，农村与城镇是人类的居住区，构成区域人类社会与经济活动的中心。

区域的社会亚系统以人为中心，包括区域内人口的数量、结构、文化特征及区域行政组织结构。通过社会亚系统满足区域居民居住、交通、娱乐、教育、医疗、文化等生活需要。

区域经济亚系统以资源利用与加工、生产、流通为中心，将物质、能量、信息等按人类的需要转换为具有一定功能的产品，促进区域的发展。

区域还是一个由城镇和乡村构成的功能系统，乡村主要依赖自然过程进行生产，而城镇通常为区域的社会、经济和信息中心，它们在区域中起着不同的作用，担负不同的功能，并通过物质、能量、信息、生物有机体的流动、转换和迁移将区域连成一个整体。

2. 我国区域发展面临的主要问题

我国区域发展面临的主要问题见二维码9-1。

二维码9-1
我国区域发
展面临的主
要问题

二、区域生态规划的含义

区域生态规划的实质就是运用生态学、生态经济学及相关学科的原理，根据社会、经济、自然条件特点，提出不同层次的开发战略和发展决策，合理布局与安排农、林、牧、副、渔业和工矿交通事业，以及住宅、行政和文化设施等，调控区域内社会、经济及自然亚系统各组分的关系，使之达到资源综合利用、环境保护与经济增长的良性循环。区域生态规划特别强调协调性、区域性和层次性，充分运用生态学的整体性原则、循环再生原则、区域分异原则进行生态规划与设计。

① 充分了解区域自然资源与自然环境的性能，以及自然生态过程与人类活动的关系。

② 区域发展立足于当地社会经济与自然条件的潜力，形成区域经济优势与区域内社会经济功能和生态环境功能的互补与协调。

③ 强调区域发展与区域自然的主动协调，而不是被动适应。强调人是系统的一个组分，从人的活动与自然环境和生态过程的关系出发，追求区域总体关系的和谐与功能的改善，包括地区之间、部门之间以及资源与环境、生态与生活的相互协调。

④ 追求经济发展的高效与持续性。生态规划强调区域发展是区域社会、经济与环境的改善和提高，系统自我调控能力与抗干扰能力的提高，以全面改善区域可持续发展能力。

第二节 区域生态规划的主要内容

区域生态规划是区域生态建设的总体部署，涉及内容十分广泛，但规划工作不可能将区域发展与建设的方方面面全部包揽起来，而是要突出重点。因此，区域生态规划属于概念性规划，主要内容包括以下几个方面。

一、区域复合生态系统结构的辨识

应用生态学、地理学、系统科学等学科知识，对区域的自然环境条件、社会经济状况等进行分析，具体内容包括：①自然地理条件及其评价；②社会经济发展状况及评价；③生态环境现状评价；④生态经济现状分析与评价。

通过以上分析评价，明确区域复合生态系统的组成与结构特征；了解规划区域各种资源在地域上的组合状况和分布规律，以及对经济结构和发展的影响；辨识出区域发展中的有利因素和不利因素，以及它们之间的相互作用关系；确定区域发展存在的主要问题及其产生原因，提出解决问题的途径。

二、区域生态规划的指导思想与目标选择

区域生态规划的指导思想主要包含以下三方面内容：①以可持续发展战略为主要指导思

想，贯穿国家有关经济建设、社会发展与生态环境保护相协调的方针。社会经济的发展要认真考虑对生态环境的影响，充分估计资源开发利用和经济发展对生态环境影响的滞后作用。②遵循复合生态系统理论，全面综合研究区域复合生态系统的组成、结构与功能，发挥人的调控作用，实现系统总体功能的最优。③因地制宜，突出区域特色。

区域生态规划的目标即在规划期内区域社会、经济、生态环境建设所要达到的目的指标。规划目标的确定是一项综合性很强的工作，要综合考虑经济发展、社会进步和生态环境保护几方面的要求。具体指标要紧密结合当地情况，并参照国民经济计划与规划目标，提出不同地区、不同阶段的发展指标。指标要先进、可行，以定量为主。

三、区域生态分区与发展方向

根据区域自然环境特征和社会经济发展状况，将区域划分为不同的功能单元，为实施区域空间管制提供依据。主体功能分区是按照一定的指标体系来进行的，指标体系的设计主要包括：①生态环境指标，如地形特征指标、气候指标、土地类型和利用状况指标、生态脆弱性和重要性等；②社会发展指标，如人口指标、产业结构指标、人均GDP或人均纯收入等；③经济效益指标，如投入产出指标、成本费用指标等。根据以上指标，采用数学方法，并结合实际情况和专家学者经验，即可将区域划分出不同的类型功能区。

对每个功能区的特点、发展的优势和不利因素进行评价，明确各功能区的发展方向和布局。

四、主要建设领域和重点建设任务规划

根据区域特点及可持续发展目的与要求的不同，区域生态规划包含了不同的生态建设领域，要在总体发展目标下分别制订各领域的发展子规划。

1. 土地利用规划

在区域土地资源调查和土地利用现状分析基础上，根据土地生态适宜性评价结果，确定规划期各类用地的布局，以及农业、园林、林业、牧业、城镇建设、交通及特殊用地的分区规划。

2. 产业发展与布局规划

按照合理配置资源、优化地域经济结构的原则，对区域的生产特点、产业结构和地域分布进行分析，根据未来市场的需求，对照当地生产发展条件，在充分评价产业发展的优劣势及对生态环境的影响基础上，确定重点发展的产业部门和行业，以及重点发展区域。特别是要从生态产业的要求出发，对产业链的结构和关系进行详细的设计和分析评价，提出生态产业和绿色产品的具体要求。

3. 生态城镇发展规划

城镇体系是社会生产力和人口在地域空间上的具体体现。生态城镇的规划要考虑三个基本要素，即自然环境要素是否具有限制性及生态承载力是否满足要求；社会环境是否适合人居住；经济上是否可以维持和不断提高人的生活质量。规划内容包括：①城镇体系的发展战略和总体布局；②各城镇的性质和发展方向，以及城镇之间的分工与协作；③城镇体系空间结构和规模结构；④重点发展的城镇及建设；⑤城镇基础设施建设，要按照人口和社会经济发展的要求，预测未来对各种基础设施的需求，包括生产性基础设施如交通运输、邮电通

信、供水、排水、供电、仓储等和社会性基础设施如教育、文化医疗、商业、园林、绿化、金融等两大类。有效的生态城镇规划要能使居民生活质量得到改善和提高，同时又尽量减少资源的输入和废弃物的输出。要从单个建筑物水平、街道和社区水平、城镇水平三个层次上分别进行详细的规划，并对规划从生态风险和政策风险方面进行评估和检验。

4. 环境保护规划

环境保护规划是区域生态规划的重要组成部分，包括污染的治理与控制和资源的保育。规划的主要内容包括：①分析区域环境各要素的特征，根据污染源和环境质量评价结果，揭示整个区域环境及各要素状态存在的问题；②以区域发展不同时期的目标为基础，预测环境发展趋势，针对主要环境问题制定污染控制目标和生态保护目标，进行环境功能分区；③拟定具体的环境保护措施，包括空气环境综合治理规划、水环境综合治理规划、固体废物综合治理规划、土地资源保护规划、生物多样性保护规划等。

5. 生态文明建设规划

生态文明是人类社会文明的一种形式，是社会物质文明、精神文明和政治文明在人与自然和社会关系上的具体体现。生态文明以人与自然关系和谐为主旨，在生产、生活过程中注重维系自然生态系统的和谐，追求自然-生态-经济-社会系统的关系协同进化，以最终实现人类社会可持续发展为目的。我国建设生态文明的基本内涵包括：要树立尊重自然、顺应自然、保护自然的生态文明理念；要把生态文明建设放在突出地位，融入经济建设、政治建设、文化建设、社会建设各方面和全过程，推动形成人与自然和谐发展的现代化建设新格局；坚持节约资源和保护环境的基本国策，坚持"节约优先、保护优先、自然恢复为主"；着力推进绿色发展、循环发展、低碳发展；全球视角，生态文明与可持续发展在本质上是一致的，中国推进生态文明建设的举措和机制，丰富和发展了全球可持续发展理念。

在实践中，任何一种社会形态的形成和发展，都必须以产业经济的发展为基础。建设生态文明必然要求产业经济行为和发展方式的转变，特别是依赖增加投资和物质投入的粗放型经济增长方式的转变。因此，发展生态产业是生态文明建设的首要任务。同时，为了保证社会的可持续性，需要认真地管理人类生态系统，并保证人类生态系统的健康。形成以循环经济为核心、倡导扣除环境污染和生态破坏的绿色 GDP 理念，实现"循环、共生、稳生"的生产产业的蓬勃发展。

精神文明的生态文化建设包括了生态体制、生态社会及生态社会风气建设两大方面。生态体制建设是生态精神文明和政治文明的基础。必须把生态政策和生态政绩作为考察干部政绩的首要标志。生态社会和生态社会风气是构建和谐社会的重要任务。必须坚持把生态教育作为全民教育、全程教育和终生教育，把生态意识上升为全民意识和全球意识，倡导生态伦理和生态行为，提倡生态善美观、生态良心、生态正义和生态义务，建设生态文化社区。

五、经费概算与效益分析

区域生态规划的经费概算包括各领域建设预算和总体预算，以及经费来源渠道两方面内容。合理安排经费预算并确保经费来源是保障区域生态建设顺利实施的重要环节。效益分析要分别从经济、社会、生态三个方面进行。①经济效益分析的内容主要有资源利用效率（单位产值耗水、耗能）、产投比、总产值、总利润、人均产值、人均纯收入、产业结构等；

②社会效益分析的内容包括人民生活质量的提高、生态环境意识的普及、区域科技进步贡献、系统信息反馈和决策支持系统是否完善和高效等；③生态效益分析的内容有系统结构合理性、多样性，资源利用效率（土地利用与产出、光能利用），绿色植被（或森林）覆盖率，自然净化和降解能力，环境优美和舒适程度等。

六、实施生态规划的保障措施

根据区域生态规划目标要求和存在的问题，有针对性地提出与规划、主要建设领域和重点任务相配套的对策与措施，以保障规划的顺利实施。内容包括经济措施、行政措施、法律法规、市场措施、能力建设、国内与国际交流合作、资金筹措等方面。尤其是能力建设和政策调控最为关键。

需要指出的是，在区域生态规划过程中，由于要在社会、经济、自然和文化等多种利益之间进行综合取舍，因而会面临更多选择的可能；同时，在规划中不同人员对于生态和其他目标的相对重要性有不同的理解；同一土地会有多种适合的用途；公众参与中不同的人群对环境等的要求也有差别。因此，规划方案不可能是唯一的，而是根据未来发展的多种可能，以及不同发展阶段的可能水平进行各种阐释性描述。所以，区域生态规划应当是多方案的比较决策。

第三节　生态文明建设示范区规划

一、生态文明建设示范区及其内涵

1. 生态文明建设示范区概念

生态文明建设示范区是贯彻落实习近平生态文明思想、全面统筹"五位一体"总体布局、推进人与自然和谐共生美丽中国建设的示范样板。生态文明建设示范区目前主要包括市、县两级。以市县两级为重点全面推进生态文明建设，在全国生态文明建设中发挥典型引领示范作用。市包括设区市、直辖市所辖区、地区、自治州、盟等地级行政区和副省级城市；县包括设区市的区、县级市县、旗等县级行政区。

2. 生态文明建设示范区建设内涵

根据国家生态文明建设新形势、新要求，遵循创新、协调、绿色、开放、共享的新发展理念，坚持前瞻性、科学性、系统性、可操作性、可达性原则，充分考虑发展阶段和地区差异，围绕优化国土空间开发格局、全面促进资源节约、加大自然生态系统和环境保护力度、加强生态文明制度建设等重点任务，以促进形成绿色发展方式和绿色生活方式、改善生态环境质量为导向，从生态制度、生态环境、生态空间、生态经济、生态生活、生态文化六个方面构建生态文明建设体系，生态文明建设统筹经济建设、政治建设、文化建设、社会建设。

生态文明建设示范区建设的内涵远不是经济发达和生态环境优美，其根本宗旨在于引进统筹兼顾的系统观，天人合一的自然观，巧夺天工的经济观和以人为本的人文观，实现不同发展水平下城乡建设的系统化、自然化、经济化和人性化。

（1）系统化

针对传统城市建设中条块分割、学科分离、技术单干、行为割据的还原论趋势，引进生态学以及中国传统文化中的整体、协同、循环、自生的复合生态系统原理，重视景观整合性、代谢循环性、反馈灵敏性、技术交叉性、体制综合性和时空连续性。

（2）自然化

营建一种朴实无华、多样性高、适应性强、生命力活、能自我调节的人居环境，具有强的竞争、共生、自生的生存发展机制；强调水的流动性、风的畅通性、生物的活力、能源的自然性以及人对自然的适应性和低的风险。

（3）经济化

以尽可能小的物理空间容纳尽可能多的生态功能，以尽可能小的生态代价换取尽可能高的经济效益，以尽可能小的物理交通量换取尽可能大的生态交流量，实现资源利用效率的最优化。

（4）人性化

最大限度地满足居民身心健康的基本需求和交流、学习、健身、娱乐、美学及文化等社会需求，诱导和激发人们的自然境界、功利境界、道德境界、信仰境界和天地境界的融合与升华。

生态文明建设示范区规划属于生态概念规划，是一种新思路、大手笔、粗线条的战略规划、目标规划和概念规划，它不是代替，而是引导、促进、补充、协调城市总体规划、城乡体系规划、环境规划和社会经济发展计划，为这些规划的制定和修编提供战略指导和生态协同方法。其功能在于指明方向、孕育机制、推荐方法、控制进程。主张一种逆向思维：不是怎样才能可持续发展，而是不这样发展就不可能持续。生态承载力（含资源承载力、环境容量、市场潜力）、内禀增长率（技术、体制、行为）以及系统整合力（景观整合、产业整合、文化整合）的动态变化是生态文明建设示范区规划调控的切入点，是生态规划的核心内容。

二、生态文明建设示范区建设规划的指标体系

国家生态文明建设示范区是贯彻落实习近平生态文明思想，以全面构建生态文明建设体系为重点，统筹推进"五位一体"总体布局，落实五大发展理念的示范样板。国家环境保护局从1995年起开始启动以生态文明建设示范区为主的生态文明建设试点，经过生态省、生态市、生态县、生态乡镇、生态村等完整的生态文明建设示范区建设体系，到2014年开展生态文明建设示范区建设，历经多次修改建设规程和指标体系。2021年国家生态环境部发布了《国家生态文明建设示范区规划编制指南（试行）》、《国家生态文明建设示范区管理规程（修订版）》、《国家生态文明建设示范区建设指标（修订版）》，2024年，国家生态环境部更新了国家生态文明建设示范区建设指标，适用于市、县生态文明建设示范区创建工作的管理。市包括地级市、副省级城市，直辖市所辖区、地区、自治州、盟等；县包括市辖区、县级市、县、自治县、旗、自治旗、林区、特区等。建设指标分为约束性指标和参考性指标两类，约束性指标旨在对生态文明建设重点工作强化约束要求，遴选时要求全部达标；参考性指标旨在引导创建地区推进相关工作，作为遴选时同等条件下择优考虑的依据。

1. 生态文明建设示范市建设指标

生态文明建设示范市建设指标涉及目标责任、生态安全、生态经济、生态文化、生态文明制度5大领域，8项任务，共27项约束性指标和5项参考性指标（表9-1）。

表 9-1　国家生态文明建设示范区（市）建设指标（2024 年修订版）

领域	任务	序号	指标名称	单位	指标值
目标责任	（一）目标责任落实	1	生态文明建设工作占党政实绩考核的比例	%	≥20
		2	党政领导干部生态环境损害责任追究制度	—	建立
		3	领导干部自然资源资产离任审计	—	开展
生态安全	（二）环境质量改善	4	**环境空气质量**		
			优良天数比例	%	完成上级规定的考核任务，且≥90 或持续提高
			PM$_{2.5}$ 浓度	$\mu g/m^3$	完成上级规定的考核任务，且≤25 或持续下降
		5	**水环境质量**		
			地表水达到或好于Ⅲ类水体比例	%	完成上级规定的考核任务，且保持稳定或有所改善
			地下水国控点位Ⅴ类水比例		完成上级规定的考核任务，且≤25 或持续改善
			集中式饮用水水源水质达到或优于Ⅲ类比例		100
			近岸海域水质优良（一、二类）比例[1]		完成上级规定的考核任务
		6	**城乡环境治理**		
			城市生活污水集中收集率	%	≥70
			地级及以上城市建成区黑臭水体消除率		100
			较大面积农村黑臭水体整治率[1]		100
			城市生活垃圾回收利用率		≥35
			声环境功能区夜间达标率		≥85
	（三）生态质量提升	7	**区域生态保护监管**		
			生态质量指数（EQI）	—	ΔEQI>−1
			生态保护红线	—	生态功能不降低、性质不改变
			自然保护地和生态保护红线生态环境重点问题整改率	%	100
			生物多样性调查	—	开展
		8	**生态系统保护修复**		
			森林覆盖率[1]	—	保持稳定或持续改善
			草原综合植被盖度[1]	—	保持稳定或持续改善
			自然岸线保有率[1]	%	完成上级规定的考核任务

续表

领域	任务	序号	指标名称	单位	指标值
生态安全	（四）生态环境风险防范	9	受污染耕地安全利用率①	%	≥93
		10	重点建设用地安全利用	—	有效保障
		11	外来物种入侵防控	—	有效开展
		12	突发环境事件应急管理机制	—	建立
生态经济	（五）节能减排降碳增效	13	非化石能源占能源消费总量比重	%	≥25 或持续提高
		14	单位地区生产总值能耗降低率	%	完成上级规定的考核任务
		15	单位地区生产总值二氧化碳排放下降率	%	完成上级规定的考核任务
		16	全国碳排放权交易市场履约完成率①	%	100
		17	主要污染物排放重点工程减排量	t	完成上级规定的考核任务
	（六）资源节约集约	18	一般工业固体废物综合利用率	%	保持稳定或持续改善
		19	万元地区生产总值用水量下降率	%	完成上级规定的考核任务
		20	单位地区生产总值建设用地使用面积下降率	%	完成上级规定的考核任务
生态文化	（七）全民共建共享	21	公众对生态环境质量满意程度	%	≥90
		22	绿色出行比例	%	≥70
		23	城镇新建绿色建筑比例	%	100
		24	人均公园绿地面积	m²/人	≥12
生态文明制度	（八）体制机制保障	25	生态环境信息公开率	%	100
		26	生态环境分区管控体系	—	建立
		27	生态环境损害赔偿	%	案件线索启动率100%，且案件结案率≥75%
参考性指标		1	农村生活污水治理（管控）率	%	中西部地级及以上城市市辖区、东部地区：≥60；中西部其他地区、东北地区：≥30
		2	河湖岸线保护率	%	完成上级规定的考核任务
		3	危险废物填埋处置量占比	%	持续下降
		4	绿色食品、有机农产品种植面积	亩	持续提高
		5	生态保护补偿制度	—	建立

① 若申报地区不涉及本指标，则不纳入评估范围。

2. 生态文明建设示范县建设指标

生态文明建设示范县建设指标涉及目标责任、生态安全、生态经济、生态文化、生态文明制度 5 大领域，8 项任务，共 19 项约束性指标和 6 项参考性指标（表 9-2）。

表 9-2　国家生态文明建设示范区（县）建设指标（2024 年修订版）

领域	任务	序号	指标名称	单位	指标值
目标责任	（一）目标责任落实	1	生态文明建设工作占党政实绩考核的比例	%	≥20
		2	党政领导干部生态环境损害责任追究制度	—	建立
		3	领导干部自然资源资产离任审计	—	开展
生态安全	（二）环境质量改善	4	$PM_{2.5}$ 浓度	μg/m³	完成上级规定的考核任务，且保持稳定或持续下降
		5	**水环境质量**	%	
			地表水达到或好于Ⅲ类水体比例		完成上级规定的考核任务，且保持稳定或持续提高
			县城污水处理率		≥95
			县级城市建成区黑臭水体消除率		100
			较大面积农村黑臭水体整治率①		100
	（三）生态质量提升	6	**区域生态保护监管**		
			生态质量指数（EQI）	—	ΔEQI＞−1
			自然保护地和生态保护红线生态环境重点问题整改率	%	100
			生物多样性调查	—	开展
		7	**生态系统保护修复**	%	
			森林覆盖率①		保持稳定或持续改善
			草原综合植被盖度①		保持稳定或持续改善
	（四）生态环境风险防范	8	受污染耕地安全利用率①	%	≥93
		9	重点建设用地安全利用	—	有效保障
		10	外来物种入侵防控	—	有效开展
		11	突发环境事件应急管理机制	—	建立
生态经济	（五）节能减排降碳增效	12	新增和更新公共汽电车中新能源和清洁能源车辆比例	%	≥80
	（六）资源节约集约	13	万元工业增加值用水量下降率	%	完成上级规定的考核任务
		14	农田灌溉水有效利用系数①	%	完成上级规定的考核任务
		15	农膜回收率①	%	≥85
		16	一般工业固体废物综合利用率	—	保持稳定或持续改善
生态文化	（七）全民共建共享	17	公众对生态环境质量满意程度	%	≥90
		18	城镇新建绿色建筑比例	%	100

续表

领域	任务	序号	指标名称	单位	指标值
生态文明制度	（八）体制机制保障	19	生态环境信息公开率	%	100
参考性指标		1	农村生活污水治理（管控）率	%	中西部地级及以上城市市辖区、东部地区：≥60；中西部其他地区、东北地区：≥30
		2	声环境功能区夜间达标率	%	完成上级规定的考核任务，且保持稳定或持续提高
		3	危险废物填埋处置量占比	%	持续下降
		4	河湖岸线保护率	%	完成上级规定的考核任务
		5	规模以下畜禽粪污集中收运利用体系	—	建立
		6	耕地土壤有机质含量	g/kg	保持稳定或有所提高

① 若申报地区不涉及本指标，则不纳入评估范围。

三、生态文明建设示范区建设规划编制的基本要求和程序

1. 基本要求

（1）贯彻落实新要求

贯彻落实习近平新时代中国特色社会主义思想，深入践行习近平生态文明思想，统筹推进"五位一体"总体布局，协同推进生态环境高水平保护和经济高质量发展，加快构建绿色发展新格局。

（2）强化规划实用性

围绕国家重大战略部署，统筹考虑区域生态文明建设长远定位，高起点谋划、高标准定位区域生态文明建设的目标，突出重点，坚持问题导向、目标导向、战略导向，增强规划的针对性、科学性、可操作性。

（3）突出区域特色

立足区域资源禀赋、生态文明建设基础、发展阶段、重点问题，尊重客观规律，坚持区域特色，探索具有特色的生态文明制度创新与高质量发展道路。

（4）推进全社会共建共享

坚持生态惠民、生态利民、生态为民，将共谋、共建、共享、共治贯穿规划工作全过程，加强上下联动、部门协同和公众参与，深入调查研究、广泛听取意见，着力构建党委政府主导、全社会共同参与的生态文明示范建设新格局。

2. 工作程序

（1）建立工作机制

建立规划编制工作机制，委托具有相应技术能力的单位，承担规划研究与编制工作。

（2）开展规划研究

开展专题研究，综合研判影响生态文明建设的重大问题，明确规划任务与措施、重点工程等，形成规划研究报告；提炼规划内容，绘制规划图件，形成规划文本和图集。

（3）征求意见

广泛征求职能部门、行业专家、社会公众意见，并根据反馈意见进行修改完善。

（4）评审论证

规划编制完成后，编制单位应当广泛征求当地政府各有关部门的意见，并经政府审议后，市级规划（含重新编制或修编的规划）由生态环境部或生态环境部委托省级生态环境主管部门组织评审，县级规划（含重新编制或修编的规划）由省级生态环境主管部门组织评审。

（5）发布实施

规划通过评审且修改完善后，必须经当地人大或同级政府审议通过后，依法定程序颁布实施。

第四节　区域生态规划案例分析（以茶陵县为例）

这里以湖南省茶陵县生态文明建设示范区规划为例，演示生态文明建设示范区建设规划编制的过程（湖南农业大学，2022）。

具体内容见二维码9-2。

二维码9-2
区域生态规划
案例分析

◆ **思考题** ◆

1. 怎样理解区域主要环境问题及其生态学实质？
2. 区域生态规划的主要内容有哪些？
3. 什么是生态文明建设示范区？生态文明建设示范区建设分哪几个层次？

◆ **参考文献** ◆

［1］　严力娇，章戈，王宏燕．生态规划学［M］．北京：中国环境出版社，2015.

［2］　欧阳志云，王如松．区域生态规划理论与方法［M］．北京：化学工业出版社，2005.

［3］　章家恩．生态规划学［M］．北京：化学工业出版社，2009.

［4］　霍锦庚，时振钦，陈鑫．郑州大都市区生态网络构建及格局优化［J］．应用生态学报，2023，34（3）：742-750.

［5］　邵宇婷，肖轶，桑卫国．南方丘陵地区生态系统服务变化对国土空间规划的指示意义［J］．生态学报，2022（21）：8702-8712.

［6］　生态环境部，2022年中国生态环境状况公报，2023.

［7］　生态环境部，2021年中国生态环境状况公报，2022.

［8］　生态环境部，国家生态文明建设示范区管理规程、国家生态文明建设示范区建设指标（修订版），2023.

［9］　张顿，曾绍伦. 工业经济高质量发展与区域生态环境保护耦合协调研究——以贵州为例［J］. 生态经济，2023，2，http：//kns. cnki. net/kcms/detail/53. 1193. F. 20230215. 1543. 004. html.

［10］　肖钦文，陈茜，张涛，等. "双碳"目标下建筑业—区域经济—生态环境协调发展研究——以河北省为例［J］. 环境保护与循环经济，2022，42（11）：11-18.

［11］　刘思雨，刘楠，侯靖宜，等. 基于生物文化多样性评价的自然保护地与区域协同发展研究——以西宁市群加藏族乡为例［J］. 中国园林，2022，38（01）：94-99.

［12］　任保平，杜宇翔. 黄河流域经济增长-产业发展-生态环境的耦合协同关系［J］. 中国人口·资源与环境，2021，31（02）：119-129.

第十章

城市生态规划

第一节　城市生态系统基本特征

一、城市与城市生态系统

1. 城市与城市化

（1）城市

城市是指地处交通便利的环境，占据一定地域面积的密集的人群和建筑设施的集合体（F. Rarzel，1963）。城市是社会生产力发展到一定阶段的产物。现代城市的含义包括三方面的要素：一是一定数量的常住非农业人口；二是具有一定的产业结构和商业；三是含有行政的意义。

（2）城市化

城市化指农业人口转化为城市人口的过程，是经济、文化发展的结果。特别是工业革命以来，随着生产规模的不断扩大和资本的高度集中，城市规模越来越大，城市化速度发展不断加快。城市化一方面带来了明显的聚集效应，越来越发挥着作为经济、政治、文化、交通等的中心作用，推动着区域经济的发展和社会的进步；另一方面，人口、工业、建筑等的高度密集，也带来了一系列的城市问题。

2. 城市生态学与城市生态系统

（1）城市生态学

城市生态学是研究城市人类活动与周围环境之间关系的一门学科。城市生态学将城市视为一个以人为中心的人工生态系统，在理论上着重研究其发生和发展的动因，组合和分布的规律，结构与功能的关系，调节和控制的机理；在应用上旨在运用生态学原理规划、建设、管理城市，提高资源利用效率，改善系统关系，增加系统活力（沈清基，1998）。

（2）城市生态系统

城市生态系统是特定地域内的人口、资源、环境（包括生物的和物理的、社会的和经济的、政治的和文化的）通过各种相生相克的关系建立起来的人类聚居地或社会、经济、自然的复合体（《环境科学词典》，1994）。严格地讲，城市只是人口集中居住的地方，是当地自然环境的一部分，它本身并不是一个完整的、自我稳定的系统。其所需的物质和能量大部分来自周围其他系统，其状况往往取决于外部条件。另一方面，城市也具有生态系统的很多特征，如组成上除人外，还有植物、动物和微生物，可进行初级生产和次级生产，具有物质循环和能量的流动等。因而，把城市作为一个生态系统，研究其社会、经济和自然的协调发展，有利于城市的规划、建设和管理。

二、城市生态系统的特征

城市生态系统是一类以人为中心的社会、经济、自然复合人工生态系统，它与自然生态系统具有一定的相似性，它也有自然生态系统的一般特征，如动态变化性、区域性、自我维持性与自我调节性。然而，城市生态系统作为人类生态系统的一种类型，在许多方面具有独特鲜明的特征（二维码10-1）。

二维码10-1
城市生态系统的特征

第二节　城市问题的生态学实质及调控途径

一、城市面临的主要生态问题

城市面临的主要生态问题见二维码10-2。

二维码10-2
城市面临的主要环境问题

二、城市问题的生态学实质

上述城市问题，从生态学角度分析，其实质可归纳为三方面。

（1）资源开发利用的生态问题，又称"流"的问题

城市是通过连续的物流、能流、信息流、人口流等来维持其新陈代谢过程的。输入多而输出少会造成过多的物质、能量等滞留或释放在系统环境中，从而引起严重的污染。相反，输出大于输入，则造成资源的严重耗竭。造成这两方面问题的根本原因就是资源的低效利用和短浅的资源开发模式。

（2）结构布局问题，又称为"网"的问题

城市是一个多维空间，是在历史不断发展中形成的。有些结构从微观、局部、历史的眼光看是合理的，但从宏观、整体、发展的眼光看却不合理，从而导致一系列诸如产业、产品结构、工业布局、土地利用、管理体制、城市建设等"骨肉"比例失调的问题。其根源是对系统的关系按链式而不是网式调控。

（3）系统功能问题，又称"序"的问题

和谐的城市复合系统必须具备良好的生产、生活、还原缓冲功能，具备自我组织、自催化的竞争机制来主导城市的发展，以及自调节、自抑制的共生序来保证城市的持续与稳定。而这关键取决于人的管理和控制行为。加强系统管理协调，就可以大大缓解城市问题。

三、城市生态规划的内涵、目标与对策

城市生态规划是以生态学为理论指导，以实现城市生态系统的健康协调可持续发展为目的，通过调控一定范围内的"人-自然-环境-社会-经济-发展"的各种生态关系，促进城市可持

续发展、促进人居环境水平和人的发展水平不断提高的规划类型（沈清基，2009）。现代城市是一个多元、多层次的人工复合生态系统，城市生态规划坚持以整体优化、协调共生、趋适开拓、区域分异、生态平衡和可持续发展的基本原理为指导，以环境容量、自然资源承载力和生态适宜度为依据，有助于生态功能的合理分区和创造新的生态工程（王祥荣，2002）。

1. 城市生态规划的内涵

随着城市生态规划研究和实践的不断深化，如何科学界定生态规划的定位与内涵问题日益突出。目前城市生态规划主要有三种形式。一种是独立于其他规划的一种新的规划类型，如生态城市建设规划，主要基于理想的城市生态特色进行规划，目前尚没有普遍认同的规划模式与方法。另一种是目前较为常见的城市生态规划，作为城市规划的一部分，通常以专业规划或独立篇章的形式纳入城市总体规划。第三种为生态理念和技术、措施与城市规划的融合，这种融合使生态规划理念、技术和方法与传统城市规划相互渗透，在各项城市规划内容中实现生态目标。从发展趋势来看，城市生态规划与城市规划的融合应该是主要方向，因为城市生态规划的最终落实与城市用地布局、设施建设等密不可分，必然存在与城市规划的交叉，无法回避城市规划问题而独立发展；传统城市规划也亟须与生态规划相结合来进行自身完善，适应新时期的城市发展需要。从内涵上来看，生态城市是生态健康型城市或是有利于生态可持续发展的城市，而城市生态规划的核心特征是关系，对这些关系的表达、分析、协调、重构是城市生态规划所要解决的重点。关键问题是实现规划、建设和管理的价值观的转变，主要内容包括对个人、团体和社会利益的尊重，实现"人与自然和谐"。

2. 城市生态规划的目标与对策

城市生态规划与调控的目标就是依据生态控制论原理规划和调节城市内部各种不合理的生态关系，提高系统的自我调节能力，在外部投入有限的情况下，通过各种技术、行政和行为的诱导手段来实现持续发展，具体内容就是调控生态关系中的时、空、量、序四方面。

时：眼前利益和长远利益，历史背景和现实发展，机会利用与风险防避。

空：局部建设与区域发展，土地利用空间格局，资源开发利用的区域影响。

量：物质输入与输出（效率、效益），结构多样性与优势度，系统依赖性与自主性。

序：自然美（物尽其用、地尽其力、人尽其才），高效而非高速，社会稳定。

城市生态规划的对策如表 10-1 所示。

表 10-1　城市生态规划的对策（王如松，1999）

问题	对策	方法	目标
资源低效	技术改造	生态工艺	高的效率
系统关系不合理	关系调整	生态规划	和谐关系
自我调节能力低	行为诱导	生态管理	强生命力

第三节　城市生态规划的内容和方法

一、城市生态规划的内容

编制城市生态规划的关键是塑造一个结构合理、功能高效和关系和谐的城市复合生态系统，提高城市居民的生活质量和城市的生态环境质量。目前对城市生态规划内容的理解还存在较大差异，亟待建立系统、完善和规范的规划内容体系。结合我国城市规划现有法定规划类型，城市生态规划应根据区域规划、城市总体规划、详细规划构建不同层次规划内容体系。总体而言，城市生态规划的内容应从社会、经济和自然等多方面进行分析，规划范围应从与城市生态系统相关的区域甚至生态足迹发生的区域开展相关的研究和分析，从社会经济措施、城市空间布局和生态建设工程等方面综合统筹，构建不同层次城市生态规划内容框架。从区域规划层面看，区域生态资源的保护、生态景观的构建、基础设施的统筹、各项政策措施的统一协调等应是研究的重点；从总体规划层面看，引导城市定位与城市发展方向、促进城市合理布局是城市生态规划的重要内容，主要包括城市生态承载力分析、生态功能分区、生态安全保障、生态建设目标等；对于详规层面来说，城市生态规划指标体系的研究是规划从概念、理论推向实践的重要途径，对于实现目标细化、任务具体化、责任明确化，提高规划可操作性以及对实践成果的检验都具有重要作用；在建设实践层面，将生态理念落实到具体设施，进行重要设施的完备性评估，并对城市生态网络节点进行安全性评估，将规划具体至居民日常生活的便利度、城市生态系统的抗干扰和自我调节能力分析、资源循环利用措施等方面（图 10-1）。

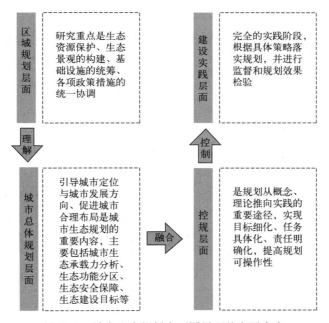

图 10-1　城市生态规划在不同层面的主要内容

城市生态规划的出发点和最终目的是促进和保持城市生态系统的持续稳定发展。系统的状态是由其结构和功能所决定的，因此，城市生态规划就必须从调整系统的结构和完善系统的功能两方面入手。概括起来，城市生态规划的内容一是可持续城市空间规划；二是可持续城市生态关系的调控。

可持续空间规划主要是城市土地生态规划。城市土地是联结城市人口、经济、环境、资源等要素的核心，土地利用方式直接影响着城市生态系统的状态和功能。城市土地生态规划是以土地生态适宜性评价为基础，确定各类土地利用的适宜度，以此进行布局调整，调控系统物流、能流及信息流的生态效率，维持城市的持续发展。其内容包括：

① 城市土地区位背景与社会经济发展态势对土地生态系统可能产生影响的趋势预测和评价。

② 城市土地各要素与土地结构单元之间关系分析。

③ 根据土地生态适宜性，制定城市经济发展战略，合理布局产业结构。

④ 土地利用生态分区及其结构、功能分析。

⑤ 进行土地利用的生态设计。

城市土地生态规划应包括三个层次：①土地生态总体规划，是在区域、城乡、城市内部三个不同层次上，在生态学原则指导下的土地空间配置，主要从宏观上解决跨部门、跨行业的土地利用问题；②土地利用专项规划，包括工业用地规划、居住用地规划、公园和绿化用地规划等；③土地生态设计，是微观的土地利用规划。

城市生态关系的规划是一种软规划，它是在对城市社会、经济和环境背景调查分析的基础上，运用生态控制论原理对系统的生态关系和行为进行辨识、模拟和评价，找到城市生态系统可持续发展的一些关键因子、机制和主要机会，从而不断调整系统的结构和关系，增强系统的活力。

二、城市生态规划的步骤

图 10-2 是综合了已有的一些研究后提出的城市生态规划的一般程序，主要包括六个基本步骤。

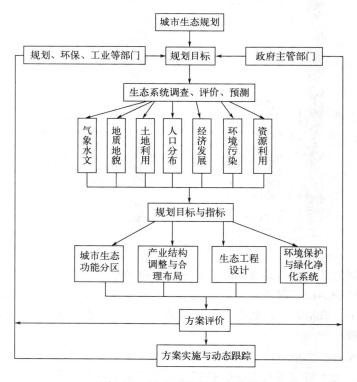

图 10-2　城市生态规划的程序

（1）明确规划范围和目标

由管理决策部门、规划部门及各相关部门一起协商讨论，明确规划的范围和目标，并将其分解为具体子项目。

（2）城市生态系统调查、评价、预测

根据城市生态规划的内容要求，开展城市生态调查，为满足生态适宜性的评价要求，一般要按照规划详尽程度将城市空间划分为一定尺度的基本单元，如 1km×1km 或 5km×5km，按单元收集规划区域内的自然、社会、人口与经济的资料和数据，并建立数据库。根据调查资料，运用多学科的理论和方法对城市的资源与环境的性能、生态过程特征、生态环境敏感性和重要性、社会发展状况、经济发展状况等进行综合分析与评价，预测其发展趋势，从而认识和了解城市生态系统发展的生态潜力和制约因素，并对原有的城市发展的目标与战略进行评估，分析各种规划与城市生态规划之间的关系、相容性和矛盾性。

（3）城市生态规划目标和指标

根据评价结果，制定城市生态规划的总体目标和分阶段目标。一般以定性描述为主，定量化的目标则通过构建指标体系来完成。

（4）制定规划方案与措施

按照分析评价的结果，参照规划目标和具体指标，提出城市生态规划和生态设计的多种方案。

（5）规划方案评价

运用生态学与经济学的有关知识，对规划方案及其对城市生态系统的影响和生态环境不可逆变化进行综合评价。具体包括：①规划方案是否满足规划目标，是否充分发挥了资源环境与社会经济发展的潜力；②方案的成本-效益分析；③对城市可持续发展能力的影响。

（6）规划方案的实施与动态跟踪

城市生态规划的实施是将规划成果渐进性地体现到建设中去的过程。需要有针对性地建立规划实施的保障机制，包括行政的、法律的、经济的手段综合运用，同时，还要建立有效、灵敏的信息沟通机制，如城市生态管理信息系统等来畅通生态规划实施的反馈渠道。

三、城市生态规划的技术与方法

城市生态系统是一个十分复杂的系统，生态规划涉及面广，需要各方面的参与和综合。徐建刚等认为城市生态规划技术与方法的实质是生态规划与城市规划的技术与方法的综合集成。而欲使生态规划有机融入传统城市规划体系中则必须找到二者相互整合的理论基础，即城市生态网络理论和城市景观生态模式理论。通过分析城市生态网络和景观模式可以找出二者相互融合的生态学基础和契合点，从而实现城市生态规划导入城市法定规划编制体系中并形成全方位的对应关系。以生态规划的主要内容生态支撑、生态安全、生态健康为 3 条主线，通过对国内外城市规划、生态规划和相关文献的研究，总结出城市生态规划中 10 项基本技术支撑，分别从城市规划体系的区域规划、城市总体规划、城市控制性详细规划、城市修建性详细规划、城市专项规划等层面实现技术与方法体系的一一对应（图 10-3）。

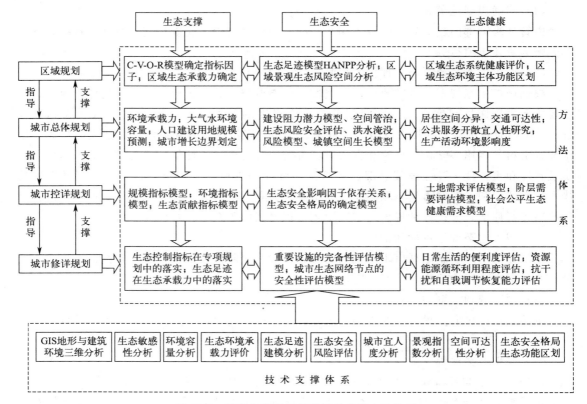

图 10-3　城市生态规划的关键技术与方法体系
（徐建刚等，2008）

第四节　城市生态规划应用

一、生态城市规划

1. 生态城市特征

生态学家杨尼斯基认为，生态城市是一种理想城模式，其中技术与自然充分融合，人的创造力和生产力得到最大限度的发挥，而居民的身心健康和环境质量得到最大限度保护。

从城市规划学角度看，生态城市空间结构布局合理，基础设施完善，生态建筑广泛应用，人工环境与自然环境融合，城市景观成为城市文化的空间构成与表现。生态城市具有以下特征：

① 城市结构合理、功能协调；

② 产业结构合理，实现清洁生产；

③ 物质、能量循环利用率高；

④ 有完善的社会设施和基础设施，生活质量高；

⑤ 人工环境与自然环境有机结合，环境质量高；

⑥ 尊重居民的各种文化和生活特性；

⑦ 居民的身心健康，有自觉的生态意识和环境道德观念；

⑧ 建立完善的、动态的生态调控管理与决策系统。

目前，生态城市实践活动已经遍布全球各地，这些正在实施或在研究准备阶段的城市，都是根据自身的特点，在某些方面或多或少体现了生态和可持续发展的理念。根据这些实践项目各自的特点，生态城市大致可分为 8 种类型，如图 10-4 所示。

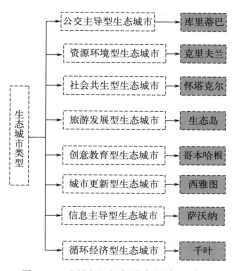

图 10-4　国际上生态城市的主要类型

2. 生态城市规划的主要内容

（1）城市生态系统状况及发展态势分析和评估

在明确规划定位、系统边界与范围基础上，通过实地调查与资料收集整理，采用生态评价方法对城市生态系统状况进行评价，明确城市生态系统的优势与劣势、发展机会与风险等。主要的评价方法包括生态足迹法、生态承载力评价、生态服务分析、生态健康评价等。为制定城市生态可持续发展适宜目标，进行城市生态规划、生态建设与管理提供基础和依据。

（2）城市生态系统可持续发展目标与指标体系

根据现状分析及系统发展预测，确定生态城市建设的总体战略目标，明确近期、中期和远期的目标。参照相关标准，构建生态城市建设的指标体系并量化分阶段指标值。

（3）城市生态支持系统分析

城市生态支持系统是协调城市与自然的相互关系，维持和推动整个城市生态系统的稳定和平衡，为城市提供生态调控和支持的系统。一方面，它为城市提供必需的自然要素（水、大气、土壤、动植物等），并以此调控城市的发展速度、规模和演化方向；另一方面，它不断维护自身的自然净化能力、还原能力、生产能力，保持自身结构的稳定和功能的高效，从而最大限度地发挥"支持"功能。城市生态支持系统分析的内容包括：城市人口、生态环境、城市资源、城市土地与空间结构、城市能源、城市绿地系统和城郊边缘系统等 7 个方面。城市生态支持系统分析就是在现状评价的基础上，分析城市发展潜力，调控城市支持系统的结构、功能，提高限制因子容量，促进城市健康发展。

（4）城市空间结构和布局

通过对城市区域生态空间结构特征，包括自然地理特征、生态系统脆弱性、生态系统服务功能价值进行空间分析，结合相关评价，从宏观到微观及时间和空间角度，多尺度、多途径进行城市生态空间格局规划。基于城市生态敏感性、生态系统服务重要性等综合分析，提取重要的生态源、缓冲区、廊道和重要战略点，构建城市生态安全格局，引导城市空间合理布局。

（5）城市生态系统分区管理

通过生态分区规划实现不同空间尺度（宏观、微观）的生态单元调控管理，将市域生态系统划分为生态管护区、生态控制区和生态重建区，并进一步划分生态亚区和生态调控单元。

在宏观尺度，建立生态安全保障机构，进行城市土地开发强度控制，按环境功能区进行目标管理，实行污染物总量控制，采用生态环境建设的经济激励措施等。

在微观尺度，基于生态调控单元的调控与管理，分析其资源优势、生态问题和生态隐患，从资源利用、环境质量控制、污染治理、人口控制、开发强度控制、生态建设、产业控制等方面，制定生态控制导则，使规划成果具有可操作性并落到实处。

（6）城市生态规划信息集成系统

基于地理信息系统模块和用户界面的无缝结合，将规划中使用的大量空间数据和属性数据集成到统一的平台上，建立城市生态规划信息集成系统。该系统具有友好的用户界面和高度智能化的位置显示及记录功能，用户可以自行进行数据的更新和扩充，使系统更趋完善。同时系统具备一定的空间分析能力，可实现可视化管理和生态规划方案滚动更新。

二、低碳城市生态规划

1. 低碳城市及其特征

气候变化正对世界各国产生日益重大而深远的影响，受到国际社会的普遍关注，低碳发展日益成为全球共识。而城市是人类控制温室气体排放、实现低碳发展的"主战场"，以城市规划手段谋求城市的低碳发展已成为国内外大城市探索可持续发展路径的新趋势。

低碳城市，就是以低碳经济为发展模式，以低碳社会为建设目标，倡导绿色建筑，推行低碳生活的城市，实现城市的"清洁发展、高效发展、低碳发展和可持续发展"，同时改变生活方式、优化能源结构、落实节能减排方案、发展循环经济，最大限度减少温室气体排放和资源浪费。低碳城市关注和重视在经济发展过程中的代价最小化以及人与自然的和谐相处，它的核心目标是建设良好的生态环境和高效的城市经济，建设生态高度文明的城市，发展低碳产业，倡导和实践低碳生活，最终实现城市社会-经济-环境复合生态系统的整体和谐与可持续发展。

低碳城市规划和建设就是以经济增长为基础和前提，在城市规划的过程中，应最大限度减少能源的消耗量、二氧化碳的排放量。同时，还要积极发展新能源，进而实现整个城市经济的可持续发展。低碳城市的构成主要包括绿色能源、清洁技术、低碳规划、低碳建筑、低碳消费等方面。低碳城市的建设框架如图10-5所示。

2. 低碳城市评价

低碳城市指标体系的构建和应用是低碳城市建设、规划和决策过程的重要阶段，是由低碳城市理论转变为实践的中心环节。因此，构建低碳城市指标体系，有利于帮助决策者和公众了解城市低碳建设的总体情况，有利于监测城市低碳建设的动向，反映成绩与缺陷，为某时段低碳建设的调整、开展以及国民经济及社会发展规划的制订提供服务。

低碳城市与生态城市的主要区别与联系表现在以下方面：

① 从驱动力角度讲，"生态城市"的提出是迫于资源、环境的瓶颈性约束，而"低碳城市"的提出是由于全球碳排放空间制约和国际减排的压力；

② 从核心内容方面看，"生态城市"强调城市环境治理和资源高效利用，而"低碳城市"的核心内容是发展低碳技术、提高碳生产率（GDP碳强度）；

③ 在城市建设目标上，"低碳城市"应该是对"生态城市"的继承与发展，要在城市可

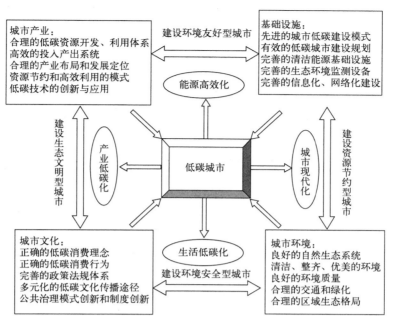

图 10-5　低碳城市建设框架

持续发展的框架下协调经济发展与温室气体排放，以应对气候变化。因此，对于低碳城市的研究与评价需充分体现"低碳"特征，也必须与生态城市区别对待。

低碳问题涉及环境保护、经济发展及生活状态等多方面内容，因此建立指标体系有很多不同的方法。有的方法指标之间可以相互补偿；有的方法可扩展性强，方便整体评价；有的方法科学性较强，但应用操作困难。这里主要介绍 2022 年 12 月中国技术经济学会正式发布的《绿色低碳城市评价技术要求》（T/CSTE 0286—2022）标准中低碳城市的评价指标体系（表 10-2）。

表 10-2　低碳城市评价指标体系

类别	子目标	指标	单位	全国城市	100 强城市
经济	优化产业结构,提高经济效益	人均 GDP	万元	6	12
		GDP 增速	%	8	10
		第三产业占 GDP 比例	%	50	60
		第三产业从业人员比例	%	55	65
	资源循环利用,提高能源效率	万元 GDP 能耗	吨标准煤	0.5	0.45
		能源消耗弹性系数		0.5	0.3
		单位 GDP CO_2 排放量	t	0.75	0.5
		新能源比例	%	15	20
		热电联产比例	%	100	100
	加大 R&D(研究与试验发展)投入,促进技术创新	R&D 投入占财政支出比例	%	3	5

类别	子目标	指标	单位	全国城市	100强城市
社会	保证低收入居民有能力负担住房支出	住房用地中经济适用房的比例	%	20	30
		人均住房面积	m^2	20	30
		土地出让净收入中,用于廉租房建设的比例	%	20	30
	提高人们的生活质量	人均可支配收入(城市)	万元	2.6	4
		恩格尔系数	%	30	6
		城市化率	%	50~55	55~60
	大力发展快速公交系统(BRT),引导人们利用公共交通出行	到达BRT站点的平均步行距离	m	1000	500
		万人拥有公共汽车数	辆	5	20
环境	提升整体城市的碳汇能力	森林覆盖率	%	35	40
		人均绿地面积	m^2	5	20
		建成区绿地覆盖率	%	40	45
	减少污染物排放量改善城市环境	生活垃圾无害化处理率	%	100	100
		城镇生活污水处理率	%	80	100
		工业废水达标率	%	100	100
	通过低碳设计,降低对气候的影响	低能耗建筑比例	%	50	0
		温室气体捕集与封存(CCS)比例	%	10	5

3. 城市温室气体排放清单

城市温室气体排放清单是量度一个城市空间地域内的经济、社会、环境体系在一段时间内的温室气体排放总量［包括6类温室气体,再以通用参数转换为"二氧化碳当量"(carbon dioxide equivalent,CO_2e)］。6类温室气体包括:CO_2、CH_4、N_2O、PFCs、HFCs、SF_6。

摸清城市碳排放底数并了解其演变规律,是实现双碳目标的基础,也可以提供具体制定应对气候变化问题政策的客观科学基础。

以《IPCC 2006年国家温室气体清单指南2019修订版》和《省级温室气体清单编制指南（试行）》(2011年)为依据,分别从能源消耗(CF_E)、工业生产过程(CF_P)、废物处理(CF_W)、农业生产(CF_L)、林业及其他土地利用(CC)方面核算城市的碳排放(单位10^4t)。其计算公式如下:

$$CD=(CF_E+CF_P+CF_W+CF_L)-CC$$

① 能源消耗部门碳排放(CF_E)。包括化石能源直接排放(CFE_1)和电力间接排放(CFE_2)两个部分。

② 工业过程(CF_P)。仅计算水泥生产过程中,原料转换成为硅酸盐水泥熟料时产生的CO_2。

③ 废物处理(CF_W)。释放温室气体核算采用一阶衰减法,主要包括城市固体废物和废水处理过程中产生的温室气体CO_2、CH_4、N_2O。

④ 农业生产(CF_L)。温室气体排放主要来自稻田CH_4排放(CFL_1)、动物肠道发酵CH_4排放(CFL_2)、动物粪便管理过程CH_4排放(CFL_3)及N_2O排放(CFL_4)、农用地N_2O排放(CFL_5)。

⑤ 林业及其他土地利用（CC）。城市区域内各种绿色植被的固碳能力，主要由森林（CC_F）、草地（CC_G）和农作物（CC_P）固碳能力构成。

城市碳排放核算中的相关研究数据，主要源自各年城市统计年鉴、能源统计年鉴、城市土地利用总体规划等，以及政府官网、部分期刊文献中的公开数据，个别年份缺失数据可通过插值法和趋势外推法获得。

4. 低碳城市规划重点内容

（1）优化能源结构，发展新兴能源

能源活动是最主要的碳排放源，优化能源结构至关重要。要实现碳达峰、碳中和目标，必须进一步调整能源结构，一方面需合理控制化石能源消费总量，提高化石能源利用效率，推进天然气等清洁能源代替煤、石油等能源。另一方面，积极发展风能、太阳能、生物质能等可再生能源。对于生产端而言，提高各行业煤炭利用效率，推动煤炭消费减量替代。对于生活端而言，提高居民日常电力、燃气等使用效率。

（2）优化城市布局

国土空间是实现"碳达峰、碳中和"目标的核心载体，产业、建筑、交通等重要排碳部门都离不开空间资源要素的有效配置。在对城市进行低碳规划和设计的过程中，必须要对城市的空间布局给予有效的关注。只有对整个城市的空间布局进行科学、合理的规划，才能让广大城市居民更好地在现代城市中的环境中生活，并为现代城市交通的科学和合理规划提供外部条件，进而有效改善城市的交通环境，给城市居民提供一个宜居的场所。就目前而言，我国在进行城市空间布局规划的过程中，基本上是采用团体集中的发展模式进行布局，只有少部分城市是结合地形限制而进行的规划。这主要是由于并未对城市的空间布局进行优化，进而致使整个城市形态在发展的过程中，出现无序蔓延的现象。因此，在低碳理念下对其进行规划的时候，必须要对整个城市的布局进行优化，以保证整个城市空间的合理性。急需通过制定规划技术政策，进一步强化空间紧凑发展，加强空间布局与交通的协调，优化城市功能组织，推动低碳社区建设，营造生态友好、低碳节能的低碳城市空间。具体为：①明确生态空间，划定生态保护红线，加强生态空间的刚性保护，控制城市建设无序蔓延；②加快研究、制定各类建设用地节约、集约利用标准，提高单位用地产出效益，形成土地节约、集约利用的长效机制；③加强空间布局与交通相协调，构建与城市空间结构相匹配的交通支撑体系，推行公交主导的空间发展模式，加强交通枢纽、地铁车辆段、轨道站点及公交场站等上盖空间的合理开发利用，适度鼓励用地功能混合；④优化城市功能组织，倡导综合体开发理念，建立综合单元发展模式；⑤制定各类地区低碳规划建设指导政策，推动低碳发展示范区建设，加快完善促进低碳社区建设的政策。

（3）低碳城市交通规划

在对城市交通进行规划的过程中，必须要结合城市的内部、外部等实际条件，进行有针对性的规划设计。在积极落实低碳环保理念的过程中，必须要全面、充分地考虑整个城市内部的交通条件，并在此基础上，对整个城市的公交系统进行完善，制订出科学的交通出行方案，进而有效减少二氧化碳的排放量。同时，在最大限度满足人们日常生活需求的基础上，通过建设快速轨道、完善其他公交系统等方式，以缓解城市的发展压力。最后，还要充分采用绿色节能技术，建设智能化、节能化的公交系统，最大限度减少二氧化碳的排放量，以实现城市的可持续发展。需进一步完善轨道交通建设，提高公共交通出行比例。此外，还需完善非机动车道、步行道等慢行系统，为绿色出行提供更多便利条件，如修建自行车专用道连接居住区和商业区、产业区等，减少通勤中的机动车出行比例。此外，还可推广新能源汽车应用，加强新能源汽车配套建设，减少机动车能源消耗。

在进行城市交通规划的过程中，必须要积极构建一个全体市民共同参与的协调机制，以更好地保障现代城市交通中的绿色性能。同时，这一举措还在很大程度上提升了人民群众的综合素质，提高了其低碳环保的意识，更好地促进了城市的可持续发展。

（4）节能建筑规划

不断完善节能建筑的相关法律法规，逐渐建设一套完善的节能型建筑设计评价系统，进而制定出更加明确的节能型建筑量化标准。对节能建筑规划设计中有关的供热计量控制技术等进行深入研究，进而不断扩大可再生能源、低耗技术、新能源的使用范围等。基于碳中和目标的绿色建筑发展导向，要大力推广装配式建筑，特别是公共建筑（如会展中心）、临时建筑（如竞技、演艺、防疫场所），可降低工人劳动强度，减少建筑垃圾排放，提高建设效率和经济性能。其次，要积极应用新材料新技术，在机电、幕墙、管线、空调采暖、雨污排放、地下空间利用等环节或情景应用绿色设计、本土材料和可再生能源。再有，要倡导柔性定制、系统集成的可持续设计策略，将数字化转型理念贯穿建筑工业全产业链，更好应对后疫情时代灵活多变的城市发展与社会需求。

（5）合理规划城市低碳产业

在进行低碳城市规划和设计的过程中，还必须要注重当前城市发展的产业结构，并对传统的产业结构进行调整和优化，进而促进城市企业良性发展。首先，应切实结合城市发展的实际情况，对传统产业结构进行优化，努力建设一个具有城市发展特色的低碳工业产业园，并将城市中每一个企业都融入该产业链中。同时，还要为低碳产业的发展创造一个良好的外部环境条件，例如，建设合理的交通结构、完善各类基础设施等，进而促使更多的企业积极参与到低碳产业中。其次，对城市现代产业结构进行升级，尤其是针对一些消耗大、污染大的产业，必须要将其作为升级和优化治理的重点，进而促进现代城市可持续发展。最后，积极推进清洁能源产业化，以太阳能、风能、生物质能等清洁、可再生的能源作为主要的发展方向，大力推进清洁能源的开发和发展力度，通过制定城市规划技术政策，深入推进产业结构调整、产业布局优化和产业能级提升，引导产业发展低碳转型。

（6）加强蓝绿生态系统建设，增强碳汇能力

减少城市碳排放的同时，加强碳汇系统建设，促进碳吸收。推进以生态为导向的发展模式，注重人的感受和满意度，进行"生产、生活、生态"三生空间建设，把生态理念贯穿于规划-建设-经营-管理全过程，使生态真正有效落地，把城市的发展和人们的发展始终作为规划和开发建设的出发点和落脚点，实现真正可持续发展。继续强化城市生态环境保护和建设的规划技术政策，严格保护城市碳汇空间，提升碳汇能力和气候调节能力。具体包括：①加强城乡碳汇空间的规划控制，构建以森林生态系统为核心、以城市公园绿地系统为节点、以生态绿廊为纽带的多层次、开放型城乡一体的碳汇网络体系，提高城乡碳汇空间的生态服务功能。②开展碳汇森林维育工程、增汇试验示范基地工程以及公众造林增汇推广工程，基于森林碳汇区与森林公园建设，开展森林碳增汇示范工程。③开展城市大公园碳汇计划。通过优化、完善林分空间结构和增加绿量等措施，提升大公园的碳汇能力。④设立森林碳汇计量、监测评估专业机构，负责造林、森林管理等森林碳汇的计量、监测评估工作，加大对碳汇研究的科技投入，提升碳汇农业和碳汇林业的科技水平。

三、韧性城市生态规划

1. 韧性城市

（1）韧性城市的概念

韧性（resilience），通常翻译为"弹性""复原力"等。韧性城市是"韧性"理念在城市规划建设领域应用的结果，是一个当前全球非常热门的概念。20 世纪 60 至 70 年代以来，韧性概念开始被一些生态学家采用，其中加拿大生态学家霍林（Holling）围绕生态系统的动态平衡特点提出了"生态韧性"的相关概念及理论体系，主要指当生态系统受到外部干扰而远离原有平衡状态时的自身重组能力、适应恢复到稳定状态的速度和能力。20 世纪 90 年代起，韧性概念开始向人类学、灾害学、经济学、社会学、城乡规划等社会科学领域过渡，并得到了快速推广和发展，产生了大量相关研究成果。正是在这种演变背景下，自 20 世纪末到 21 世纪初，为了应对越来越严峻的气候变化形势和多发的城市自然灾害，2002 年，全球最大的致力于推进可持续发展的城市和地方政府合作组织宜可城-地方可持续发展协会（ICLEI）首次提出"城市韧性"（urban resilience）议题，并将其引入城市与防灾研究，旨在增强城市系统对气候变化和灾难风险的综合应对能力。这一概念一经产生，就得到了联合国人居署、联合国防灾减灾署、经济合作与发展组织、韧性联盟等国际社会和相关研究机构的热烈响应，产生了广泛而深远的影响。例如，联合国 2015 年发布的《联合国 2030 年可持续发展议程》中多处明确提出"加快韧性基础设施建设""建设更加包容、安全和韧性的城市和居住区""增强社会韧性，降低贫穷者面对气候灾难和诸多冲击灾难的脆弱性"等具体发展目标。2016 年，第三届联合国住房和城市可持续发展大会发布《新城市议程》，直接将"韧性城市"作为未来城市建设的核心目标。截至目前，城市韧性抑或韧性城市，已经成为城市建设、规划、管理和治理研究的一个前沿焦点议题，也成为全球各大城市防范风险的战略路径和政策工具。韧性城市"在面对灾难和风险时保持足够抵御力、适应力和功能快速恢复力，最大程度降低灾难的易损性，使生活和工作在城市中的人们，特别是穷人和弱势群体，无论遇到什么压力或冲击，都能保持生存和繁荣的城市"的这一基本内涵，还是得到了学界的普遍认可。

（2）韧性城市的特征

韧性城市应当具备适应性、冗余性、多样性、稳健性、恢复能力与学习能力六项基本特征。其中，适应性即本体为适应外界环境的变化而调整本体的功能或结构；冗余性是指系统具有多个相同功能的组成要素，以增加系统的可靠性；多样性是指系统内功能不同的部件，在外界环境改变或遭受多种威胁的情况下，能够形成多元解决问题的能力；稳健性是指系统在遭受扰动时，积极应对外部变化的能力；恢复能力是指系统在遭受外部扰动后，恢复原有状态或功能的能力；学习能力是指系统从历次冲击或扰动中，汲取有效的应对措施，以应对未来外界环境变化的能力。

（3）城市生态韧性

2016 年 10 月，联合国住房和城市可持续发展大会将"城市生态韧性"作为大会城市与生态环境领域的政策单元，提出城市可持续发展的生态目标是"环境可持续和具有韧性的城市"。城市生态韧性建设正式成为推动可持续发展的重要内容。基于《新城市议程》中关于城市生态韧性的愿景，将"城市生态韧性"定义为：城市生态系统在应对压力和扰动时，能够承受冲击，并随着时间的推移能够达到平衡系统状态的适应能力。

2. 以生态韧性为核心的韧性城市评价

（1）基于生态环境维度构建的韧性城市评价体系

作为城市韧性的重要维度，生态韧性的评价测度有助于将理论有效转换到城市建设中来，为城市的建设、规划、管理等提供参考依据。目前关于城市生态韧性的评估尚无明确的标准，专家学者们大多从系统框架的角度出发，衡量不同城市韧性的组成，将生态韧性作为城市韧性评估中的一个指标。例如 Mayunga 探讨了量化社区韧性的五种基本形态，分别为社会资本、经济资本、物质资本、人力资本以及自然资本，其中自然资本是自然资源和生态系统的稳定性。Shaw 等通过物理、社会、经济、制度和自然 5 个维度构建城市气候灾害韧性指标。Schlör H 等学者则更关注城市公共空间韧性，他提出了城市韧性联结指数评估框架，由生产效率、基础设施、生活质量、公平程度和生态可持续性构成。在国内，孙阳、张落成等从生态环境、市政设施、经济和社会发展 4 个方面选取 24 个具体指标，对长三角地区 16 个地级城市韧性程度及其空间状态做出评价。吴菊平等从社会、经济和生态 3 个视角选取森林覆盖率、生态用地占比、人口密度等 15 个三级指标构建滇中城市群城市韧性测度指标体系。从分析方法来看，将生态韧性作为评价城市韧性体系的一般要素进行量化的评价方法，以定性描述分析居多。

根据评价侧重点的不同，可大致分为基于生态环境维度的相关指标研究和基于生态系统属性的生态韧性潜力研究。早期，国内外学者从生态环境组成要素、敏感指数等方面出发构建了韧性评价指标。近年来随着大数据以及地理信息技术的发展，部分学者开始探索基于生态系统属性的生态韧性研究，从生态承载力、生态脆弱性、生态适应能力、生境质量、生态网络连通性等角度进行生态韧性评价，以反映生态系统的自我抵抗能力或遭到干扰后的自我恢复能力。此外，在多学科融合发展的背景下，有学者结合环境科学、景观生态学等多种学科对城市韧性进行评价。基于景观生态学的城市韧性评估，可以了解生态系统的动态变化，并准确显示各种生态影响的空间分布及变化特征。基于生态环境维度构建的韧性城市评价体系见表 10-3。

表 10-3　基于生态环境维度构建的韧性城市评价体系

研究对象	理论方法	度量指标
美国南达科他（South Dakota）州草原地区	景观格局指数	平均面积指数、斑块密度、最大斑块指数、平均邻接度、连接度
北京市	主成分分析	森林覆盖率、水资源、气候、土壤
长江中游城市群	综合评价、障碍度模型	万元 GDP 工业废水排放量、一般工业固体废物综合利用率、建成区绿化覆盖率、人均公园绿地面积、生活垃圾无害化处理率
京津冀城市群	多指标综合评价法、耦合协调度模型、空间自相关模型	工业废水排放量、工业固体废物综合利用率、建成区绿化覆盖率和公园绿地面积
长三角城市群	组合赋权法	城市绿化、环境治理、废物利用、垃圾处理、电力压力

（2）基于"压力-状态-响应"（PSR）的城市生态韧性评估

PSR 模型强调人类活动和自然环境之间的相互作用：自然灾害或人类活动对生态环境施加了一定的压力，生态系统因此压力而发生改变，而人类面对环境的变化应采取措施以提高生态系统自组织能力，维持生态环境稳定。有研究认为，城市的生态系统为城市降低风险冲击提供了良好的空间和途径，而生态韧性是压力、状态及响应三者协同影响的结果。城市在发展过程中不可避免地会遭遇来自人类活动或自然灾害的干扰，良好的生态环境状态可以及时抵御风险，减少对人居环境的冲击，生态状态越好其抵御风险的能力也越强，即城市生态的响应能力越强。

从景观生态学格局-过程的理论视角出发，可以对城市生态韧性的过程作如下理解：城市生态空间日趋紧密是城市韧性面临的重要威胁，粗放的扩张式建设使自然景观被压缩，生态空间连通性变差，生态系统服务能力降低，导致城市抵抗外来冲击的能力减弱，生态韧性降低。如图10-6所示，"压力-状态-响应"模型可以较好地解释生态韧性发挥作用的过程，即城市面临的生态系统风险、生态系统承受风险时的状态、城市生态系统支撑城市发展和防范化解风险的能力。基于此，城市生态韧性评估的三个重要维度是生态风险、生态系统状态、生态系统响应潜力。其中"压力"是指区域生态风险，描述环境污染、人类活动和自然灾害等对生态系统功能、结构、完整性、可持续性等产生的影响。景观生态风险模型通常选择整个区域的土地景观类型作为研究对象，对区域生态风险进行定量测度，重点评估人类活动对生态系统产生的潜在风险以及产生的结果，可以用来测度"压力"。"状态"是指城市生态环境质量，即生态系统自身稳定性和脆弱性的情况。生境质量是衡量一个地区生态环境状况的重要指标，反映环境提供给人类或其他生物的各种资源和条件状况，被认为是区域生物多样性和生态系统服务的重要表征，生境质量越好，则生态系统的状态越好，故选择生境质量作为"状态"的测度指标。"响应"是生态系统在应对风险时调动自身资源以抵抗、适应并恢复稳定状态的能力。抵抗力稳定性是生态系统面对风险时抗击外力的能力，生态系统抵抗力与其生态系统服务功能密切相关。生态系统为人类提供气候调节、固碳释氧、文化娱乐等服务，可以在城市面临风险时提供支撑，是维持城市系统运行的基础；恢复力稳定性是生态系统在受到外界干扰后恢复原状的能力，即生态弹性。选择生态系统价值和生态弹性模型作为测度生态韧性"响应"能力的指标。

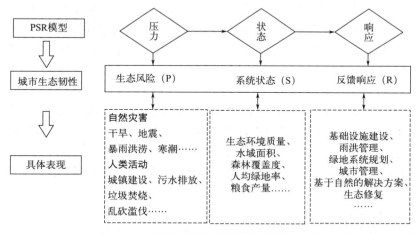

图10-6 PSR模型与城市生态韧性的关系

基于"压力-状态-响应"生态韧性评估模型框架较为清楚地阐述了人类-生态复合系统可持续变化的因果关系，即人类对生态系统施加压力，使生态系统状态发生变化，而生态系统的抵抗力和恢复力机制对此做出应对，以维持整个系统的平衡。生态韧性是受压力、状态、响应三个因素的综合影响，三个评价指标对评价目标的效用相对较为独立。因为每个指标都选择不同的因素进行量化，所以需要将每个指标的值进行标准化处理，生态韧性评估模型表达式如下：

$$ER = \sqrt[3]{P \times S \times R}$$

其中，ER 表示生态韧性指数，P 为生态压力值，S 为生态状态值，R 为生态响应值。ER 越大，表示生态韧性越好。因为生态压力值为负向指标，需对其进行负向指标标准化处理，使所有数据都位于 0 到 1 之间，将负向指标的越小越好也转化为和正向指标一样的越大越好。

城市生态韧性综合测度如图 10-7 所示。

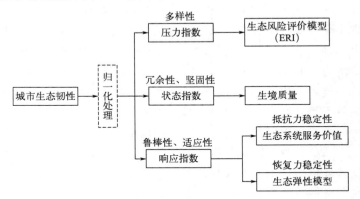

图 10-7　城市生态韧性综合测度

3. 可持续的韧性生态城市规划策略

基于本底辨识，首先明确城市区域土地利用景观格局及生态韧性现状，划分区域生态韧性空间等级；其次确定规划目标，识别重要生态保护区域和受损生态区域；强调基于自然的解决方案，以山水林田湖草沙全要素治理为目标，进行各类型生态保护修复专项规划；最后，从压力、状态、响应三个角度出发，开展生态韧性建设工作。将韧性城市规划理念反馈到各层级国土空间规划，通过国土空间规划及专项规划来保证空间落实；同时，在国土空间规划中进行城市韧性建设专题研究，有助于提升城市应对不确定性风险、慢性压力的能力，弥补国土空间规划在动态适应、应急策略、国土治理等方面的不足，两者形成有效互补，共同促进生态安全城市建设。

（1）"压力"的修复与治理

正确认识城市面临的风险，对韧性城市建设具有重要意义。城市规划中不仅要对突发灾害有所准备，还需要重视城市发展中逐渐积压的慢性压力，因此，需要对城市系统的"压力"源进行判定和监测。传统的工程系统规划强调灰色基础设施的建设，生态韧性规划中将生态空间和工程设施建设相结合，把单一的工程性建设转变为以修复、恢复生态空间为主的韧性措施。

（2）"状态"质量提升

根据对生态韧性的评估，可以发现研究区内制约生态韧性发展的主要因素。需要加强城市区域生态环境质量，增强生态空间连续性、完整性。生态网络是支撑生态系统可持续运行的重要保障，合理的生态网络可以增强各生态空间之间的连通性，提高生态系统功能，增强城市生态韧性，通过生态网络的构成要素——生态基底、斑块、廊道等，针对性优化生态空间，对于提高生态系统质量、增强生态韧性理念落地性具有重要意义。

（3）"响应"效率优化

随着城市建设规模的增大，城市运行支撑系统日益复杂，传统的城市管理系统面对不确定性风险，难以迅速做出反应，需要优化生态系统对风险的响应效率，使其快速恢复至平衡状态，有助于降低风险对城市的冲击。从韧性系统的鲁棒性、高效性出发，基于城市生态空间体检、智慧化系统建设，提出"响应"效率优化措施。建立城市生态体检指标体系，对生态空间进行多层面评估，增强生态韧性鲁棒性。一方面有助于检验城市生态建设和绿色空间发展水平，做到"防患于未然"；另一方面，可以提高生态效益，使生态空间建设达到低经济投入，高生态产出目标，为区域生态韧性的增强提供支持与保障。首先基于大数据，建立基础数字化信息平台，对建成区内绿色基础设施建设情况、管理情况、规划成果等进行登记，实现蓝图式管理向动态化管理的转变；其次，提出生态指标、健康指标、经济指标和建设指标四大类评价指标，作为生态空间评价指标。加强生态空间服务市民能力的评价，如便捷性、舒适性、整体景观格局等，促使生态空间规划向"人本位"转变。

（4）多尺度韧性城市空间规划测量

总体规划层面，强调对全域开发保护工作的战略统领作用，规划内容包括市域层面的空间格局优化、底线约束强化、空间结构优化和生态空间修复等。通过优化生态空间、农业空间和城镇空间的整体格局，降低气候变化引起的各类自然灾害风险，减少危化品产用过程中泄漏或爆炸等事故灾害对城市居民安全的影响。单元规划层面，侧重于突出对公共利益和公共资源的保障。结合韧性城市思想，单元规划在安排市政设施、公服设施、避难设施和开放空间等的布局和功能时，应兼顾正常和受灾情形下的系统功能状态和居民服务需求，提高灾害过程中居民的基本公共服务可获取水平，提出适应灾害的城市空间布局和功能组织模式，优化公共服务设施、市政基础设施、防灾避难设施和安全开放空间的总体布局。详细规划层面，重点是对各地块的开发利用模式和各类基础设施的建设实施做出指引，主要体现在控制和引导土地利用、公服及市政设施配置、建筑建造和设计、居民行为活动等方面。侧重于深化与居民基本公共服务需求相关的各类建筑、设施的平灾结合规划设计，提高应对各类扰动的适应能力。

以上海市为例，韧性城市的国土空间规划应对策略如图10-8所示。

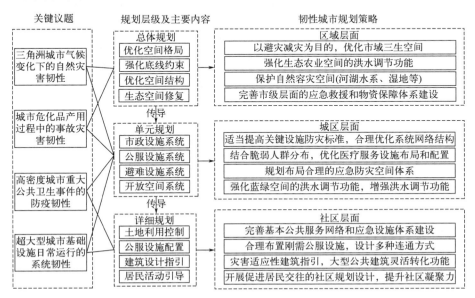

图10-8 上海韧性城市的国土空间规划应对策略

（引自颜文涛等，2022）

◆ 思考题 ◆

1. 与自然生态系统相比，城市生态系统有何特点？

2. 城市问题的生态学实质是什么？如何进行城市生态调控？

3. 如何理解城市生态规划的主要内容和步骤？

4. 为什么说国土空间是实现"碳达峰、碳中和"目标的核心载体？

5. 韧性城市有哪些基本特征？

◆ 参考文献 ◆

［1］ 沈清基. 城市生态与城市环境［M］. 上海：同济大学出版社，1998.

［2］ 王祥荣. 生态与环境——城市可持续发展与生态环境调控新论［M］. 南京：东南大学出版社，2000.

［3］ 沈清基. 城市生态规划若干重要议题思考［J］. 城市规划学刊，2009，2：23-30.

［4］ 王如松，周启星，胡聃. 城市生态调控方法［M］. 北京：气象出版社，2000.

［5］ 张泉，叶兴平. 城市生态规划研究动态与展望［J］. 城市规划，2009，33（7）：51-58.

［6］ 徐建刚，宗跃光，王振波. 城市生态规划关键技术与方法体系初探［C］. 城市发展与规划国际论坛论文集，2008.

［7］ 杨志峰，何孟常，毛显强，等. 城市生态可持续发展规划［M］. 北京：科学出版社，2004.

［8］ 邵超峰，鞠美庭. 基于 DPSIR 模型的低碳城市指标体系研究［J］. 生态经济，2010，10：95-99.

［9］ 熊健，卢柯，姜紫莹，等. "碳达峰、碳中和"目标下国土空间规划编制研究与思考［J］. 城市规划学刊，2021，4：74-80.

［10］ 修春亮，魏冶，王绮. 基于"规模-密度-形态"的大连市城市韧性评估［J］. 地理学报，2018，73（12）：2315-2328.

［11］ 颜文涛，任婕，张尚武，等. 上海韧性城市规划：关键议题、总体框架和规划策略［J］. 城市规划学刊，2022（03）：19-28.

第十一章
产业生态规划

产业是一个地区社会经济发展的重要载体和支持。区域产业发展一方面受所在区域的自然环境和自然资源的影响，另一方面，产业的发展模式、结构与规模也对区域生态环境产生重要的影响。目前我国正处于经济发展的转型阶段，经济快速发展背景下如果沿袭传统的发展模式，资源将难以为继，环境将不堪重负。开展产业生态规划，对于维护区域自然环境和资源的可持续利用，以及社会经济的持续发展具有十分重要的意义。

第一节　经济转型与产业生态规划

一、经济转型

经济转型指的是资源配置和经济发展方式的转变，包括发展模式、发展要素、发展路径等的转变。从国际经验看，不论是发达国家还是新型工业化国家，无一不是在经济转型升级中实现持续快速发展的。

按转型的状态划分，可分为体制转型和结构转型。

（1）体制转型

指从高度集中的计划再分配经济体制向市场经济体制转型。体制转型的目的是在一段时间内完成制度创新。

（2）结构转型

是指从农业的、乡村的、封闭的传统社会向工业的、城镇的、开放的现代社会转型。结构转型的目的是实现经济增长方式的转变，从而在转型过程中改变一个国家和地区在世界和区域经济体系中的地位。经济结构包括产业结构、技术结构、市场结构、供求结构、企业组织结构和区域布局结构等等。因此，结构转型又包括产业结构调整、技术结构调整、产品结构调整和区域布局结构调整等。

二、生态产业与循环经济

1. 生态产业

生态产业是按生态经济原理和知识经济规律组织起来的基于生态系统承载力、具有高效的经济过程及和谐的生态功能的网络型进化型产业。它通过两个或两个以上的生产体系或环节之间的系统耦合，使物质、能量能多次利用、高效产出，资源环境能系统开发、持续利用。企业发展的多样性与优势度，开放度与自主度，力度与柔度，速度与稳定度达到有机结合，污染负效应变为正效益。与传统产业相比较，具有显著特征。

生态产业实质上是生态工程在各产业中的应用，从而形成生态农业、生态产业、生态三产业等生态产业体系。生态工程是为了人类社会和自然双双受益，着眼于生态系统，特别是社会-经济-自然复合生态系统的可持续发展能力的整合工程技术。促进人与自然调谐，经济与环境协调发展，从追求一维的经济增长或自然保护，走向富裕（经济与生态资产的增长与积累）、健康（人的身心健康及生态系统服务功能与代谢过程的健康）、文明（物质、精神和生态文明）三位一体的复合生态繁荣。

2. 循环经济

循环经济是指一种以资源的高效利用和循环利用为核心，以"减量化、再利用、资源化"为原则，以低消耗、低排放、高效率为基本特征，符合可持续发展理念的经济增长模式。它是对"大量生产、大量消费、大量废弃"的传统增长模式的根本变革。循环经济作为一种科学的发展观，一种新的经济发展模式，具有自身的独立特征，具体表现在以下几个方面。

（1）新的系统观

循环经济观要求人在考虑生产和消费时，将生态系统建设作为维持大系统可持续发展的基础性工作来抓。

（2）新的经济观

在传统工业经济的各要素中，资本在循环，劳动力在循环，而唯独自然资源没有形成循环。循环经济观要求运用生态学规律，不仅要考虑工程承载能力，还要考虑生态承载能力。在生态系统中，经济活动超过资源承载能力的循环是恶性循环，会造成生态系统退化；只有在资源承载能力之内的良性循环，才能使生态系统平衡地发展。

（3）新的价值观

循环经济观在考虑自然时，不再像传统工业经济那样将其作为"取料场"和"垃圾场"，也不仅仅视其为可利用的资源，而是将其作为人类赖以生存的基础，维持良性循环的生态系统；在考虑科学技术时，充分考虑到它对生态系统的修复能力，使之成为有益于环境的技术；在考虑人自身的发展时，不仅考虑人对自然的征服能力，而且更重视人与自然和谐相处的能力，促进人的全面发展。

（4）新的生产观

循环经济观要求在生产中尽可能地利用可循环再生的资源替代不可再生资源，如利用太阳能、风能和农家肥等，使生产合理地依托在自然生态循环之上；尽可能地利用高科技，尽可能地以知识投入来替代物质投入，以达到经济、社会与生态的和谐统一，使人类在良好的环境中生产生活，真正全面提高人民生活质量。

（5）新的消费观

循环经济观提倡物质的适度消费、层次消费，在消费的同时就考虑到废弃物的资源化，建立循环生产和消费的观念。同时，循环经济观要求通过税收和行政等手段，限制以不可再生资源为原料的一次性产品的生产与消费，如宾馆的一次性用品、餐馆的一次性餐具和豪华包装等。

三、基于循环经济的产业生态规划

生态产业是产业发展的最终理想模式，但在相当长一段时间内区域的产业不可能都是生态产业，而是面向循环经济的产业生态转型，包括传统产业的转型和新兴产业的孵化。因此，产业生态规划就是要通过从产品经济走向服务经济的功能导向、从链式经济走向循环经济的纵向闭合、从竞争经济走向共生经济的横向联合、从厂区经济走向园区经济的区域耦合、从部门经济走向网络经济的社会复合、从自然经济走向知识经济的软硬磨合、从刚性生产走向柔性生产的自我调节、从减员增效（效率）走向增员增效（效率加效用）的就业结构调整，系统推进区域的产业革命，探索高效和谐发展地方经济的新型产业化模式。

产业生态规划涉及不同的尺度，包括宏观尺度的区域产业生态规划、中观尺度的产业园区生态规划、微观尺度的企业生态规划与设计。

区域产业生态规划是区域（政区）产业结构优化调整和空间布局的重要手段，通过区域产业生态规划将区域国土资源规划、区域建设规划、区域生态环境保护规划和区域社会经济发展规划融为一体，构建生态化的一、二、三产业体系，促进区域持续发展。

产业园区生态规划是在一定的园区范围内，以生态承载力为基础，根据特定的发展主题，按照循环经济的基本原则，通过选择、组装和集成产业链体系或企业集群，对主体产业和共生产业进行优化配置和空间布局，构建一个结果协调、功能完善、资源节约、环境友好的产业发展体系。

企业生态规划与设计是针对具体企业及其产品，按照产业生态学理论对企业的生产工艺以及从原料、产品的生产、销售、使用、回收等全过程进行评价和设计，是实现环境友好型生产和消费的重要途径之一。

第二节　区域产业生态规划

区域产业生态规划是以循环经济为发展目标，以产业生态化为主导而制定的区域产业结构调整与优化及其空间布局的规划。规划包括区域产业发展现状、社会经济状况和资源环境状况调查与分析、产业发展趋势预测、规划总体目标与具体指标的确定、初步规划方案的形成与评价、最终方案的确定与实施等内容。

一、区域产业发展现状分析

1.产业结构分析

产业结构指国民经济中各产业部门之间的相互关系，包括国民经济各产业之间在生产规模上的相互比例和各产业之间的相互关联方式两方面内容。对区域产业结构的分析应围绕产业结构的合理性展开，重点分析影响区域产业结构的因素、产业结构合理化的条件、产业结构演化趋势等问题。

（1）影响产业结构的因素分析

影响区域产业结构的因素主要包括区域的资源状况（自然资源和人文资源）、社会消费、科技发展水平、区域原有的基础与传统，以及区际联系与区域分工等。

（2）产业结构合理化条件分析

分析区域产业结构是否合理应该从是否充分利用区域资源、产业的技术结构是否合理、各产业部门之间的关联协调如何、区域产业结构是否具有转换和应变能力，以及区域产业结构的结构性效应等方面进行分析。

（3）产业结构演化趋势分析

区域产业结构演化的趋势，一方面与区域经济成长阶段有密切的关联，即区域经济的成长和发展演替过程也是产业结构的变化过程；另一方面，国家产业政策、区域资源供应状况的变化、产业部门的技术生命周期及市场容量等对区域产业结构的演化趋势都有重要的影响。

2. 主导产业分析

主导产业指处于领先地位，能引导和带动区域经济发展的产业。确定主导产业对区域经济发展具有重要意义，它作为社会经济中起支柱作用的产业部门，能带动区域社会经济实现较快发展，同时，主导产业是随着产业结构演变和市场变化而有不同的发展阶段，它的结构导向作用有利于实现区域经济结构的转换升级。

与主导产业概念相近的还有优势产业、支柱产业等。优势产业是指在区域经济总量中占有一定的份额，运行状况良好，资源配置基本合理，在一定时间和空间范围内具有较高投入产出比的产业。支柱产业指在产业结构总产出中占有较大比例，在国民经济中占有重要地位的产业。它是主导产业的进一步发展，是经历漫长的生长、发育、竞争、淘汰和成熟过程才形成的，更强调某一产业在整个经济总量中所占的份额和对相关产业的带动作用。

主导产业的判断要从其对区域发展目标的贡献大小和综合竞争能力两方面进行。在分析方法上可以选择投入产出分析方法、层次分析法、主成分分析法、约束条件分析法、相对比较优势度分析法、SWOT分析法等。

二、产业结构优化与调整

产业结构优化与调整是指推动产业结构合理化和高度化发展的过程。产业结构合理化主要依据产业关联技术经济的客观比例关系来调整不协调的产业结构，促进国民经济各产业间的协调发展；产业结构高级化主要是遵循产业结构演化规律，通过创新加速产业结构向高级化演进。

1. 产业结构优化调整的原则

① 坚持以国家产业政策为导向的原则。要严格执行国家产业政策，关停并转国家明令禁止的产业、淘汰的技术、污染严重又无力治理的行业和严重浪费能源、资源的产业、产品。大力发展当前国家重点鼓励发展的产业、产品和技术。

② 坚持科技进步和技术创新原则。始终把科技进步和技术创新作为产业结构调整的第一推动力，促进企业建立技术创新机制，搞好引进技术的消化吸收，用先进适用技术改造传统产业，大力开发高技术含量、高附加值的新产品。

③ 坚持可持续发展原则。要树立科学的发展观，产业结构调整必须有利于资源的深度开发、综合利用和生态环境的保护。大力发展绿色产业、环保节能产业和循环经济，提高资源利用率，努力实现经济、社会与生态效益的和谐发展。

④ 坚持企业为主体、市场机制运行和政府优质服务相结合的原则。企业是市场竞争的主体，也是产业结构调整的主体。中小企业应主动捕捉市场信息，根据市场需求主动进行调整。同时，政府要加强指导、协调和服务，充分运用市场机制和经济手段为产业结构调整创造良好的外部环境，保证调整目标的实现。

⑤ 坚持发展特色经济原则。产业结构调整要因地制宜，以产品结构调整为重点，充分发挥本地资源、经济、市场、技术等方面的比较优势，突出重点，发展特色经济，培育和壮大产业集群、专业化生产和流通基地，逐步形成具有竞争优势和区域特色的主导产品和支柱产业。

2. 产业结构调整的方向和重点

① 巩固和加强农业基础地位，加快传统农业向现代农业转变。

② 加强能源、交通、水利和信息等基础设施建设，增强对经济社会发展的保障能力。

③ 以振兴装备制造业为重点发展先进制造业，发挥其对经济发展的重要支撑作用。

④ 加快发展高技术产业，进一步增强高技术产业对经济增长的带动作用。

⑤ 提高服务业比重，优化服务业结构，促进服务业全面快速发展。

⑥ 大力发展循环经济，建设资源节约和环境友好型社会，实现经济增长与人口资源环境相协调。

⑦ 优化产业组织结构，调整区域产业布局。

⑧ 实施互利共赢的开放战略，提高对外开放水平，促进产业结构升级。

三、产业发展目标与指标

在对区域产业结构现状分和发展趋势预测的基础上，需要进一步明确区域产业发展的总体定位和结构调整的总体目标，以及产业内部各部门发展目标和比例，具体的经济、社会、环境控制指标。

1. 总体目标

① 充分发挥区域资源优势。

② 实现产业结构的整体性与系统性。

③ 实现产业结构的先进性。

现阶段我国区域产业发展的具体目标就是推进产业结构优化升级，促进一、二、三产业健康协调发展，逐步形成农业为基础、高新技术产业为先导、基础产业和制造业为支撑、服务业全面发展的产业格局，坚持节约发展、清洁发展、安全发展，实现可持续发展。

2. 产业发展规划的指标体系

指标体系是以产业发展总体目标为依据，同时又是总体目标的具体反映。包括产业发展结构指标、经济指标和生态环境指标，每个大类指标又可分为许多次一级的指标（表 11-1）。

表 11-1　区域产业发展规划指标体系

项目		具体指标
区域产业总体定位		优势产业、支柱产业、主导产业
产业结构比例		结构比例、三次产业内部各部门产业发展次序与结构比例
产业发展经济指标		年增长率、GDP、人均 GDP、人均纯收入
生态环境指标	农业	无公害食品、绿色食品或有机食品的比例,化肥与农药使用量,秸秆综合利用率,畜禽粪便综合利用率,农村新能源比重,生态农业推广应用比例等
	工业	单位 GDP 能耗、水耗及"三废"排放量,"三废"排放达标率,水循环利用率,固废综合利用率,企业通过标准认证比例,环保投入比例等
	服务业	单位 GDP 能耗、水耗及"三废"排放量,"三废"排放达标率,水循环利用率,卫生质量达标率,服务满意度,企业通过绿色标准认证比例,环保投入比例等

四、产业发展规划

1. 生态农业发展规划

区域生态农业发展规划主要是应用社会-经济-自然复合生态系统理论、景观生态学和循环经济的方法，结合区域生态环境资源特点与发展的具体目标，构建空间合理、生态稳定和经济效益高的区域农业生产体系。

生态农业规划的基本目标是：①合理利用资源，注重物质和能量的多层分级利用，系统的物质循环和能量转换效率高；②注重对系统有机能的投入，减少化肥、农药及不可再生能源的输入，保持系统输入输出的动态平衡；③系统结构稳定，抗逆性强；④经济有效、生态可行、技术合理。

（1）生态农业模式

生态农业是根据生态学原理和经济学原理，运用现代科技成果和现代管理手段，结合传统农业的经验，推进各种农业资源高效流动，以此实现节能减排与增收的目的，促进现代农业低碳可持续发展。生态农业模式是指以农业可持续发展为目的，按照生态学和经济学原理，根据地域不同，利用现代技术，将各种生产技术有机结合，建立起来的有利于人类生存和自然环境间相互协调，实现经济效益、生态效益、社会效益的全面提高和协调发展的现代化农业产业经营体系。保护环境、合理有效地利用资源、实施生态农业发展是我国农业发展的基本政策。合理选择、利用适合当地发展水平的生态农业模式是成功实施生态农业的前提和重要保障。我国幅员广阔，地理条件复杂，农业资源和生态类型多样，自然环境和社会经济条件的区域差异显著，所适用的生态农业模式也各不相同。

生态农业建设的核心与重点分别是景观生态规划、循环系统设计和生物多样性关系组建。生态农业模式基本类型中，景观模式与景观生态规划对应，循环模式与循环系统设计对应，群落立体模式、种群食物链模式和品种搭配模式则与生物多样性关系组建相关，如表 11-2 所示。

表 11-2　生态农业模式的基本类型（骆世明，2009，略有改动）

生态学层次	模式基本类型	分类型	举例
生态景观	景观模式	生态安全模式 资源安全模式 环境安全模式 产业优化模式 环境美化模式	农田防护林、水土流失治理 集水农业、自然保护区设置 污染土地修复、污染源隔离 流域布局、农田作物布局 乡村绿化、道路景观设置
生态系统	循环模式	农田循环模式 农牧循环模式 农村循环模式 城乡循环模式 全球循环模式	秸秆还田 猪-沼-果、四位一体 卫生厕所、农家肥-沼气-农田 加工副产物利用、城市有机垃圾利用 碳汇林营建
生物群落	立体模式	山地丘陵立体模式 农田平原立体模式 水体立体模式 草原立体模式	果草间作、橡茶间作 桐农间作、作物轮间套作 鱼塘立体养殖 饲料植物混合种植、家畜混养与轮牧
生物种群	食物链模式	食物链延伸模式 食物链阻断模式	腐生食物链（沼气、食用菌、蚯蚓） 污染土地植物修复（花卉、树木）
个体基因	品种搭配模式	抗逆性搭配模式 资源效率搭配模式	耐低磷大豆、抗稻瘟病水稻的利用 高光和效率、高水分利用效率品种利用

（2）生态农业模式的设计

生态农业模式是一个由多层次、多要素、多因子、多变量相互联系而组成的复杂系统，在进行具体模式设计时要分层设计，统筹兼顾。具体包括对系统环境的辨识与诊断、系统模型分析与方案设计、系统评价与方案优选、系统运行与反馈修正等方面的内容。下面以以沼气为纽带的立体生态农业模式设计为例进行说明。

① 总体方案。以沼气为纽带的立体生态农业模式是根据生物之间连锁式的相互制约原理和能量多级利用及物质循环再生原理，利用生物之间的相互关系，兴利避害，充分利用空间把不同生物种群组合起来，多物种共存，多层次配置，多级物质能量循环利用的立体种植、立体养殖或立体种养的农业经营模式。

立体种养是在半人工或人工环境下模拟自然生态系统原理进行生产种植，巧妙地组成农业生态系统的时空结构，建立立体种植和养殖业的格局，组成各种生物间共生互利的关系，合理利用空间资源，并采用物质和能量多层次转化手段，促进物质循环再生和能量的充分利用，同时进行生物综合防治，防止有害物质进入生态系统。通过高技术与劳动密集相结合的途径，使农业结构处于最优化状态，最终实现生态效益与经济效益的结合，发挥系统的整体性与功能整合性。

② 结构分析。由农户和饲养场排出的废弃物如鸡粪、牛粪、猪粪中含有蛋白质、脂肪和其他营养物质，经过沼气站发酵后产生的沼渣水再经过沉淀和颗粒加工后可用于鱼塘、农田、菜园、果园、苗圃，是有机饲料和颗粒有机肥料，而由沼气站生产出的沼气可直接作为农户的生活燃料、食品厂及其他加工厂的生活能源使用，这样就做到了化害为利，变废为宝，从而使以沼气为纽带的生态系统得到了良性循环，如图 11-1 所示。

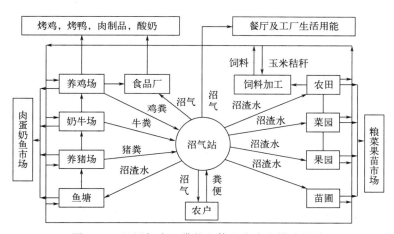

图 11-1　以沼气为纽带的立体生态农业模式设计

③ 效益分析。以浮山综合生态场为例，浮山综合生态场以养殖业为基础，以沼气工程为纽带，多层次综合利用资源，改善农村生态环境，变废为宝，化害为益，取得了显著的生态效益，并大大加快了浮山村生态农业的建设步伐。沼液作为浮山综合生态场沼气工程的副产品，除用于养鱼、喂猪外，还是种植业的良好肥源。沼液不仅可代替部分化肥，而且还可提高作物产量，这对于改变目前普遍存在的过量施用化肥而导致肥效降低的状况，具有十分重要的意义。不仅如此，沼液的施用还明显地改善了农田土壤结构，提高了土壤肥力，形成了养分的良性循环，维护了良好的生态环境。

2. 生态产业发展规划

区域生态产业规划的基本思路是按照循环经济和节能减排的要求，对区域工业产业结构进行优化和调整，对传统产业进行生态化改造，对主导产业和支柱产业进行产业集群和产业链配置，实施生态化工业园区建设和管理，建设产业结构合理、功能分区明显、生产工艺先进、资源节约利用、产品环境友好的现代化、生态化工业体系。生态产业与传统产业的比较见表11-3。

表 11-3 生态产业与传统产业的比较

类别	传统产业	生态产业
目标	单一利润、产品导向	综合效益、功能导向
结构	链式、刚性	网状、自适应型
规模化趋势	产业单一化、大型化	产业多样化、网络化
系统耦合关系	纵向，部门经济	横向，复合生态经济
功能	产品生产 对产品销售市场负责	产品＋社会服务＋生态服务＋能力建设 对产品生命周期的全过程负责
经济效益	局部效益高、整体效益低	综合效益高、整体效益大
废弃物	向环境排放、负效益	系统内资源化、正效益
调节机制	外部控制、正反馈为主	内部调节、正负反馈平衡
环境保护	末端治理、高投入、无回报	过程控制、低投入、正回报
社会效益	减少就业机会	增加就业机会
行为生态	被动，分工专门化，行为机械化	主动，一专多能，行为人性化
自然生态	厂内生产与厂外环境分离	与厂外相关环境构成复合生态体
稳定性	对外部依赖性高	抗外部干扰能力强
进化策略	更新换代难、代价大	协同进化快、代价小
可持续能力	低	高
决策管理机制	人治，自我调节能力弱	生态控制，自我调节能力强
研究与开发能力	低、封闭性	高、开放性
工业景观	灰色、破碎、反差大	绿色、和谐、生机勃勃

（1）区域工业生态化设计原则

① 横向耦合。强调实现产业生态系统中物质的闭环循环，其中一个重要的方式就是建立产业系统中不同工艺流程和不同行业之间的横向共生。通过不同工艺流程间的横向耦合及资源共享，为废弃物找到下游的"分解者"，建立产业生态系统的"食物链"和"食物网"，可以实现物质的再生循环和分层利用，去除一些内源和外源的污染物，达到变污染负效益为资源正效益的目的。

② 纵向闭合。生态产业区别于传统产业的一个重要方面是物质的生命周期全循环，即产业系统内要综合地考虑产品从"摇篮""坟墓"到"再生"的全过程，并通过这样的过程实现物质从源到汇的纵向闭合，实现资源的永续循环利用。因此目前许多国家纷纷制定政策，要求将产品进行回收利用，目的就是实现物质的"封闭循环"。这些政策是根据产业生态学的原则制定的，因为产业生态学认为自然界并没有真正的"废物"，任何一种有潜在利用价值的物质都可能作为"原料"被利用。产业生态学要求从产品的设计阶段起，就必须考

虑产品使用期结束后的处置和再循环问题。产品的废弃物处置问题同产品的设计和加工制造过程一样重要

③ 功能导向。以企业对社会的服务功能而非产品或产值为经营目标，把产品看作企业资产的一部分，通过其服务功能、社会信誉、更新程度的最优化来实现价值。

④ 社会整合。将企业的发展与社会的生产、流通、回收、环境保护与能力建设融为一体，实现企业在提供生产功效的同时培育一种新型的社区文化。产业生态学要求从区域的角度出发，在自然系统的承载能力内，充分利用各种自然资源。通过对一定地域空间内不同工业企业间，以及工业企业、居民和自然生态系统之间的物质、能源的输入与输出进行优化，从而在该地域内对物质与能量进行综合平衡，形成内部资源、能源高效利用，外部废物最小化排放的可持续的地域综合体。具体来说，就是指通过企业之间、企业与社区之间的密切合作，合理、有效地利用当地资源（信息、物质、水、能量、基础设施和自然栖息地）以达到经济获利、环境质量改善和人力资源提高的目的。

（2）区域生态产业规划的主要内容

区域生态产业规划主要内容包括：①区域自然、社会、经济条件调查；②工业产业结构分析与评价，包括对工业发展阶段的分析；③工业发展定位，主导产业和支柱产业的确定及新兴产业发展战略；④区域生态产业建设规划指标的确定，包括经济效益指标，节能减排指标，"三废"无害化合综合利用指标，清洁生产指标，生态产业园区建设指标等；⑤生态产业功能分区与空间布局；⑥传统工业生态化改造与新建生态产业园区建设，包括关、停、并、转和实施生态化改造的企业和重点项目，新建生态产业园区的数量、功能定位、产业链设计等；⑦保障措施与实施方案。

（3）区域生态产业规划的程序

区域生态产业规划编制的程序包括 7 个基本步骤。

① 确定规划范围、目标和任务；

② 实地调查和资料收集；

③ 制定规划大纲并进行论证；

④ 总体规划编制及行业生态化发展规划；

⑤ 生态产业园区规划；

⑥ 规划咨询和论证；

⑦ 规划成果审批及实施。

3. 区域生态旅游发展规划

区域生态旅游规划是应用生态学原理和方法，将旅游活动与环境特性有机结合，在空间环境上对旅游活动进行合理布局，在规划方面充分考虑生态旅游资源状况、特性及分布，生态旅游环境自我修复能力的临界值，生态旅游环境容量大小，生态旅游区的保护条件，自然资源的可持续利用程度等方面的宏观思路。生态旅游规划作为实现生态旅游的具体实践活动，必须以生态旅游为模式，以可持续性作为目标，实现旅游业的可持续发展。

（1）区域生态旅游规划的目标

生态旅游规划总的目标是正确指导生态旅游业发展，保证其发展符合科学规律，协调生态旅游规划地各方的效益，并为可能出现的问题提供解决的方法，从而实现生态旅游发展的有序性，避免盲目性。高水平的生态旅游规划应该符合以下标准：

① 把商业性的旅游活动与旅游地资源的保护结合起来，即在获得经济效益的同时，把

旅游活动对环境的破坏降到最低程度；

② 保护并支持发展有地方特色的旅游文化活动，协助恢复被破坏的自然生态环境；

③ 支持旅游地的经济发展，使资源开发与自然环境维系和谐统一。

（2）区域生态旅游规划的原则

① 保护优先原则。保护自然与文化景观资源以及生态环境，是生态旅游可持续发展的基础。在制订区域生态旅游规划过程中，应遵循生态学规律，将保护置于优先地位，保持生态平衡。在进行区域生态旅游规划时贯彻旅游环境承载力的理论，把旅游活动强度和游客数量控制在资源与环境的生态承载力范围内，保持生态系统的稳定性；合理的环境容量一方面关系到生态旅游的质量，另一方面也直接关系到旅游资源的保护；要处理好保护和开发的矛盾，协调好各方面的经济利益关系，并兼顾旅游区各方面的公平发展与各方利益，使旅游者的旅游活动、当地居民的生产生活活动与旅游环境相融合，在自然环境的容纳力限度内，最大程度地实现生态旅游的经济效益。

② 发挥优势、体现特色的原则。生态旅游资源区别于一般旅游资源的特色就在于它的原始性和自然性，在规划时应尽量保持旅游资源的原始性和真实性。不但要保护大自然的原始韵味，而且要保护当地特有的文化传统，避免把现代化文明移植到旅游景区；旅游基础设施应当与当地的自然与文化景观协调，保护人地和谐的旅游美不受损害。

③ 宏观和微观相结合的原则。区域的旅游规划要与周边区域的发展规划相结合。旅游业是当地经济和社会体系的一个子系统，其发展规划必须与当地经济和社会发展总体部署相结合，将它的区位环境、经济发展水平、建设条件等影响旅游业发展的因素纳入到规划中来。此外，旅游业是多层次、多维度、多要素相互联系组成的复杂系统，其规划必须做到总体规划、专题规划相结合，即点、线、面相结合。

④ 体现市场经济需求和当地居民参与的原则。在规划中必须以市场为导向，充分发挥市场机制在旅游发展中的地位和作用，同时，通过多种方法和渠道使当地居民积极参与旅游开发及建设，带动当地经济的发展，改善人们的生活水平，维护他们利用生态旅游资源的权利，培养和提高他们保护生态旅游资源的责任感，并增强地方特有的文化氛围，提高旅游吸引力。

⑤ 环境教育原则。生态旅游是在观赏生态环境、领略自然风光的同时，以普及生态知识、维护生态平衡为目的的新型旅游，强调生态旅游者在与自然环境和谐共处的过程中获得具有启迪价值和教育意义的共享经历，从而激发他们自觉保护自然的意识。因此，规划时可在生态旅游区中设计一些能启迪游客环保意识、帮助游客认识自然的旅游项目和辅助设施，使生态旅游区能寓教于游，以景动人，以情感人，起到普及生态知识、维护生态平衡、保护旅游环境的教育作用。

⑥ 旅游设施生态化原则。该原则包括：设立与生态环境相配套的服务设施；开发生态能源，即直接利用风能、太阳能、生物质能（沼气）等能源，尽可能提高能源的转化效率；采用生态材料，即采用既具有令人满意的使用性能，又被赋予优异的环境协调性的材料；采用生态技术，即按照资源和环境两个要求共同改造重组所形成的新技术；开发生态建筑，即采用生态技术并使用生态环境材料建造的，与自然环境高度融合的建筑；设计生态景观，即与环境和谐共生并采用生态技术和材料建造的景观。

⑦ 依法规划、科学管理的原则。制订并完善法规，包括推进生态旅游的法制管理和强化生态旅游区规划。在立法上，应综合考虑经济效益、资源整体价值、可持续利用等多方面

因素，明确资源所有权、管理权与开发利用权，建立有偿使用、综合利用制度。在对生态旅游资源进行全面普查评价的基础上进行合理规划，确定生态资源的特色、保护范围和市场定位，按合理布局、重点开发的原则，科学规划，精心设计，推出生态旅游产品，从而保证生态旅游资源利用、开发和保护的统一。

（3）区域生态旅游规划的基本内容

区域生态旅游规划属于战略性和宏观性的规划，主要强调政府在区域生态旅游发展中的指导作用。规划的基本内容包括以下7个方面：

① 综合评价区域生态旅游业发展的资源条件与基础条件。

② 全面分析市场需求，科学预测市场规模，合理确定生态旅游业的发展目标。

③ 确定生态旅游业发展战略，明确生态旅游区域和旅游产品重点开发的时间序列与空间布局。

④ 综合平衡旅游产业要素的功能组合，统筹安排资源开发与设施的关系。

⑤ 确定环境保护的原则，提出科学保护利用人文景观、自然景观的措施。

⑥ 根据生态旅游业的投入产出关系和市场开发力度，确定发展的规模与速度。

⑦ 提出实施规划的政策和措施。

（4）区域生态旅游规划的程序

生态旅游规划是涉及旅游者的旅游活动与其环境间相互关系的规划，是一项复杂的系统工程，需要旅游开发管理部门、环境保护部门以及公众的参与和合作。生态旅游规划程序如下。

① 研究准备。明确规划范围，组建规划队伍。包括规划设计、市场营销、经济和财务分析、环境和基础设施规划、社会学等专家学者，对规划地进行可行性研究，对准备规划的地区是否可以进行生态旅游开发进行潜力评价。

② 确定规划目标和保护对象。对区域生态旅游规划，首先应确定规划目标，即解决规划什么、为什么规划的问题。在确定目标的同时要考虑区域性的重要生态系统、关键物种的保护和主要环境问题。

③ 实地调查与分析。第一，生态旅游环境的调查评价。确定开发目标后，应弄清规划区域的自然与人文生态环境的基本情况，包括自然概况、珍稀濒危动植物的生存现状等，确定需要特殊保护的区域，为旅游开发保护奠定科学基础。第二，生态旅游资源的调查评价。系统调查规划区域内生态旅游资源的基本情况与开发条件，并对其进行评价，以确定其是否值得开发、如何开发、何时开发、为谁开发及开发方向如何，为生态旅游资源的合理开发利用和规划建设提供科学基础。同时根据生态旅游规划目标和环境的特征以及旅游者对旅游资源利用类型的假定，确定生态旅游资源及环境的承载量，以核定生态旅游开发的规模。第三，生态旅游市场调查评价。根据欲开发的生态旅游资源类型及生态旅游者的需求进行调查，对生态旅游市场进行评价，了解生态旅游市场总体态势和游客对规划区域生态旅游产品的需求状况，为规划者提供第一手材料和可靠信息，并为充分利用生态旅游资源寻找客源市场和途径。

④ 分析和综合。在调查分析的基础上，确定市场目标、生态旅游开发计划、促销方案，对住宿、道路、交通、基础设施需求进行预测，对旅游开发的经济、环境和社会影响进行评价，明确发展旅游业的重大机会和制约因素。

⑤ 形成规划方案。在满足既定规划目标的前提下，依据可持续发展的原则和生态学规

律，根据规划内容编制规划草案，再经过进一步的筛选、修改形成最后方案。方案中既有空间上各类设施的布局，从时间纵向上还有分阶段开发的具体安排，同时分析生态旅游开发将会给环境带来的正负影响，为规划方案的优化提供生态学依据。规划方案应包括生态旅游产品的策划和生态旅游配套设施的设计，还应拟定让社区居民参与生态旅游事业的方案，使社区居民真正从旅游中获得利益。

⑥ 修正反馈。规划方案制订后，可以应用定性或定量的方法进行初步评价，根据评价结果分析是否达到规划目标，如果有偏差，要及时修正。进入建设实施阶段后，还要进行定位或半定位的环境监测，分析旅游开发规划将会给区域环境带来的正负影响。根据监测反馈回来的信息及客观情况的变化，对区域的规划设计及时修正，使区域生态旅游规划日趋完善，为区域的生态旅游可持续发展奠定基础。

第三节　生态产业园区规划

生态产业园区是依据循环经济理论和产业生态学原理而设计成的一种新型产业组织形态，是生态产业的聚集场所。生态产业园区遵从循环经济的减量化、再利用、再循环的"3R"原则，其目标是尽量减少区域废物，将园区内一个工厂或企业产生的副产品用作另一个工厂的投入或原材料，通过废物交换、循环利用、清洁生产等手段，最终实现园区的污染物"零排放"。产业生态学将产业园区这样一个人工生态系统设想为自然生态系统，也存在着物质、能量和信息的流动与储存，并通过产业代谢研究，利用生态系统整体性原理，将各种原料、产品、副产物乃至所排放的废物，利用其物理、化学成分间的相互联系、相互作用，互为因果地组成一个结构与功能协调的共生网络系统。建设生态产业园区是实现生态产业的重要途径，是经济发展和环境保护的大势所趋。从环境保护角度来看，生态产业园区才是最具环保意义和生态绿色概念的产业园区。

生态产业园区应该具备五个方面的特点：第一，在产业发展方面，应促进不同产业之间物质和能源的充分循环；第二，在生产环节中注重清洁生产，按照国家及行业标准处理生产过程中的"三废"，并促进废物的无害化和再次循环利用；第三，在园区规划建设中，土地利用集约，结构功能合理，环境景观实用、美观，大气；第四，与能源、水等相关的基础设施建设方面充分利用清洁和可再生能源，采取多种方式提高能源利用效率，通过系统协同最大程度节能减排，并且充分利用水资源，实现水的循环利用；第五，完善健全园区管理政策，明确入园企业投资强度等门槛要求，对园区生态环境进行及时监控管理。以上五方面是生态产工业园区的基本要求。

一、生态产业园区规划的原则

（1）"3R"原则

遵循"3R"原则（减量化、再利用、资源化）是生态产业园区规划建设的有效途径，"3R"原则能够指导生态产业园区企业内部生产和企业之间的物质交换。所以，构建生态产业园区规划编制应能体现"3R"原则。

（2）适用性原则

规划应能够与中国生态产业园区的主要特点相适应，在提出普适性的规划要求和方法的同时，建议各园区根据自身的地域、产业结构、经济发展模式、环境管理模式等特点，提出适用于园区自身发展的实用性规划。

（3）可操作性原则

要尽可能全面指导生态产业园区建设规划的各个方面，同时要考虑园区自身发展的潜在规律，使规划内容在经济、环境、管理等方面具备可操作性，便于园区建设者开展工作。

二、生态产业园区规划编制的主要内容

生态产业园区规划编制从工业园区现状分析、生态产业园建设的必要性、生态产业园区总体框架设计、园区主导行业生态产业发展规划、资源循环利用和污染控制规划、重大项目及投资与效益分析以及生态产业园区建设保障措施等七个部分对生态产业园区规划编制的内容、原则和方法提出了具体的要求，如图 11-2 所示。

三、生态产业园区规划的关键环节

生态产业园区生态规划应针对工业系统物质循环的特点，对促使工业循环的各种空间要素进行合理配置。与其余功能区生态规划相比，关键在于在工业生态理念的指导下，理清工业流程，辨识各种空间要素，按生态原则进行布局。

1. 规划理念

生态规划视工业系统为一个生态系统，认为通过对系统内物质、能量的调控，使之循环运行，并形成复杂的相互连接的网络系统，同时，工业系统作为人类配置自然资源最直接的场所，本身就应该是"轻柔触摸大地"的场所，循环理念与自然理念应是贯穿工业区生态规划的两大规划思想。

（1）循环理念

零排放、零污染是工业系统的理想状态。在理想的工业系统中，主要行为者之间的物质流达到高效的循环，投入系统的各种物质流和流出系统的各种废弃物的流量远远低于系统内部的物质循环流，规划中体现这种循环的思想不仅局限在一个企业内部，更重要的是工业系统整体的优化乃至城市级及区域级工业系统的整体优化。

（2）自然原则

工业园区的自然系统应为一个整体设计，不仅园区中建设必须符合场地自然特征，而且需要保持和完善自然的防护功能（如水体防洪）、调节功能（空气、水体、湿度、温度等要求）、美化功能、休闲功能、生产功能和生态的指示功能（对工业整体生态状况的反馈）等。

2. 系统集成

在生态产业园区的系统集成中，以废弃物减量化、再循环利用和资源化为核心，通过成员内和成员间的物质集成，以及废水系统、能量系统、信息系统和园区产业的非物质化方向发展，达到园区内物质和能量的最大限度利用和对环境的最小影响。系统集成主要在区域和企业层次上进行，包括物质集成、水集成、能量集成和信息集成等。

3. 工业生态系统结构的设计

（1）生产者、消费者、分解者

生态产业系统结构包括资源生产（生产者）、加工生产（消费者）、还原生产（分解者）三部分，它们共同组成了生态产业链和网络。

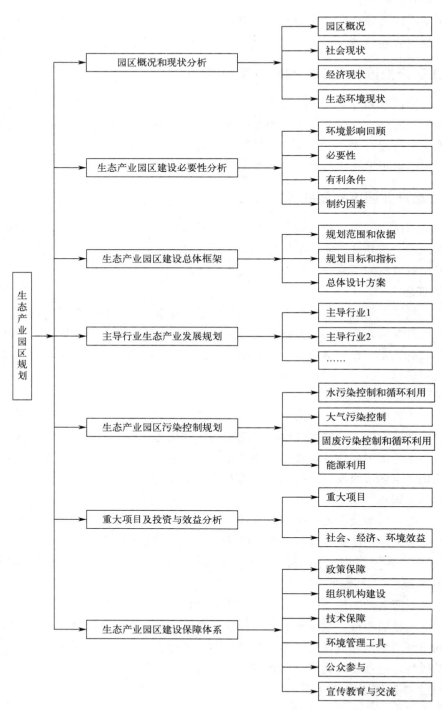

图 11-2　生态产业园区规划基本内容

（2）关键种和企业共生体

关键种企业是园区中使用和传输物质最多、能量流动的规模最大的，带动和牵制着其他企业行为的发展，居于中心地位，也是生态产业的链核，对于构筑企业共生体和生态产业园区的稳定起着关键作用。

（3）生态产业链

依据工业系统中物质、能量、信息流动的规律和各成员之间的类别、规模、方位上是否匹配，在各企业部门之间构筑生态产业链，横向进行产品供应、副产品交换，纵向连接第二、三产业，实现物质、能量和信息的交换，建立生态产业系统。生态产业链主要类型包括物质循环生态产业链、能量梯级利用生态产业链、水循环利用生态产业链和信息链。

（4）生态产业园区的稳定性

生态产业园共生网络的不稳定性是影响其发展的主要因素，因此在规划设计中要增加系统的多样性格局，以提高系统的稳定性。具体规划的要求如下：

①根据当地资源、能源等情况，设计多种产品，构建多样化的产品结构；

②构建区域多样化的生态产业园区；

③建立区域生态产业园区之间协同作用的多样性，保持园区之间相互联系、协调；

④建立生态产业园区、生态网络中企业或企业群之间多渠道的输入、输出；

⑤园区管理政策和手段的多样性。

4. 园区生态环境空间的规划

现代工业区对生态环境质量要求越来越高，这也是与工业产品科技含量提高成正比的。一定面积和质量的生态环境空间不但增强了工业区的环境自我持续能力，而且对提升工业区档次、加强提高引资力度大有裨益。在园区规划中要通过生态敏感性和生态适宜性的评价来确定需要保护和维持的自然景观及其异质性，按照适宜性合理布局各类用地，促进生态产业园区结构补给、组织功能与自然景观的协调一致。

5. 园区管理与支持服务

生态产业园区建设是一项综合性、整体性的系统工程，设计有多个层次和不同对象，需要管理部门优先协调组织。其中，政府部门的工作重点在于宏观战略管理、政策引导、法律法规建设和建立激励机制。园区管理侧重于协调各生产企业和技术、产品、环境、经济等多个部门的关系，保障物资、能量、信息在区域内的最优流动，并进行指标考核。企业管理主要推行清洁生产，节能减排，按照废弃物交换关系优化原料-产品-废弃物关系，保证高效、稳定的生产活动。

6. 生态产业园区综合评价

开展生态产业园区综合评价的目的主要有以下几个方面：引导传统工业园区生态化改造，激励生态产业园区产业升级；评判生态产业园区的发展水平和阶段，鉴别其发展潜力；监测园区运行状况，调控发展方向；预测发展趋势，提供决策依据。在构建生态产业园区综合评价体系时，要优先选择通用的统计指标，优先选择定量指标，优先使用节能减排指标。同时，选择、设计评价指标应该做到科学性与实用性相结合；目标性与合理性相结合；系统性与层次性相结合；动态评价与静态评价相结合；定性分析与定量分析相结合。

产业园区的生态化建设评价指标体系如表11-4所示。

表 11-4 产业园区生态化建设评价指标体系

准则层	子准则层	指标层
经济系统	经济绩效水平	X1 工业总产值/万元
		X2 工业增加值/万元
	经济结构	X3 三产业增加值占 GDP 比重/%
		X4 高新技术产业增加值占 GDP 比重/%
	循环经济水平	X5 工业增加值能耗/(吨标准煤/万元)
		X6 规模以上工业企业能源消耗/吨标准煤
		X7 规模以上工业企业水消耗/$\times 10^4 m^3$
环境系统	园区开发水平	X8 累计开发工业用地面积/hm^2
		X9 绿化覆盖率/%
	能源消耗	X10 废水排放量/$\times 10^4 m^3$
		X11 重复用水量/$\times 10^4 m^3$
	污染治理水平	X12 污水治理率/%
		X13 水土流失综合治理面积/hm^2
		X14 空气质量达标率/%
社会系统	经济社会协调	X15 人均拥有文化设施面积/m^2
		X16 人均可支配收入/元
	生态文明制度	X17 园区信息平台完善度/%
		X18 园区环境管理制度完善度/%
创新系统	创新投入	X19 科技活动经费支出总额/万元
		X20 科技活动投入增幅/%
	创新产出	X21 高新技术产品产值/万元
		X22 高新技术产值增长率/%

四、案例分析

这里以田野、肖煜、宫媛等 2009 年所做的天津子牙循环经济产业区规划为例来具体说明生态产业园区规划的过程。

具体内容见二维码 11-1。

二维码11-1
生态产业园区
规划案例分析

◆◇ **思考题** ◇◆

1. 什么是生态产业？生态产业包括哪些内容？

2. 什么是循环经济？循环经济有哪些特征？

3. 区域产业发展生态规划包含哪些主要内容？

4. 生态产业园区规划有哪些关键环节？

◆ **参考文献** ◆

［1］　王寿兵，吴峰，刘晶茹．产业生态学［M］．北京：化学工业出版社，2006．

［2］　周宏春，刘燕华．循环经济学（修订版）［M］．北京：中国发展出版社，2008．

［3］　崔功豪，魏清泉，刘科伟．区域分析与区域规划［M］．北京：高等教育出版社，2006．

［4］　骆世明．论生态农业模式的基本类型［J］．中国生态农业学报，2009，17（3）：405-409．

［5］　雷明，钟书华、生态工业园区综合评价指标体系研究［J］．中国科技论坛，2009，（11）：110-115．

［6］　段宁，邓华，乔琦．我国生态产业园区稳定性的调研报告［J］．环境保护，2005，（12）：66-69．

［7］　洪剑明，冉东亚．生态旅游规划设计［M］．北京：中国林业出版社，2005．

［8］　田野，肖煜，宫媛．生态产业园区规划研究——以天津子牙循环经济产业区规划为例［J］．城市规划，2009，（B09）：14-20．

第十二章
景观生态规划

第一节　景观生态学的概念与原理

景观是一组以相似方式重复出现的相互作用的生态系统所组成的绵延数公里至数百公里的异质性陆地区域（Forman and Godron，1986）。众所周知，区域是由自然地理、文化、经济、政治等因素综合决定的，但在空间上存在明显的生态差异。广义的生态系统虽然包含了不同的空间尺度，但其是将生态系统作为一个相对同质性系统来研究的。由于生态系统受自然的或人为的干扰而不断发生变化，真正的同质生态系统是小空间尺度上的，虽然可以被规划和管理，但不适合进行可持续发展规划。因而景观是介于二者之间的适合于进行持续发展规划的合适单元。

景观生态学一词最早是由德国区域地理学家 Troll 创立的，用以分析某一景观中生物与其自然环境之间相互关系。以色列生态学家 Naveh 指出"景观生态学是基于系统论、控制论和生态系统生态学之上的跨学科的生态地理科学，是整体人类生态系统科学的一个分支"（Naveh，Lieberman，1984）。欧洲景观生态学是从地理学中发展起来的，它的重要特点是强调整体论和生物控制论，并将人类活动作为景观生态学研究的一个重要方面。同时，欧洲景观生态学十分重视景观生态学在土地利用、土地管理和景观规划与保护中的应用。在北美，1986 年 Forman 与 Godron 编写了美国第一本关于景观生态学的书。Forman 与 Godron 认为景观生态学是研究森林、草原、湿地、村庄等生态系统的异质性组合、相互作用与变化的生态学分支。美国的景观生态学是从生态学中发展起来的，把景观生态学建立在生态系统生态学与现代科学技术之上，强调景观的多样性、异质性与景观生态学过程和功能的研究。虽然欧洲与北美的景观生态学在学科起源与发展历程上显著不同，但随着对研究对象认识的不断深入，以及学术交流的加强，两个学派之间的差距不断缩小，景观生态学已逐渐成为一个走向成熟的生态学分支学科。景观生态学自 20 世纪 80 年代后期逐渐成为世界上资源、环境、生态方面研究的热点，吸引了众多的生态学家和地理学家投入研究。国际景观生态学会（IALE）自 1982 年在荷兰成立以来，在欧洲举行过若干国际学术讨论会，1991 年在加拿大渥太华（Ottawa）召开了第二次世界大会，1995 年 8 月在法国图卢兹（Toulouse）召开了第三次世界大会。这些都反映了近年来世界规模的景观生态学的学术交流更加活跃。

一、景观生态学的概念及研究内容

1. 景观生态学概念

景观是具有空间异质性的区域，它是由许多大小形状不一、相互作用的斑块按照一定的规律组成的。景观生态学是研究景观单元的类型组成、空间格局及其与生态学过程相互作用的综合性学科。空间格局、生态学过程与尺度之间的相互作用是景观生态学研究的核心。斑块、廊道、基质和景观格局等是组成景观生态学的基本要素。

2. 景观生态学研究内容

景观生态学的研究对象和内容可概括为 3 个基本方面：①景观结构，即景观组成单元的类型、多样性及其空间关系。例如，景观中不同生态类型的面积、形状和丰富度，它们的空间格局以及能量、物质和生物体的空间分布等，均属于景观结构特征。②景观功能，即景观结构与生态学过程的相互作用，或景观结构单元之间的相互作用。这些作用主要体现在能量、物质和生物有机体在景观镶嵌体中的运动过程中。③景观动态，即指景观在结构和功能方面随时间的变化。具体地讲，景观动态包括景观结构单元的组成成分、多样性、形状和空间格局的变化，以及由此导致的能量、物质和生物在分布与运动方面的差异。景观结构、功能和动态是相互依赖、相互作用的。景观生态学研究的具体内容很广，而且常常涉及不同组织层次的格局和过程。一般而言，景观生态学研究的重点主要集中在以下几个方面：①空间异质性或格局的形成和动态及其与生态学过程的相互作用；②格局-过程-尺度之间的相互关系；③景观的等级结构和功能特征以及尺度演绎问题；④人类活动与景观结构、功能的相互关系；⑤景观异质性（或多样性）的维持和管理。

二、景观生态学的一般原理

1. 景观整体性原理

景观生态学认为景观是由不同生态系统或景观要素通过生态过程而联系形成的功能整体。景观生态学要求应从景观的整体性出发研究其结构、功能及其演变过程。

2. 景观异质性原理

景观异质性是指景观要素在空间分布上和时间过程中的变异与复杂程度。异质性是景观的基本属性，几乎所有的景观都是异质的。它主要反映在景观要素多样性、空间格局复杂性以及空间相关的动态性。景观异质性及其测度一直是景观生态学研究的核心问题之一，认识景观异质性是了解景观过程与动态的基础。

3. 景观等级性原理

由于景观是由不同生态系统的空间集合与镶嵌构成的，等级性原理就规范了景观生态学研究的对象应是景观的不同生态系统或景观要素的空间关系、功能关系以及景观整体的性质与动态。

4. 景观尺度效应原理

尺度通常是指研究一定对象或现象所采用的空间分辨率或时间间隔，同时又可指某一研究对象在空间上的范围和时间上的发生频率。景观生态学认为景观在不同研究尺度表现出不同的性质与属性，即景观的空间格局与生态过程是随尺度的不同而异。因此在景观生态学的研究中，必须根据研究对象的性质与研究目的确定适当的空间与时间尺度，以便能真实地了解研究对象景观性质的真相。

（1）景观格局与生态过程的关系原理

与生态系统与过程的关系相似，在景观中，景观格局决定景观生态过程，而景观生态过程又影响景观格局的形成与演化。景观格局与生态过程的关系及其相互作用规律是景观生态学研究的又一核心问题。

（2）景观动态性原理

景观生态学认为景观格局与生态过程及其相互作用的关系均是随时间而变化的，各景观要素的时间变化是不一致的，而且不同尺度的表现也是不同的，景观动态性原理反映了景观演化的不平衡观和尺度效应。

景观结构、功能和动态的相互关系以及景观生态学中的基本概念和理论如图 12-1 所示。

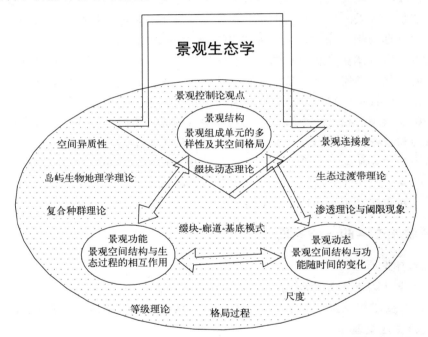

图 12-1　景观结构、功能和动态的相互关系以及景观生态学中的基本概念和理论

第二节　景观生态规划的概念、原则及其内容

一、景观生态规划的概念

由于景观生态学是一门多学科相互交叉的新兴学科，不同的学者对景观生态规划理解也各不相同。欧洲的景观生态规划是在土地利用规划与管理、自然保护区和国家公园规划等基础上发展起来的，尤以荷兰和德国的景观生态规划为代表。其特点是强调人的重要作用，并综合社会的、经济的、地理的和文化的学科内容。而北美的景观生态规划更注重区域规划、环境规划和自然规划等方面，强调宏观生态工程设计，以生态学的观点来制定土地利用方针

与政策、环境政策等。

景观生态规划指运用景观生态学原理、生态经济学原理及相关学科的知识与方法，从景观生态功能的完整性、自然资源的特征、实际的社会经济条件出发，通过对原有的景观要素的优化组合或引入新的成分，调整或构建合理的景观格局，使景观整体功能最优，达到经济活动与自然过程的协同进化。其特点有以下几个方面：

① 景观生态规划具有高度的综合性，涉及景观生态学、生态经济学、人类生态学、地理学、社会学等相关学科的知识。

② 景观生态规划是建立在对景观结构、生态过程及其与人类活动关系深刻理解的基础上的。

③ 景观生态规划的目的是协调景观结构与生态过程及其与人类活动的关系，进而改善景观的整体功能，达到人与自然的和谐相处。

④ 规划立足于自然资源和社会经济条件的潜力，形成生态环境功能与社会经济功能的协调与互补。

⑤ 景观生态规划以土地利用的空间配置为主，协调自然过程、社会经济过程及文化过程。

二、景观生态规划的基本原则

1. 保护自然的原则

保护自然景观资源及维持其生态过程和功能，是保护生物多样性及合理开发利用自然资源的基础。原始的自然景观、历史文化遗迹、森林、湿地等对于区域的自然生态过程和生命支持系统具有重要的作用，在景观生态规划中应优先考虑。

2. 持续性原则

景观生态规划以可持续发展为基础，立足于景观资源的可持续利用和生态环境的整体改善，保障社会经济的持续发展。这就要求景观生态规划要把景观作为一个整体来考虑，使景观的结构、格局、比例与自然环境特征和社会经济发展相适应，寻求生态、社会、经济三大效益的统一，使景观的整体功能最优。

3. 多样性原则

景观多样性指景观单元在结构和功能方面的多样性，反映了景观的复杂程度。多样性与景观结构、功能及其稳定性有密切的关系。它既是景观生态规划的准则又是景观管理的结果。

4. 综合性原则

景观生态规划是多学科交叉的研究工作，需要不同学科、不同方面的参与，同时，景观生态规划的目的要求在规划中必须全面和综合分析景观自然条件、社会经济条件等，因而综合性原则是景观生态规划的基本原则之一。

三、景观生态规划的程序与内容

景观生态规划是一个综合性的规划过程，涉及景观生态调查、景观生态分析、景观综合评价与规划的各个方面。其内容包括景观生态调查、景观生态分析、规划方案分析评价三个相互关联的方面，7个具体的步骤，如图12-2所示。

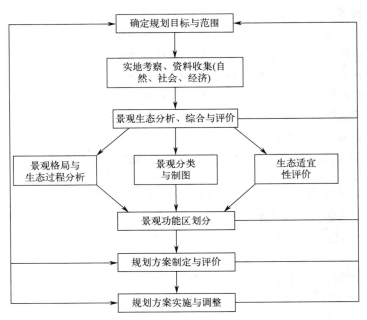

图 12-2　景观生态规划的基本程序和内容

1. 景观生态规划的目标与范围

在规划之前必须明确规划的区域范围和规划的目标。一般规划的范围是由管理决策部门确定的，规划的目标依对象和目的而有所不同，可分为自然资源开发利用规划、保护区规划、景观结构调整规划等。

2. 景观生态调查

通过调查和收集规划区域的资料与数据，了解规划区域的景观结构与自然过程、生态潜力、社会经济及文化情况，获得对规划区域的整体认识。一般分为历史调查、实地考察、社会调查、遥感等类型。

3. 景观格局与生态过程分析

按照人类活动对景观的影响程度，景观可分为自然景观、经营景观、人工景观三大类。不同的景观具有明显不同的空间格局，如自然景观具有原始性和多样性特点；经营景观单一且面积大，常与道路、防护林网、自然的或人工的水体、残存的森林等构成景观格局；人工景观表现为人工建筑物完全取代原有的地表形态和自然景观，人类系统成为景观的主要生态组合。景观格局可以用景观优势度、多样性、均匀性、破碎化程度、连通性等一系列指标衡量，它们从不同方面反映了景观结构特点对人类活动的影响。

景观中的生态过程包括能流、物流、有机体流，它们通过水、风、飞行动物、地面动物、人类等5种驱动力的作用，发生扩散、传输和运动，从而导致能量、物质和有机体在景观中的重新集聚与分散，形成不同的土地利用格局。

因此，对景观的格局和生态过程进行分析可以进一步加深对规划区域景观的理解，有助于在规划中确定如何调整或构建新的景观结构，增强景观的异质性和稳定性。

4. 景观分类与制图

景观分类和制图是景观生态规划的基础。景观分类是以功能为出发点，根据景观的结构特点，对景观进行类型的划分。通过景观分类，全面反映规划区域景观的空间分异和内部联系，揭示景观的空间格局和生态功能特征。景观的生态分类包括单元的确定和类型的归并两方面的内容。在方法上可采取自上而下的划分或自下而上的合并两种方法。对于景观分类单元的确定，强调结构的完整性与功能的统一性，由于景观生态系统本身具有多层次性，因而划分的单元也要相应隶属某一层次。在实际工作中，目的不同、研究的区域范围大小不同，所确定的单元的层次等级也就不同。在确定了个体单元后，按照一定的属性特征和指标，对各层次单元进行类型归并，是景观生态分类的另一个主要方面。

根据景观生态分类结果，客观而概括地反映景观类型的空间分布特征及其面积比例关系，就是景观生态制图，它是景观生态规划的基础图件。

5. 生态适宜性分析

景观生态适宜性分析是景观生态规划的核心，它以景观生态类型为评价单元，根据其所处的资源与环境特征、发展需求与资源利用要求，选择一些有代表性的生态特征，评价景观类型对某一用途的适宜性和限制性，划分景观的生态适宜性等级。其具体方法参见第六章的论述。

6. 景观功能区划分

每一种景观类型都可能有多种利用方式，在景观生态适宜性评价的基础上，还要考虑目前已有的利用方式的适宜性、改变现有利用方式有无可能、技术上是否可行、景观特性与人类活动的分布等问题。将区域按照景观结构特征、景观的生态服务功能、人类的生产和文化要求，划分为不同的功能区，形成合理的景观空间结构，有利于协调区域自然、社会和经济三者之间的关系，促进区域的可持续发展。

7. 景观生态规划方案及评价

基于上述步骤可以对区域景观的利用方式提出多种可供选择的规划方案与措施，但这些方案是否合理可行，是否满足可持续发展的要求，还需要对其进行进一步的分析评价。

（1）成本-效益分析

方案与每一项措施的实施都需要有资源和资金的投入，同时实施的结果也必然带来一定的经济、社会和生态效益，必须对各方案进行成本-效益分析，进行经济上的可行性评价，以选择投入低、效益好的方案。

（2）对持续发展能力的评价

方案的实施必然会对当地和邻近区域的生态环境产生影响，要对这种影响进行评价，分析其影响是有利的，还是不利的，以确保方案的实施对区域的可持续发展能力提供支持。

第三节 景观生态规划的主要方法

一、景观综合规划方法

捷克景观生态学家 Ruzicka 和 Miklos 在区域规划、开发和对人工生态系统进行优化设计过程中，逐渐形成了一套较为成熟的景观生态规划（LANDEP）理论与方法体系，至今仍受到广泛重视和应用。该方法包括景观生态资料和景观利用的生态优化两部分。

1. 景观生态资料

景观生态资料主要包括景观生态分析、景观解译与景观生态综合、复杂景观生态综合三方面内容。

景观生态分析是对景观及区域内的非生物组分和生物组分、景观结构、生态现象和过程、社会经济现象等进行调查和分析，形成规划的基础信息。

景观解译和景观生态综合是在前者的基础上，采用地理空间叠置方法分别对非生物组分、生物组分、人类社会经济组分进行综合与评价，得出景观综合体。

复杂景观综合实际就是景观分类与分区的过程，目的是建立同质的景观空间单元，并利用分类、分区和区域分析指数为规划提供可靠的空间结构状况。

2. 景观利用的生态优化

景观利用的生态优化是景观生态规划的核心，优化依赖于景观生态资料和景观同质空间单元，对于每一个具体的区域来说，空间单元是与发展需求相比较而言的。在评价了每一个空间单元对某一具体的人类活动或土地利用的适宜性后，就要根据景观生态学的标准来提出具体的人类活动的合适位置的建议，因而，该过程包括评价和建议两方面内容。

（1）评价

评价过程应用景观空间单元被解译的功能特性和规划所选择的人类活动两个基本输入，首先确定每一个功能特性对不同人类活动的重要性权重；其次确定每种人类活动的单个功能特性适宜性等级，最后得到人类活动与景观空间单元的总适宜性评级结果。

（2）建议

包括四个部分：①对所提出的建议进行初步挑选；②最终建议的选择；③环境的保护与管理；④管理过程的图表解译。

景观生态规划的主要步骤见图12-3。

二、以适宜性评价为基础的规划方法

麦克哈格将宏观生态学思想与土地利用优化配置结合起来，通过对海岸带管理、城市开放空间设计、公路选线、流域综合开发规划等大量案例的分析，对景观生态规划的工作流程和方法作了较为全面和系统的探讨，形成了以生态适宜性分析为基础的景观生态规划框架。该方法强调土地利用应体现土地本身的内在价值，而这种内在价值是由自然过程所决定的，即自然的地质、地貌、土壤、水文、动植物及基于这些自然因子的文化历史，决定了某一地段对具体用途的适宜性。其后，又有许多学者基于麦克哈格的方法而发展了不同的生态适宜性评价方法，使这一方法更为完善。其具体的分析方法见第六章有关论述。

基于生态适宜性评价的景观生态规划方法突出了景观规划的生态学途径，有利于土地利用与自然条件的协调。但该方法主要强调景观单元要素的匹配，而对不同景观单元之间的相互影响及景观整体的综合效益反映不够。

三、 Metland 程序

美国马萨诸塞大学景观规划组提出的Metland程序（促进为一般公众利益而进行的在环境因子基础上的土地利用决策），把科学知识和先进技术具体化为一个景观生态规划模式。它从第一阶段的复合景观评估（着重景观、生态和公用事业价值方面，涉及特殊的或关键的资源、公害、发展适宜性），经过第二阶段可选规划的系统阐述分析，到第三阶段的规划评价，用一个评价程序来预测所提出的土地利用效果，选择满足人类大多数目标，而又对景观的价值、生态价值和公用事业价值没有副作用的可选规划（图12-4）。

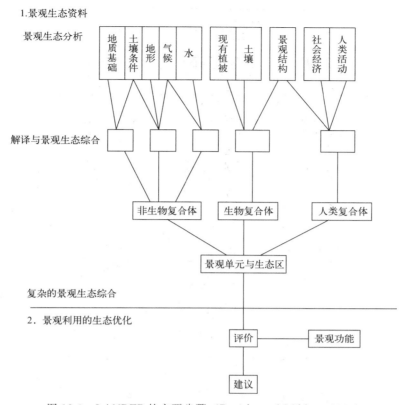

图 12-3　LANDEP 的主要步骤（Ruzicka and Miklos，1990）

该程序的最大特点是在规划中提出了景观分析、评估和评价的意图、特征等基本问题，同时又引入了各种参数，对景观的属性赋予不同的权重，来说明其相对重要性，也有利于计算机及地理信息系统技术在规划中的应用。另外，该模式还区分了景观评估与景观评价两个不同概念，景观评估是用各种景观参数对景观的评价过程，是在规划之前进行的，主要是辨识景观的。而景观评价则是在规划之后进行的，主要用来评价各种可选择规划的效果。

四、基于系统分析与模拟的景观生态规划方法

以系统分析方法进行大尺度的景观生态规划是景观生态规划研究方法的一个重要方向，以 E. P. Odum 和 F. Vester 等人的研究方法为代表。

1. 区域生态系统模型方法

E. P. Odum 根据其建立的生态系统分室模型，提出了区域生态系统发展战略模型。在该模型中，根据区域中不同的土地利用类型的生态功能，将区域划分为 4 个景观单元类型：①生产性单元，主要是农业和生产性的林业用地；②保护性单元，是那些对维持区域生态平衡具有重要生态意义的景观单元，如生物栖息地、防护林地、水源涵养地等；③人工单元，是城市化和工业化的土地，对自然生态过程有明显的负面影响；④调和性单元，指前述各单元类型中在生态系统中起协调作用的景观单元。

上述 4 类景观单元构成区域生态系统模型的第一层次研究内容，第二层次则注重于各单元类型之间的物种和能量流动、转化的过程和机制的研究，第三层次以区域生态系统整体为对象，研究自然和社会经济输入、输出的调控机制，为区域土地利用的合理分配提供决策

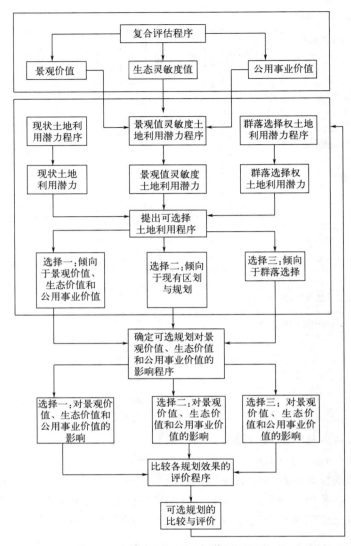

图 12-4　Metland 程序的规划步骤和内容

依据。

2. 灵敏度模型

F. Vester 和 A. Von. Hesler 提出的灵敏度模型以生物控制论为核心，强调变量之间的相互关系，而不是变量本身，它通过对有关资料的分析就可以理解较为复杂的系统，因而成为综合土地利用规划的一个重要工具。如前所述，该模式主要由模拟、判读、评价、战略等几个阶段构成。具体步骤参见第七章内容。

五、基于景观格局的规划方法

1. 土地利用分异（DLU）战略

德国生态学家 Haber 基于 Odum 所提出的生态系统发展战略，经过多年的研究和实践，于 1979 年提出了适用于高密度人口地区的土地利用分异战略，其景观整体化规划按如下 5 个步骤进行：

① 土地利用分类：辨识区域土地利用的主要类型，根据由生境集合而成的区域自然单位（RNU）来划分。每一个 RNU 有自己的生境特征组，并形成可反映土地用途的模型。

② 空间格局的确定和评价：对由 RNU 构成的景观空间格局进行评价和制图，确定每个RNU 的土地利用面积百分率。

③ 对影响的敏感性：识别近似自然和半自然的生境簇绘图并列出清单，这些生境被认为是对环境影响最敏感的地区和最具保护价值的地区。

④ 空间联系：对每一个 RNU 中所有生境类型之间的空间关系进行分析，特别侧重于连接度的敏感性以及不定向的或相互依存的关系等方面。

⑤ 影响结构分析：利用以上步骤得到的信息，评价每个 RNU 的影响结构，特别强调影响的敏感性和影响范围。

该方法主要是针对 Odum 的系统分析方法中对景观单元间的相互影响研究不足而提出的，主要利用环境诊断指标（而不是模型模拟）和格局分析对景观整体进行研究和规划。

在利用该规划方法进行工作的过程中，Haber 等人总结出了如下土地利用规划和管理战略：①在一个给定的 RNU 中，占优势的土地类型不能成为唯一的土地类型，应至少有10%～15%的土地为其他土地利用类型；②对集约利用的农业或城市与工业用地，至少10%的土地表面必须被保留为诸如草地和树林的自然景观单元类型；③这 10%的自然单元应或多或少地均匀分布在区域中，而不是集中在一个角落，这个"10%规则"是一个允许足够（虽然不是最佳）数量野生动植物与人类共存的一般原则；④应避免大片均一的土地利用，在人口密集地区，单一的土地利用类型不能超过 $8\sim10\text{hm}^2$。

DLU 战略是目前在对过程机制难以定量模拟和把握的情况下较为可行的规划途径。尽管这种途径没有与一个系统的理论，如景观生态学紧密结合起来，在空间联系的分析上也缺乏方法和手段，但它却为景观生态学的发展及其在区域和景观规划中的应用提供了基础。

2. 景观利用的格局优化规划方法

1995 年，Forman 在他的 *Land Moasic* 一书中，主要针对景观格局的整体优化，系统地总结和归纳了景观格局的优化方法。其方法的核心是将生态学的原则和原理与不同的土地规划任务相结合，以发现景观利用中所存在的生态问题和寻求解决这些问题的生态学途径。该方法主要围绕如下几个核心展开。

（1）背景分析

在此过程中，景观的生态规划主要关注景观在区域中的生态作用（如"源"或"汇"的作用），以及区域中的景观空间配置。区域中自然过程和人文过程的特点及其对景观可能影响的分析也是区域背景分析应关注的主要方面。另外，历史时期自然和人为扰动的特点，如频率、强度及地点等，也是重要的内容。

（2）总体布局

以集中与分散相结合的原则为基础，Forman 提出了一个具有高度不可替代性的景观总体布局模式办法。在该模式中，Forman 指出，景观规划中作为第一优先考虑保护和建设的格局应该是几个大型的自然植被斑块作为物种生存和水源涵养所必需的自然栖息环境，有足够宽和一定数目的廊道用以保护水系和满足物种空间运动的需要，而在开发区或建成区里有一些小的自然斑块和廊道，用以保证景观的异质性。这一优先格局在生态功能上具有不可替代性，是所有景观规划的一个基础格局（Forman，1995）。

（3）关键地段识别

在总体布局的基础上，应对那些具有关键生态作用或生态价值的景观地段给予特别重视，如具有较高物种多样性的生境类型或单元、生态网络中的关键节点和裂点、对人为干扰很敏感而对景观稳定性又影响较大的单元，以及那些对于景观健康发展具有战略意义的地段等。

（4）生态属性规划

依据现时景观利用的特点和存在的问题，以规划的总体目标和总体布局为基础，进一步明确景观生态优化和社会发展的具体要求，如维持那些重要物种数量的动态平衡、为需要多生境的大空间物种提供栖息条件、防止外来物种的扩散、保护肥沃土地以免被过度利用或被建筑或交通所占用等，这是格局优化法的一个重要步骤，根据这些目标或要求，调整现有景观利用的方式和格局，将决定景观未来的格局和功能。

（5）空间属性规划

将前述的生态和社会需求落实到景观规划设计的方案之中，即通过景观格局空间配置的调整实现上述目标，是景观规划设计的核心内容和最终目的。为此，需根据景观和区域生态学的基本原理和研究成果，以及基于此所形成的景观规划的生态学原则，针对前述生态和社会目标，调整景观单元的空间属性。这些空间属性主要包括这样几个方面：①斑块及其边缘属性，如斑块的大小、形态，斑块边缘的宽度、长度及复杂度等；②廊道及其网络属性，如裂点（gap）的位置、大小和数量，"暂息地"的集聚程度，廊道的连通性，控制水文过程的多级网络结构，河流廊道的最小缓冲带，道路廊道的位置和缓冲带等等。通过对这些空间属性的确定，形成景观生态规划在特定时期的最后方案。之后，随着对景观利用的生态和社会需求的进一步改变，仍会对该方案进行不断调整和补充。

Forman 的格局优化方法为把生态学理论落实到规划所要求的空间布局中提供了较为明确的理论依据和方法指导。但由于目前的研究仍主要停留在对景观元素属性和相互关系的定性描述上，许多实际问题的解决尚缺乏可操作途径。例如，如何选择和确定保护区及其空间范围、在哪里及如何建立缓冲区和廊道、如何识别景观中具有战略意义的地段等。

与适宜性评价法不同的是，格局优化方法主要关注景观单元水平方向的相互关联，以及由此形成的整体景观空间结构。尽管目前我们对于景观中的各种生态过程（尤其是人为干扰下的生态过程）尚缺乏足够全面和可靠的认识与把握，许多格局优化所依据的原则和标准还停留在定性的推论阶段，但格局优化法毕竟在水平关联的方向上为景观规划指出了一个大有作为的生态学途径，是对传统的以适宜性评价为主导的生态规划方法的有益补充。

六、可辩护规划模式

规划不是被动地完全根据自然过程和资源条件而追求一个最适、最佳方案，而在更多的情况下，它是一个决策导向的过程（Decision Oriented Planning，Faludi，1993）。规划本身不是决策，而是决策的支持。是一个自上而下的过程，即规划过程首先应明确什么是要解决的问题，目标是什么，然后以此为导向，采集数据，寻求答案。当然，寻求答案的过程可以是一个科学的自下而上的过程。关于这方面的规划方法论，Steinitz（1990）的六步骤框架提供了一个非常系统的模式（图 12-5）。根据这个框架在制订规划时通常考虑六个层次的问题：

① 景观的状态如何描述，包括景观的内容、边界、空间、时间，用什么方法，用什么语言。这一层次问题的回答依赖于表述模型（representation model）。

② 景观的功能，即景观是如何运转的，各要素之间的功能关系和结构关系如何。这类问题的回答依赖于过程模型（process model）。

③ 目前景观的功能运转状况如何，如何判断，基于判断矩阵——无论是美观性、栖息地多样性、成本、营养流、公共健康还是使用者满意状况，这类问题的回答依赖于评价模型（evaluation model）。

④ 景观会怎样发生变化（无论是保护还是改变景观），被什么行为，在什么时间、什么地点而改变。这与第一类问题直接相关，尤其是在数据、用语、句法方面。这一问题导致了变化模型（change model）的出现。至少两类重要的变化必须考虑：当前可预见趋势带来的变化（实际包括要素自身的时间趋势以及别的要素发生变化带来的改变），相应的就有预测模型（projection model）；可以实施的设计带来的变化，诸如规划、投资、法规、建设等都属于设计范畴，相应的就有干预模型（intervention model）。

⑤ 景观变化会带来什么样的可预见的差异或不同，这与问题②直接相关，因为同样是基于信息、基于预测性理论的。这一类问题的解决依赖于影响评价模型（impact model）。在这一模型中，过程模型（②所描述）用于模拟变化。

⑥ 景观是否应该被改变，如何做出改变景观或保护景观的决策，如何评估由不同改变带来的不同影响，如何比较替代方案，这与第三类问题又直接相关，因为二者都是基于知识，基于文化价值的。这个问题的解决需要由决策模型（decision model）来实现。

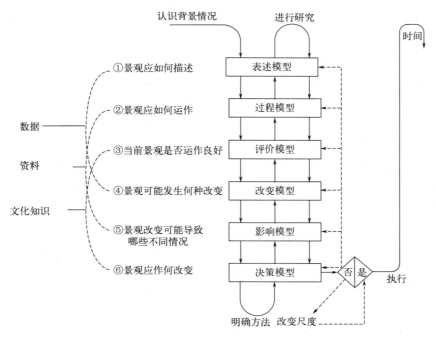

图 12-5　Steinitz 的多解规划研究框架

（斯坦尼兹著，郑冰、李劼译，《变化景观的多解规划》，中国建筑工业出版社，2009）

在任何一个项目中这六个层次的框架流程都必须至少反复三次：第一，自上而下（顺序）明确项目的背景和范围，即明确问题所在；第二，自下而上（逆序）明确提出项目的方法论，即如何解决问题；第三，自上而下（顺序）进行整个项目直至给出结论为止，即回答问题。

七、景观生态安全格局规划方法

1. 景观生态安全格局

俞孔坚于 1995 年提出了景观生态规划的生态安全格局（security patterns，SP）方法。该方法把景观过程（包括城市的扩张、物种的空间运动、水和风的流动、灾害过程的扩散等）作为通过克服空间阻力来实现景观控制和覆盖的过程。要有效地实现控制和覆盖，必须占领具有战略意义的关键性的空间位置和联系。这种战略位置和联系所形成的格局就是景观生态安全格局，它们对维护和控制生态过程具有异常重要的意义。通过对生态过程潜在表面的空间分析，可以判别和设计景观生态安全格局，从而实现对生态过程的有效控制。

景观安全格局理论在把景观规划作为一个可操作、可辩护的而非自然决定论的过程，和在处理水平过程诸方面显示其意义。它克服了麦克哈格的"设计适应自然"模式中的两个致命的弱点：①不能有效地处理景观的水平过程，如城市的空间扩张，物种的水平空间运动；②把规划当作一个自然决定论的过程，而无法将决策过程中人的行为考虑进去。如在传统的生物保护规划中，生物往往被保护在一个划定的保护区内。事实上即使是世界上最大的保护区也很难维持保护对象的长久延续。而景观安全格局理论则认为生物对整体景观都具有利用和控制的潜能，而景观中存在着某些潜在的格局，它们对生物的运动和维持过程有关键的影响，如果生物能占据这些格局并形成势力圈，生物便能最有效地利用景观，使景观具有功能上的整体性和连续性，最有效地维护生物和生态过程。因此，识别、设计和保护景观生态安全格局是现代生物保护的重要战略。

不论景观是均相的还是异相的，景观中的各点对某种生态过程的重要性都不是一样的。其中有一些局部、点和空间关系对控制景观水平生态过程起着关键性的作用，这些景观局部、点及空间联系构成景观生态安全格局。它们是现有的或是潜在的生态基础设施（ecological infrastructure）。在一个明显的异质性景观中，SP 组分是可以凭经验判别的，如一个盆地的水口、廊道的断裂处或瓶颈、河流交汇处的分水岭。但是在许多情况下，SP 组分并不能直接凭经验识别。在这种情况下，对景观战略性组分的识别必须通过对生态过程动态和趋势的模拟来实现。

SP 组分对控制生态过程的战略意义可以体现在以下三个方面：

① 主动（initiative）优势：SP 组分一旦被某生态过程占领后就有先入为主的优势，有利于过程对全局或局部的景观控制。

② 空间联系（co-ordination）优势：SP 组分一旦被某生态过程占领后就有利于在孤立的景观元素之间建立空间联系。

③ 高效（effeciency）优势：某 SP 组分一旦被某生态过程占领后，就有利于生态过程控制全局或局部景观在物质、能量上达到高效和经济。从某种意义上讲，高效优势是 SP 的总体特征，它也包含在主动优势和空间联系优势之中。

2. 景观生态安全格局组分

景观生态安全格局组分见二维码 12-1。

二维码12-1
景观生态安
全格局组分

第四节　景观生态规划的应用

一、城市景观生态规划

从 19 世纪末英国社会活动家 Howard 的"田园城市"设想，到现代园林规划设计，充分体现了城市需要自然，城市是自然的一部分。随着城市环境问题的出现，以及人们需求的提高，城市景观生态规划就显得更加重要。

1. 城市景观的特征

城市景观是指城市地域空间的景物或景象，它是在一定区域内以从事第二、三产业为主的高密度人群、人工建筑体的集合，是由人类凭其强大的经济与技术能力而建设起来的人造景观（肖笃宁等，2003）。城市景观是人类文明发展到一定阶段的产物，是人口快速增长与国民经济蓬勃发展的结果，是一定区域内的政治、经济、文化、金融、科技的中心，也是一定区域内交通聚散的枢纽。城市是社会生产力发展到一定阶段，在劳动分工逐渐细化、生产关系改变和生产产品有了剩余的前提下，逐渐由农业居民点（村或庄）转化而来的人类集中活动的地域。

城市景观在区域尺度上，往往被当作斑块来对待，其分布具有一定的规律性。但在小尺度上，城市本身又是一个景观单元，其内部不同规模、性质的部分，构成了这一单元的景观结构要素。

从景观生态学角度看，城市景观具有如下特征。

（1）景观生态单元以人为主体

这是城市景观区别于其他景观的重要特点。人类活动影响强烈，因而城市中的自然面貌发生了很大的变化。城市内部以及城市与其外部系统之间物质、能量、信息的交换，主要靠人类活动来完成。

（2）城市景观具有不稳定性

随着社会经济的发展，城市化进程不断加快，城市景观变化很快，表现出强烈的不稳定性和动态性。尤其是城市边缘区，城市动态扩展强烈。再就是城市在物质和能量上表现的对外部的强烈依赖。当外部条件发生变化时，就会影响到城市。

（3）城市景观具有破碎性

城市内四通八达的交通网络，将其切割成许多大小不等的引进斑块，这与大面积连续分布的农田、自然景观形成明显的对比。

2. 城市景观生态规划的主要内容

城市景观生态规划就是根据景观生态学原理和方法，合理地规划景观空间结构，使廊道、斑块及基质等景观要素的数量及其空间分布合理，使信息流、物质流与能量流畅通，使景观不仅符合生态学原理，而且具有一定的美学价值，而适于人类聚居。主要包括如下内容：收集和调查城市景观生态的基础资料；对城市进行景观生态分析与评价，即从景观生态学角度分析城市景观要素、结构、功能以及物流、能流情况，这是做好景观生态规划的基础性工作；拟定城市景观生态规划。

具体地说，从规划的对象来看，城市景观生态规划主要包括三个方面：一是环境敏感区的保护规划，二是生态绿地空间规划，三是城市外貌与建筑景观规划。环境敏感区是对人类具有特殊价值或具潜在天然灾害的地区，这些地区往往极易因人类不当的开发利用活动而导致环境负效果，属脆弱地区。依据资源特性与功能差异，环境敏感区可分为：生态敏感区、文化敏感区、资源生产敏感区和天然灾害敏感区。对城市景观来说，生态环境敏感区包括城市中的河流水系、滨水地区、山丘土丘、山峰海滩、特殊或稀有植物群落、部分野生动物栖息地等。文化景观敏感区指城市景观中具有特殊或重要历史、文化价值的地区，如文物古迹、革命遗址等。资源生产敏感区有城市水源涵养区、新鲜空气补充区、土壤维护区、野生动物繁殖区等。天然灾害敏感区包括城市可能发生洪患的滨水区、地质不稳定区、空气严重污染区等。脆弱性与不可逆变化及稳定性的损失有关，因此，在城市景观生态规划中应首先做好环境敏感区的保护规划。

对城市中的河流水系要疏通河道，在两旁建一定宽度的绿色廊道。在文物古迹周围建设直径大于 500m 的绿化天窗，这样不仅可以衬托文物古迹的庄严、雄伟，而且绿化后使得古建筑群与周围现代建筑群分开，避免古代建筑群与周围现代建筑紧挨而显得不协调。对天然灾害敏感区，同样要注重绿化，提高生态环境质量，防止水土流失，减轻自然灾害。

城市景观是经济实体、社会实体和自然实体的统一，它具有两种生态系统——自然生态系统和人类生态系统的属性，而以人类生态系统为主。城市规划学家芒福德就很注重城市中的自然生态系统。芒福德认为城市与区域本质上是不应分开的，城市是区域的一部分。他认为，在区域范围内保持一个绿化环境，这对城市文化来说及其重要，一旦这个环境被破坏，被掠夺，被消灭，那么城市也随之而衰退，因这两者的关系是共存亡的。他认为，城市更新的重要条件之一就是重新拥有绿色环境，使其重新美化，充满生机，并强调"保持城市社区的林木绿地，阻止城市无限增长吞噬绿色植物，破坏城乡生态环境。不仅要保持肥沃的农业和园艺地，以及供人们娱乐休息和隐居之用的天然园地，而且还要增加人们进行业余爱好活动的场所"。为此，他提出休闲场所的临近性。并提倡要"创造性地利用景观，使城市环境变得自然而适于居住"。一个城市，改善环境质量除了主要依靠对污染的防治和控制外，还要重视发挥自然景观对污染物的承载作用，特别是天然和人工水体、自然或人工植被、广阔的农业用地和空旷的景观地段，都可作为景观生态稳定带的骨架。协调人-地矛盾，将自然组分重新引入城市是国外城市景观生态学研究的重心。可见城市绿色生态空间对城市景观是多么重要。城市绿色生态空间可分为：公共绿地、居住绿地、附属绿地、交通绿地、风景区绿地、生产防护绿地等。

城市绿地覆盖率要达到一定的面积。从可持续发展的要求，即从卫生学上保护环境的要求和防灾防震的要求出发，城市绿地面积要在 50％以上；从大气 O_2 与 CO_2 的平衡来看，城市居民每人要有 $10m^2$ 森林面积。事实上，加上城市燃料所产生的 CO_2，则城市每人需要有 $30\sim40m^2$ 的绿地面积。城市绿地覆盖率在 30％～40％较好。根据联合国生物圈生态与保护组织的规定，城市居民每人要有 $60m^2$ 的绿地，居住区每人要保持拥有绿地 $28m^2$。而且目前国内许多城市人均绿地面积远小于 $30m^2$，覆盖率也低于 30％。

生态绿地不仅要数量多而且要分布均匀，大斑块与小斑块相结合。从景观生态学角度看，大型植被斑块具有多种重要生态功能，并为景观带来许多益处。另一方面，小的植被斑块可以作为物种在迁徙过程中的歇脚地，保护与规划分散的稀有种类或小生境有利于提高景观的异质性。所以小斑块是大斑块的有效补充，不能取而代之，应把二者有机结合起来，并通过廊道连接起来。对孤立斑块内的亚种群来说，局地灭绝率随生境质量的提高或斑块的增大而降低。其重新定居的可能性随着廊道、歇脚地或较短的斑块间的距离的存在而增大。另外，规划生态绿地空间时要集中与分散相结合，应通过土地的集中布局，在建成区保留一些小的自然斑块和廊道，同时在人类活动的外部环境中，沿自然廊道布局一些小的人为斑块，形成最佳的生态组合。

首先，城市景观中，道路廊道的车流、人流集中，废气、噪声集中，影响人们的身心健康。因此，最好把绿地廊道与道路廊道结合起来，在道路两边规划一定宽度与不同形态的植被带，有利于改善道路的环境质量，有利于消除环境死角。其次，城市景观中道路廊道密布，使绿地廊道沿道路分布，有利于增加绿地面积，且有利于绿色植被均匀分布于城市景观中。再次，通过绿色廊道把景观中各斑块连接起来，有利于各斑块中的小型动物沿廊道移动。

一个城市的景观生态规划，就是要创造良好的生产、生活环境，创造优美的城市景观，因此，城市景观生态规划还要考虑城市外貌与建筑景观的总体布局，就是根据城市的性质和规模、现状条件，对城市建设艺术布局的总体构思，确定城市建设艺术的骨架，体现城市美学要求。美有自然美与人工美之分。起伏的地势山丘、弯曲多变的江河湖海，富有生机的树木花草之美为自然美；建筑、道路、立交桥、雕塑之美为人工美。自然美与人工美的和谐统一，才是城市总体之美。

城市外貌要与城市的地形等自然条件相适应。平原城市，建筑群可布局紧凑整齐，但为了避免城市总体布局的单调，在绿化地段可适当挖低补高，积水成池，堆土成山，增强立体感。在建筑群景观的布置上，高低的搭配得当，广场、道路比例合理，使城市具有丰富的轮廓。丘陵山区地形变化较大，城市外貌与建筑景观布局应充分结合自然及地形条件，一般采用分散与集中结合的办法，同时在高地上布置造型优美的园林风景建筑，丰富城市轮廓，如拉萨的布达拉宫，建筑群依山而立，充分发挥了山势的作用，具有雄伟壮丽的艺术效果。

建筑景观不但要与城市的性质、规模等相适应，而且建筑群之间要协调，特别是古建筑群与现代建筑群之间要协调。现在在一些历史悠久的城市古建筑旁紧挨着的就是现代建筑，非常不协调、不美观。因此，在城市景观生态规划中，要注意建筑群之间的协调。如遇两类不同风格的建筑或建筑群时，中间用一定宽度的植被带分开，使二者之间实现完美的过渡。

3. 城市景观生态规划设计的要点

国内外的经验都表明，在城市景观的优化设计中有以下一些注意要点：

① 通过生态调查制订土地利用规划，限定应保全的地区，指定需保护地段，勾画开发区的轮廓。

② 土地开发要考虑水源、大气、生物、噪声和侵蚀等环境问题。

③ 建立区域开放空间系统，使城镇内部有均匀的绿地或旷地分布。

④ 使城市具有紧凑的空间结构，在城市核心之间分隔以有自然风景的活动区。

⑤ 尽可能把市区的文化娱乐设施转移至城郊或卫星城。

⑥ 组织和谐一致的土地利用，取消功能混杂、相互干扰的布局，如工厂和住宅商业楼的混杂。

⑦ 使住宅离开交通的"压迫"，至少使建筑正面离开街道，以减少噪声干扰。

⑧ 在道路终端周围或庭院设计住宅群，将住宅从面向热闹的街道转向面对安静的庭院

或休闲活动空间。

　　⑨ 居住小区应避免单调划一，努力提供方便舒适、多种多样和各具特色的生活场所。

二、农村景观生态规划

　　农业景观的发展通常分为四个阶段，即农业前景观、原始农业景观、传统农业景观和现代农业景观。从根本上讲，原始农业、传统农业是一个自给自足、自我维持的内稳定系统，人地矛盾尚不突出，人们未意识到农村合理土地利用的必要性，农村景观规划更无从谈起。当前，我国部分地区正处于由传统农业景观向现代农业景观的转变过程中，巨大的人口压力，大量人工辅助能流的导入，使现代农业景观中人类活动过程和自然生态过程交织在一起，导致生态特征和人为特征的镶嵌分布。化肥、农药、除草剂及现代农业工程设施的使用，使土地生产率提高，农业景观异质性，土地利用向多样化、均匀化方向发展，同时又导致土壤流失、有机质减少、土壤板结及盐碱化从而对农业景观变化产生影响。农村各产业的蓬勃兴起，在有限的自然资源和经济资源的条件下，各产业相互竞争，物质、能量、信息在各景观要素间流动和传递，不断改变区域内农业景观格局，农业资源与环境问题日益突出。时空格局的改变使得小尺度农业生态系统研究已不能满足农业持续发展的需要，因此运用景观生态学原理，对农业景观资源进行合理的规划、设计，促进农业资源的合理利用及农业的持续发展，具有重要的现实意义。

　　理想的农村景观生态规划应能体现农村景观资源提供农业的第一性生产、保护和维持生态环境平衡及作为一种特殊的旅游观光资源 3 方面的功能。由于不同国家和地区经济发展水平、人口生存状况的差异，农村景观生态规划也有所侧重。

　　欧美一些发达国家，经济发达，农业集约化程度高，自然资源条件也相对优越，其农业景观生态规划较注重景观生态保护及美学价值，如高强度农业景观多样性与土地覆被空间异质性，农田树篱结构变化与动物多样性以及利于动物迁徙、移动与水土流失的关系。为满足人们"重返乡村和走近自然"的欲望，农村景观生态规划中一些富有特色的新型农业模式相继产生，如生态农业和精细农业等构成相应的观光农业和示范农业资源。

　　福尔曼基于生态空间理论提出一种最佳生态土地组合的乡村景观规划模型，包括以下七种景观生态属性：大型自然植被斑块、粒度大小、风险扩散、基因多样性、交错带、小型自然植被斑块与廊道。通过集中使用土地以确保大型植被斑块的完整，充分发挥其生态功能；引导和设计自然斑块以廊道或小型斑块形式分散渗入人为活动控制的建筑地段或农耕地段；沿自然植被斑块和农田斑块的边缘，按距离建筑区的远近布设若干分散的居住处所；在大型自然植被斑块和建筑斑块之间可增加些农业小斑块。显然，这种规划原则的出发点是管理景观中存在着多种组分，包含较大比重的自然植被斑块，可以通过景观空间结构的调整，使各类斑块大集中、小分散，确立景观的异质性来实现生态保护，以达到生物多样性保持和视觉多样性的扩展。

1. 土地利用与农业景观规划

　　乡村土地利用是乡村各种经济活动对土地资源的需求并通过人类活动反映在土地利用格局上。在土地利用规划上要重点从土地适宜性、土地需求结构和土地利用规划等方面进行考虑，并要在格局上解决好土地利用的集中与分散、乡村居民点的集中与分散的问题。

　　同时，乡村景观生态规划还要关注高效农业景观生态系统的设计，常见的有循环型生态农业系统、立体农业系统、空中农业系统、特色观光农业系统等。

2. 乡村人居环境规划

乡村人居环境规划包括生态庭院的规划设计和乡村生态社区规划两个方面。农村庭院生态工程是在农村家庭居住地及其周围零星土地范围内进行的，应用生态学原理对其环境进行保护、改造、建设和资源开发利用的综合工艺体系。包括以能源（沼气）建设为中心的家庭生态农业模式，实现物质多层次循环利用的庭院生态农业模式和种、养加综合经营家庭生态农业模式等。乡村生态社区规划要综合考虑乡村聚落布局的自然条件和社会条件，适宜的规模和完善的生活服务体系与公共活动空间。包括社区的布局、绿化、环卫、资源综合利用，以及住宅建筑的节能、隔声、日照、通风等各项内容。

3. 自然斑块与廊道的保护与规划

在乡村景观中，自然斑块多分散地分布在农田斑块之间，主要有自然洼地和河滩湿地斑块、水塘或湖泊斑块、林地斑块、山地与风景区斑块等。对于这些自然斑块的保护规划要坚持保护其完整性和原生性，限制自然斑块内部的人类活动，在自然斑块与农田斑块之间规划相互作用的过渡地带等原则。乡村廊道是乡村与外界联系极为紧密的生态通道，包括河流与溪流、大型林带、公路、线性通道和农田防护林等。在规划中要注意保持廊道的完整性和连接性，对自然廊道应尽量保持其自然性和原生性，要根据廊道的特点规划设计廊道合理的宽度，注意河流等廊道的防灾功能，并形成不同等级和不同作用的生态连接网络。

三、风景园林区的景观生态规划

景观的视觉多样性与生态美学原理是风景园林区规划建设的重要依据与理论基础。一个优美的、吸引力强的风景区通常都是自然景观与人文景观的巧妙结合，由地文景观、水文景观、森林景观、天象景观和人文景观构成的风景资源景观要素，通过适当的安排与组合，赋予其相应的文化内涵，以发挥其旅游价值，可供人们进行游览、探险、休闲和科学文化教育活动。

在具体进行园林景观的规划和设计时，应注意遵循以下原则：①生机，少盖房子多留绿地，以使景物充满生机，景点应以绿色生态系统为主，而不要以亭、台、楼、廊为主；②野趣，设计要有野趣，力求接近自然，自然景观往往比雕琢的几何图案更具魅力；③和谐，要使人工建筑物与周围环境保持和谐、协调；④格调，注意发挥地方的、民族的特色，包括建筑物的格调、材料和应用于造园的生物种；⑤容量，精心设计以增加景观的容量，以小见大。

近年来，一些原本以科学原则为指导的植物园、树木园也考虑扩大其功能，从而提出建立生态景观园的构想。这类园林应注意以生态仿真作为设计基础，即模拟自然生态系统的外貌和结构、功能关系，并取得高于自然的观赏效果；以植物工程为主要手段，在植物配置方式上务必与环境相协调；在景观的规模与尺度上创造出有代表性的自然风物，有别于一般的风景园林。

自然风景旅游区是由许多相互关联、依存和制约的生物因素和非生物因素构成的，以自然景观属性为主、人工干预为辅的生态系统。从景观生态角度来看，主要包括山地、森林、草地、各种水域和沼泽等景观生态类型，其共同特点是保持着大自然原有风貌和良好的生态环境，有些还有丰富独特的人文过程、浓郁的民俗风情，成为人们亲近自然、回归自然的理想之地。经营者凭借自然景观旅游资源，以旅游设施为条件，向旅游者提供各种服务，目的是使自己获得最大经济效益，这必然向景观生态系统提供更多的能流和物流，对系统内的生物种类组成、种群数量比例和土壤的外部形态等产生一定的影响，不同程度地改变了景观面貌，进而影响了景观价值。因此，旅游区景观生态规划的重点是如何协调经营者的经济效益和维持景观生态系统的生态整合性（结构与功能的完整）的关系，开发建设与景观生态破坏的关系，以及景点、服务设施的空间分布和建设。目前我国许多风景旅游区，由于人工干预和开发过度，景观生态系统受到破坏。自然风景区的生态规划必须因景制宜，适度开发，对风景旅游区在全面调查的基础上，以环境容量和景观生态保护为原则，通过总体生态规划，使得人工景观与天然景观共生程度高，真正做到人工建筑的"斑块""廊道"与天然的"斑块"、"廊道"和"基质"相协调。在规划中还应注意从当地民俗风情中汲取精华，设计出源于自然，与环境相融合的风景建筑。此外，还要对进入旅游区的游客采取有效的管理措施，提高其生态环境意识。

◆ 思考题 ◆

1. 说明景观生态学的概念及一般原理。
2. 景观生态规划应遵循的基本原则有哪些？
3. 景观生态规划的方法有哪些？各有什么特点？
4. 城市景观生态规划的基本要点有哪些？
5. 目前自然风景旅游区存在哪些问题？如何进行景观生态规划？

◆ 参考文献 ◆

[1] 邬建国. 景观生态学—格局、过程、尺度与等级［M］. 北京：高等教育出版社，2000.

[2] Forman R T. Some general principles of landscape and regional ecology［J］. Landscape Ecology，1995，10（3）：133-142.

[3] 福尔曼，戈德罗恩. 景观生态学［M］. 肖笃宁，等译. 北京：科学出版社，1990.

[4] 纳维著. 景观生态学—理论与应用［M］. 李团胜，等译. 西安：西安地图出版社.2001.

[5] 傅伯杰，陈利顶，马克明，等. 景观生态学原理及应用［M］. 北京：科学出版社，2001.

[6] 何萍，史培军，高吉喜. 过程与格局的关系及其在区域景观生态规划中的应用［J］. 热带地理，2007，27（5）：390-394.

[7] 俞孔坚. 景观生态战略点识别方法与理论地理学的表面模型地理学报，1998，53（B12）：11-18.

[8] 温瑀，王颖. 乡村景观的生态规划［J］. 安徽农业科学，2009，37（16）：7766-7767.

[9] 宗跃光，甄峰. 景观规划模式与景观韵律学［J］. 生态学报，2006，26（1）：221-230.

[10] 赵羿，胡远满，等. 土地与景观：理论基础、评价、规划［M］. 北京：科学出版社，2005.

[11] 王云才. 景观生态规划原理［M］. 北京：中国建筑工业出版社，2007.

[12] 卡尔·斯坦尼兹，等. 变化景观的多解规划［M］. 郑冰，李劼，译. 北京：中国建筑工业出版社，2009.

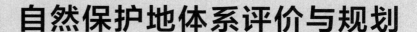

第十三章
自然保护地体系评价与规划

过去多年以来，保育自然和自然资源与发展经济的关系，总是被看作一个难以协调的问题。在可持续发展理论的不断发展完善和实践过程中，生态发展的理念正在逐步形成，并成为区域自然资源开发与保护的指导原则。自然保护地是保全生物多样性、维护国家生态安全的重要载体。自然保护地是国家依法确定的、对珍贵的自然生态系统和自然环境实施长期保护的陆域或海域。1956 年，中国始建自然保护区，以供科学研究需要。1982 年，我国建立了风景名胜区制度并设立首批国家重点风景名胜区，可供到访者游览或进行文化、科研活动。此后，森林公园、湿地公园、地质公园等自然公园也相继建立，自然保护地进入快速发展阶段。尽管中国形成了数量众多、面积广阔、类型丰富的自然保护地，对生态环境保护和生态安全发挥了重要作用，但也长期存在空间重叠、管理基础薄弱等问题，严重制约了中国自然保护地事业的健康发展，难以满足保障国家生态安全、维护生物多样性等要求。2019年 6 月，中共中央办公厅、国务院办公厅印发《关于建立以国家公园为主体的自然保护地体系的指导意见》，提出要建立以国家公园为主体、自然保护区为基础、各类自然公园为补充的自然保护地体系，保护我国生物多样性，维护自然生态系统完整性，推进美丽中国的建设。其中重要的一个方面就是强调通过各类保护地的建设，有效保护自然生态和自然资源，并探索可持续利用的途径。

第一节　自然保护地体系

一、国际上自然保护地体系

1. 世界自然保护联盟的自然保护地定义

2008 年，世界自然保护联盟（IUCN）组织成员共同对自然保护地的定义进行重新阐释：自然保护地是指一个明确界定的地理空间，通过法律或其他有效方式获得认可、承诺和管理，以实现对自然资源及其所拥有的生态系统服务和文化价值的长期保育。自然保护地定义的详细解释见表 13-1。

表 13-1　IUCN 自然保护地定义解释

名词	解释
明确界定地理空间	包括陆地、内陆水域、海洋和沿海地区，或两个或多个地区的组合。 "空间"包括三个范围，例如某自然保护地上空的空间需要保护，禁止飞机低空飞行；或者在海洋自然保护地中某一水深区域需要保护，抑或海床而非其海水需要保护；相反，地下区域有时则不受保护（例如可供矿产开发的地下区域）。 "明确划定"是指已经约定或划定边界的空间区域。这些边界有的是根据随时间变化的物理特征（例如河床）定义的，有的则是根据管理方式（约定的禁区）等定义的
认可	标识保护可包括一系列由人们公布的多种治理类型，也包括由国家确定的保护类型，但是所有这些区域应该经由某种方式获得认可（特别是通过列入世界自然保护地数据库 WDPA 名录获得认可）
承诺	表示通过某些方式（国际公约和协议；国家、省和地方法律；惯例法；非政府组织协议；私人信托和公司政策；认证体系），针对长期保护做出的有约束力的承诺
管理	通过建立自然保护地，保护自然价值（抑或其他价值）所采取的积极步骤；"管理"也包括作出决定将某区域完全保留原样作为最佳的保护策略
法律或其他有效方式	意味着自然保护地必须得到公示（即经法律认可），或经由国际公约或协议认可，或通过非公示但行之有效的方式加以管理，例如通过公认的传统约定或者建立非政府组织的政策对社区自然保护地进行管理
实现	意味着某种程度的有效性——这一点未曾出现在 1994 年的定义中，但却是许多自然保护地管理人员和其他相关人员强烈要求的。虽然自然保护地的类型仍将由管理目标确定，但是管理有效性会逐渐被记录在世界自然保护地数据库中，从长远来看会成为判断和认可自然保护地的一个重要衡量标准
长期	自然保护地应该进行永久管理，而不是作为一项短期或临时管理策略
保护	根据这一定义的背景，这里的保护指就地保护生态系统、自然和半自然栖息地、在自然环境下物种的可长久繁育的种群，以及家养的和栽培的物种
自然	自然指在基因、物种和生态系统水平上生物多样性，也经常指地质多样性、地貌及更广泛的自然价值
相关的生态系统服务	这里是指与自然保护相关但并不影响其保护目标的生态系统服务。这包括提供食品和水等供给服务，治理洪水、干旱、土地退化和疾病等的调节服务，土壤形成和养分循环的支持服务以及有关游憩、精神、宗教以及其他非物质福利等文化服务
文化价值	包括不会干扰保护成果（自然保护地的所有文化价值应符合这一标准）的价值，其中特别包括：为保护成果作出贡献的文化价值（例如，主要物种已经赖以生存的传统管理方式）；本身已受威胁的文化价值

2. IUCN 的自然保护地分类体系

现行的 IUCN 自然保护地分类体系是 1994 年发布的基于管理目标的六类分类体系，2008 年出版的《IUCN 自然保护地管理分类应用指南》对该分类体系重新做了修订，对各类型做了进一步阐释，形成了一个较为科学的体系，作为全世界各国自然保护地体系的指导性文件（表 13-2）。

表 13-2　IUCN 自然保护地分类体系

类型	名称	定义
Ⅰa	严格的自然保护地	是指受到严格保护的区域，旨在保护生物多样性，并可能涵盖地质和地貌保护。在这些区域，人类活动、资源利用受到严格控制，以确保其保护价值不受影响。同时对于科学研究和监测有着重要的参考价值
Ⅰb	荒野保护地	通常是指绝大部分保留其自然原貌或仅有微小变化的区域，依然保存其自然特征和影响，且没有永久性或者明显的人类居住痕迹。对其保护和管理是为了保持其自然原貌

类型	名称	定义
Ⅱ	国家公园	是指大面积的自然或近自然的区域,旨在保护大尺度的生态过程,以及相关的物种和生态系统特性。这些区域为开展环境和文化兼容的精神享受、科研、教育、游憩和参观提供机会和场所
Ⅲ	自然历史遗迹或地貌	是指为保护特殊自然历史遗迹所特设的区域,可能是地形地貌、海山、海底洞穴,也可能是陆地洞穴甚至是古老的小树林等地质形态。这些区域通常面积较小,但通常具有较高的参观价值
Ⅳ	栖息地/物种管理区	主要用来保护特定物种及其栖息地,这一优先性体现在管理工作中,需要定期、积极地干预,以满足特定物种或栖息地保护的需要(不是必须满足的条件)
Ⅴ	陆地景观/海洋景观保护地	是指人类和自然长期相互作用而产生鲜明特点的区域,具有重要的生态、物种、文化和景观价值。全面保护人与自然的和谐关系,对于保护和维持该区域的自然保护价值及其与人互动产生的其他价值都至关重要
Ⅵ	自然资源可持续利用自然保护地	是指为了保护生态系统和栖息地、文化价值和传统自然资源管理系统的区域。通常面积较大,且大部分区域处于自然状态,其中一些区域处于对可持续自然资源的管理利用之中,其主要目标是确保对自然资源的低水平非工业用途的利用与自然保护相互兼容

IUCN 对其六大类自然保护地管理目标中的功能定位做出了阐释,见表 13-3。从表中可以发现,IUCN 各类自然保护地的功能定位各有侧重,有明显的异质性,从而保证了各类自然保护地各司其职,形成一个较为系统、科学、完整的体系。

表 13-3　IUCN 自然保护地管理目标功能定位

自然保护地类型	功能定位								
	自然科学研究	荒野地保护	保存物种和遗传多样性	维持环境服务	保护特殊的自然和文化特征	旅游和娱乐	教育	持续利用自然生态系统内的资源	维持文化和传统特性
Ⅰa	●●	●	●●	●	/	/	/	/	/
Ⅰb	●●	●●	●	●●	/	●	/	○	/
Ⅱ	●	●	●●	●●	●	●●	●	○	/
Ⅲ	●	○	●●	/	●●	●●	●	/	/
Ⅳ	●	○	●●	●●	○	○	●	●	/
Ⅴ	●	/	●	●	●●	●●	●	●	●●
Ⅵ	○	●	●●	●●	○	/	/	●●	●

注:●●为首要功能定位,●为次要功能定位,○代表可能拥有的功能定位,/代表没有该功能定位。

3. 国外代表性国家的自然保护地分类体系

经过上百年的努力,世界各国根据自身的国情陆续建立了不同类型的自然保护地,形成了各具特色的自然保护地体系。通过自然保护地建设,有效地保护自然生态系统和生物多样性,成为世界各国自然保护的重要手段。

国外具有代表性的国家的自然保护地管理体系分类如表 13-4 所示。

表 13-4　代表性国家自然保护地管理体系分类

代表性国家	自然保护地分类体系
美国	国家公园体系、国家森林保护体系、国家景观保护体系、国家海洋保护区体系、国家娱乐区体系、国家河口科研保护区、国家步道体系、国家野生和风景河流体系、国家荒野保护体系、国家野生动物避难所体系、人与生物圈保护区
英国	森林公园、国家自然保护区、地方自然保护区、海洋自然保护区、海洋保护区、海洋协商区
加拿大	国家野生动物保护区、国家公园、国家海洋保护区、迁徙鸟类避难所、海洋特殊管理区、人与生物圈保护区、国际重要湿地、重要鸟类区域
法国	国家公园（荒野地）、国家自然保护区、海洋国家公园、生物保护区、国家狩猎和野生生物保护区、分类区/注册区、海岸线和湖岸保护区
巴西	国家公园、生物保护区、生态站、野生动物避难所、自然遗迹、可持续开发保护区、资源抽取保护区、环境自然保护地、相关生态效益区
菲律宾	严格自然保护区、自然公园、自然遗迹、野生生物保护区、受保护的陆地/海洋景观、天然生物区域
津巴布韦	野生动物管理区、国家森林、狩猎区、植物保护区、游憩公园、国家公园、禁猎区、国际重要湿地、禁伐林、植物园、世界遗产、联合国教科文组织生物保护圈、自然保护区、国家历史纪念区

二、中国自然保护地分类体系

中共中央办公厅、国务院办公厅印发的《关于建立以国家公园为主体的自然保护地体系的指导意见》中对自然保护地的定义为：自然保护地是由各级政府依法划定或确认，对重要的自然生态系统、自然遗迹、自然景观及其所承载的自然资源、生态功能和文化价值实施长期保护的陆域或海域。建立自然保护地目的是守护自然生态，保育自然资源，保护生物多样性与地质地貌景观多样性，维护自然生态系统健康稳定，提高生态系统服务功能；服务社会，为人民提供优质生态产品，为全社会提供科研、教育、体验、游憩等公共服务；维持人与自然和谐共生并永续发展。

1. 中国原有的自然保护地体系

为保护生态系统和自然资源，我国先后建立了自然保护区、风景名胜区、地质公园、森林公园、湿地公园、水利风景区等不同类型的自然保护地，并由不同行政管理部门进行分管（表 13-5），各部门对其所建立的自然保护地的保护目标与定位也作出相应规定。

表 13-5　中国原有的自然保护地体系

原有自然保护地类型	原建设与管理部门	现主管部门
自然保护区	国家林业局、环境保护部、农业部、国家海洋局、国土资源部、住建部、水利部	国家林业和草原局
风景名胜区	住建部	
森林公园	国家林业局	
湿地公园	国家林业局	
地质公园	国土资源部	
沙漠公园	国家林业局	
水产种质资源保护区	农业部	农业农村部
水利风景区	水利部	水利部

续表

原有自然保护地类型	原建设与管理部门	现主管部门
水源地保护区	水利部/环境保护部	水利部
生态公益林	林业局	国家林业和草原局
生态保护红线	环境保护部	自然资源部

截止到 2019 年底，中国已有各类自然保护地约 1.18 万处，大约覆盖了陆域国土面积的 18%，占海域面积的 4.6%（高吉喜等，2019），无论从数量上还是面积上均位居世界前列，为保护生物多样性、自然景观及自然遗迹，维护国家和区域生态安全等发挥了重要作用。

2. 我国新型自然保护地体系

2019 年 6 月，中共中央办公厅、国务院办公厅印发了《关于建立以国家公园为主体的自然保护地体系的指导意见》，提出要建立以国家公园为主体、自然保护区为基础、各类自然公园为补充的自然保护地体系，标志着中国自然保护地体系进入全面深化改革的新阶段。按照自然生态系统原真性、整体性、系统性及其内在规律，依据管理目标与效能并借鉴国际经验，将自然保护地按生态价值和保护强度高低依次分为 3 类。

（1）国家公园

是指以保护具有国家代表性的自然生态系统为主要目的，实现自然资源科学保护和合理利用的特定陆域或海域，是我国自然生态系统中最重要、自然景观最独特、自然遗产最精华、生物多样性最富集的部分，保护范围大，生态过程完整，具有全球价值、国家象征，国民认同度高。

（2）自然保护区

是指保护典型的自然生态系统、珍稀濒危野生动植物物种的天然集中分布区和有特殊意义的自然遗迹的区域。具有较大面积，能够确保主要保护对象安全，维持和恢复珍稀濒危野生动植物种群数量及其赖以生存的栖息环境。

（3）自然公园

是指保护重要的自然生态系统、自然遗迹和自然景观，具有生态、观赏、文化和科学价值，可持续利用的区域。确保森林、海洋、湿地、水域、冰川、草原、生物等珍贵自然资源，以及所承载的景观、地质地貌和文化多样性得到有效保护。包括森林公园、地质公园、海洋公园、湿地公园等各类自然公园。

通过制定自然保护地分类划定标准，对原有的自然保护区、风景名胜区、地质公园、森林公园、海洋公园、湿地公园、冰川公园、草原公园、沙漠公园、草原风景区、野生植物原生境保护区（点）、自然保护小区、野生动物重要栖息地等各类自然保护地开展综合评价，按照保护区域的自然属性、生态价值和管理目标进行梳理调整和归类，逐步形成以国家公园为主体、自然保护区为基础、各类自然公园为补充的自然保护地分类系统。我国新型自然保护地分类体系如表 13-6 所示。

自然保护地包括国家公园、自然保护区和自然公园三类，其中国家公园的定位是保护具有国家代表性的自然生态系统；自然保护区的定位是保护典型的自然生态系统、珍稀濒危野生动植物的天然集中分布区、有特殊意义的自然遗迹区域；自然公园的定位是保护重要的自然生态系统、自然遗迹和自然景观，且强调可持续利用（表 13-7）。

表 13-6　中国新型自然保护地分类体系

自然保护地类型	原有自然保护地	IUCN 自然保护地管理分类
第Ⅰ类：国家公园	国家公园体制试点	第Ⅱ类：国家公园
第Ⅱ类：自然保护区	自然保护区、自然保护小区	第Ⅰ类：（Ⅰa）严格自然保护地和（Ⅰb）荒野保护地
第Ⅲ类：自然公园	风景名胜区、地质公园、森林公园、湿地公园、冰川公园、沙漠公园、海洋特别保护区（含海洋公园）、草原公园、种质资源原位保护区	第Ⅲ类：自然历史遗迹或地貌 第Ⅴ类：陆地/海洋景观 第Ⅳ类：栖息地/物种管理区

注：饮用水水源保护区、水利风景区、水产种植资源保护区等尚未纳入我国的自然保护地分类体系。

表 13-7　我国新型自然保护地功能定位与管理目标

自然保护地类型	功能定位	管理目标
第Ⅰ类：国家公园	以保护具有国家和区域代表性生态系统和自然景观为主体，并具有自然保护与社会公益、游憩教育的双重功能	保护具有国家代表性的自然生态系统与独特自然景观；实现自然生态系统完整性和原真性保护；为子孙后代留下珍贵的自然遗产，为人们提供亲近自然、认识自然的场所
第Ⅱ类：自然保护区	严格保护珍稀濒危野生动植物重要栖息地、对人类活动高度敏感的生态系统与自然遗迹	严格保护典型自然生态系统、珍稀濒危野生动植物的天然集中分布区、有特殊意义的自然遗迹，免受人类活动干扰破坏与退化；实现生物多样性的重点保护
第Ⅲ类：自然公园	在保护自然资源与自然遗产的基础上，开展旅游、生态环境教育和科研考察活动，为人们提供亲近自然、认识自然的场所，同时为保护生物多样性和区域生态安全做出贡献	保护重要自然生态系统、地质地貌多样性及承载的生态、观赏、文化和科学价值；实现重要自然资源的合理保护与可持续利用；保护和恢复种质资源及其栖息地，减少人类活动干扰。为人们提供游憩、生态教育的场所

第二节　自然保护地规划

　　我国先后建立了国家公园、自然保护区等 12 种类型的自然保护地，形成了多层级和多类型的规划系列、管理办法和技术规范，在促进保护对象有效保护、指导自然保护地建设管理、衔接经济社会发展等方面发挥了积极作用。在机构改革之后，由国家林业和草原局（国家公园管理局）对所有自然保护地实行统一管理。统一编制自然保护地规划，对国家公园、自然保护区、自然公园三类保护地的空间布局、保护任务、利用效能进行系统规划与统筹。在宏观层面编制国家、省、市（县）三级自然保护地规划，并对各级规划的重点进行梳理，建立起从国家到地方、从整体到局部、从理念到实施的自然保护格局。微观层面就自然保护地实体应编制的总体规划、专项规划、详细规划、管理计划、年度计划之间的关系进行梳理，明确各类规划编制的主要内容，为保护地实体规划的编制提供技术参考。

一、自然保护地规划体系

1. 自然保护地规划体系框架

从管理层级、空间尺度、时间尺度构思，形成分级分类的自然保护地规划体系，提升自然保护地治理体系和治理能力现代化水平，增强科学运用规划指导实践的效果。其中，分级包括国家、省、自然保护地 3 级；分类包括国家、省级层面的"1＋N"分类，以及自然保护地层面的总体规划、专项规划、管理计划和年度计划。国家、省域、自然保护地不同尺度和管理层级的规划编制目标与重点有所差别（图 13-1）。

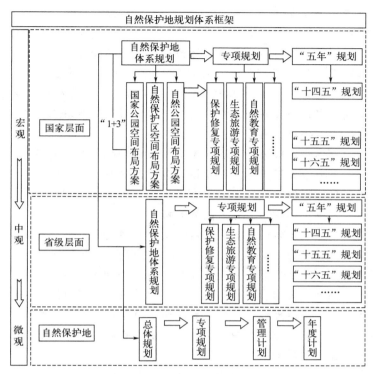

图 13-1　自然保护地规划体系框架

（邱胜荣等，2022）

（1）国家层面

国家层面的自然保护地体系规划编制要以国家国民经济和社会发展规划、全国国土空间规划为指引，将发展目标、空间布局、阶段任务和重点项目在 2 个规划体系中予以明确和系统统筹。其中，国家层面侧重空间布局、发展战略、总体思路，以及规划编制审批、技术标准、监督实施、监测评估等组织管理工作全局性统筹安排，是全国自然保护地建设和管理的纲领，侧重整体性和战略性。

（2）省级层面

省级层面应以全国自然保护地体系规划为引领，做好与省级国民经济和社会发展规划、国土空间规划，以及区域规划的衔接互动。按省域对全国自然保护地规划任务进行分解，结合实际细化落实，明确省域内自然保护地的发展目标，指导下一级自然保护地规划编制，侧重任务性与协调。

（3）自然保护地实体层面

自然保护地实体应作为独立单元编制总体规划，落实省级自然保护地规划的战略要求，承接上位空间规划对自然保护地的控制指标和管控要求，以及上位和涉及区域最高级别行政区的国民经济和社会发展规划对自然保护地的目标任务要求，以此明确自然保护地四至范围、管控分区、用途管制和确定建设项目。进一步细化省级自然保护地规划任务，明确自然保护地实体的规划目标、方向和重点，侧重可操作性。

此外，在横向衔接上，自然保护地规划应与国家编制并颁发实施的其他专项规划联通协调，如天然林保护修复中长期规划、湿地保护规划等。

2. 自然保护地总体规划内容

各级自然保护地总体规划内容框架应是一致的，主要包括现状分析评价、总体要求、总体布局、保护修复规划、支撑体系规划、自然教育与生态体验规划、社区发展规划、土地利用协调规划、管理体系规划、近期重点建设规划与投资估算、环境社会影响评价、效益分析、实施保障等方面。但要根据生态价值和保护强度高低，提出差别化管控措施和用途管制，以及功能性空间布局；强化系统思维，统筹山水林田湖草沙系统治理；注重保护对象异质性和区域特点，提出差别化解决方案。

全国自然保护地总体规划应遵循全国国土空间规划明确的自然保护地发展方向及思路，贯彻落实中共中央、国务院关于生态文明建设、自然保护地体系构建和国家公园体制建设的重大决策部署，体现自然保护地保护重要生态系统、自然遗迹、自然景观和生物多样性，提升生态产品供给能力，维护国家生态安全的战略意义。

省级自然保护地规划立足省内社会、经济、文化发展需要，分解落实国家自然保护地规划提出的发展目标和任务要求。结合省内生态文明建设目标和方向，对自然资源、生态系统、遗迹景观等的保护及发展目标、管理体制机制、运行机制、保障措施等进行规划设计。在对全国自然保护地规划主要内容进行分解和落实的同时，省级自然保护地规划更需要强调自然保护地建设和管理的可落地性。特别是要清晰自身定位，明确省级以国家公园为主体的自然保护地体系的建设思路、方向、原则和方法，确立省域范围内自然保护地建设目标，以及在全国自然保护地建设中扮演的角色和发挥的作用。

市（县）级自然保护地规划必须强调可操作性，在充分考虑地方发展特色和存在问题的基础上，衔接市（县）级国土空间规划，以《关于建立以国家公园为主体的自然保护地体系的指导意见》为纲领，将省级自然保护地规划提出的任务进行细化、量化及落地。县级规划应具备较强的针对性，对辖区内自然保护地发展和建设涉及的重点、难点问题进行系统深入地分析、解决和落实；精细化和量化区域内所有自然保护地类型的布局、数量、规模、发展目标及时间安排、管理体制、运行机制、保障措施等；对区域内典型的自然资源、生态系统、重要野生生物、重要地质遗迹等的保护利用进行重点规划；就如何配合省级主管部门进行自然保护地的建设管理提出工作安排和计划。

3. 自然保护地实体规划内容

自然保护地实体规划体系是用于指导每个自然保护地建设和管理的系列规划，一般包括总体规划、专项规划、详细规划、管理计划和年度计划（图13-2）。具体来说，总体规划是专项规划和年度计划的纲领和上位规划，对自然保护地整体的建设、管理、运行进行系统规划，具有相对较强的指导意义；专项规划主要针对自然保护地发挥的功能和建设需要进行分项分重点规划，解决的重点问题导向明确，针对性强；年度计划按时间轴对总体规划的任务进行分年度的细化落实，时序性和可操作性较强，并与专项规划相互配合。管理计划是对自然保护地管理的要求和任务进行梳理和计划，既遵循总体规划的指导方向，又对总体规划的实施提供制度保障。详细规划则是根据具体建设项目落地需要，对项目的建设布局、流程等方面进行细化安排。

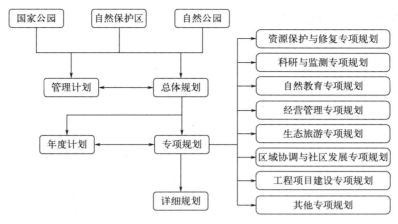

图 13-2　自然保护地实体规划内容

（余莉等，2020）

二维码13-1
自然保护地
规划的主要
方法

二、自然保护地规划主要方法

自然保护地规划的主要方法见二维码 13-1。

第三节　自然保护地体系优化整合

从 1956 年建立第一个自然保护地以来，中国自然保护地建设取得了巨大成就，保护体系逐步完善，建立了由自然保护区、风景名胜区、森林公园、地质公园、湿地公园等组成的数量众多、类型丰富、功能多样的自然保护地体系。但是由于现有自然保护地体系类型繁多，保护地空间重叠、内嵌与分割数量多、破碎化，成为落实"山水林田湖草是生命共同体"理念、维持生态系统完整性、提高保护有效性的重要挑战。

2020 年 3 月，自然资源部、国家林业和草原局印发《关于做好自然保护区范围及功能分区优化调整前期有关工作的函》，正式启动了自然保护地整合优化工作，表明中国正在快速推进自然保护地体系重构。通过现有自然保护地的空间分析、整合优化，空缺保护地的补充纳入，初步建成以国家公园为主体的自然保护地体系。妥善解决现有自然保护地存在的保护与发展矛盾突出等历史遗留问题，协调生态保护与社区发展关系。

在自然保护地设立之初，基于抢救性保护的目的，不少保护地只在批复文件中规定其面积和四至范围，无明确的矢量边界数据。在技术层面上，早期勘测技术相对落后，存在凭经验在图纸上勾绘边界的情况，加之个别地方为申请资金，有时导致保护地边界跨行政界线。在整合优化过程中，虽然技术规程中要求市（州）林业行政主管部门负责对跨县级行政界线自然保护地进行评估，但在实际操作过程中，考虑到跨行政界线部分占总保护地面积比例较小，且涉及地方部门较多，工作不便开展，导致该部分在整合优化后直接调出保护地，使大面积森林质量较好、保护价值较高的保护地未能纳入保护范围。如何处理好跨界管理与自然保护之间的关系，进而构筑更加合理的自然保护地体系依然是一个重大挑战。

一、自然保护地重叠分析

空间重叠的情况包括：一地多名（同一保护地多个名称）、内嵌（一个保护地内嵌于更大的保护地中）、分割（同一生态系统的不同空间片区）。边界与边界之间的重叠关系实际上是一种不规则多边形的交集与并集关系，重叠区域分析对应某一多边形与其他多边形的交集关系，重叠关系分析对应某一多边形与其他多边形的所有重叠区域的并集关系。

1. 重叠区域

将具有重叠关系的两个或多个保护地边界称为该组保护地具有重叠区域，当发生一次重叠时，重叠区域为某个保护地与其他某个保护地边界有共同区域，此时重叠区域涉及 2 个保护地边界；发生两次重叠，重叠区域为某个保护地边界与其他某 2 个保护地边界有共同区域，此时重叠区域涉及 3 个保护地边界，依次类推，如图 13-3 所示。

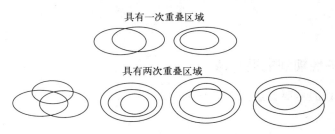

图 13-3　自然保护地重叠区域分析

2. 重叠关系分析

与某保护地有重叠关系的所有重叠面积之和减去多次重叠的面积除以该保护地总面积，即所有与保护地具有相对重叠的不重复面积之和，可以描述复杂重叠关系，m 为与该保护地重叠的保护地个数，如图 13-4 所示。

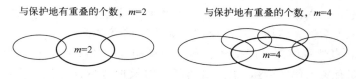

图 13-4　自然保护地重叠关系分析

二、自然保护地优化整合

根据《关于建立以国家公园为主体的自然保护地体系的指导意见》（简称《指导意见》），在全面摸底、科学评估和规划研究的基础上，将现有各类自然保护地按照新分类体系进行归类，整合重叠交叉的自然保护地，归并相邻相连的自然保护地，形成完整的自然保护地体系。新旧自然保护地对应关系如表 13-8 所示。

表 13-8　新旧自然保护地对应关系

新分类系统	现有自然保护地
国家公园	整合现有具有国家代表性的自然保护地（自然保护区、风景名胜区等）及周边具有重要保护价值的区域
自然保护区	自然保护区、自然遗产地核心区、自然保护小区

新分类系统	现有自然保护地
自然公园	风景名胜区、海洋特别保护区(海洋公园)、森林公园、湿地公园、地质公园、沙漠公园、草原公园、冰川公园、野生动物重要栖息地等

1. 按对应关系整合

符合国家公园设立标准的区域优先整合为国家公园。交叉重叠的多个自然保护地原则上整合为一个自然保护地。按照国家级自然保护区优先、同级别保护强度优先、不同级别的低级别服从高级别的原则，选择保留的保护地类型，以此为基础进行整合优化。

原则上按每个保护地的完整区域整合，同时将周边保护价值高、生态系统完整的区域一并纳入。与自然保护地交叉重叠的水源地保护区、水利风景区、沙化土地封禁保护区、遗传资源保护区、矿山公园、郊野公园、生态公园等其他保护形式虽然没有明确为自然保护地，也应该一并纳入整合范畴，待整合优化完成后应该按程序取消。

整合后的自然保护地原则上面积不减少、保护功能不降低、保护性质不改变。明确整合后自然保护地的唯一类型和功能定位，只保留一个自然保护地牌子，其他牌子按程序取消，履行国际公约或相关国际组织授予的名称或牌子可保留，如国际重要湿地、世界自然遗产、世界文化遗产、世界自然与文化双遗产、全球重要农业文化遗产、人与生物圈保护区、世界地质公园等。

对位于同一自然地理单元、生态过程联系紧密、类型属性基本一致的相邻或相连的各类自然保护地，可以打破因行政区划、分类设置造成的条块割裂状况归并重组为一个自然保护地，同一类自然保护地应优先归并，同一山体、水系、湖泊的自然保护地应优先归并，一次性解决保护地分割、破碎和孤岛化问题。原则上按照资源禀赋、自然文化特征、主要保护对象、资源管理体制等要素，在科学评估的基础上确定归并后的自然保护地类型和功能定位。

（1）以类型整合为目标，打造国家公园

在交叉重叠保护地较为密集的区域，综合分析各个保护地的生态系统功能与自然资源本底，在保证生态系统的原真性和完整性的前提下，优化整合生物多样性富集、自然遗产珍贵、自然景观独特的保护地。

（2）以吸收合并为目标

以风景名胜区为主，该类保护地出现交叉重叠问题最多，风景名胜区作为最具中国特色的保护地，不参与整合优化，其名称、范围不变。因此，对其应以吸收合并为目标，与之交叉重叠的自然保护地应严格按照风景名胜区的红线范围进行配合调整。

（3）以范围调整为目标

以自然保护区为主，即基于优先保护原有典型自然生态系统、珍稀濒危野生动植物或特殊自然遗迹资源，整合其他以提供支持服务功能为主的自然保护地。

（4）以同类合并为目标

以自然公园为主，综合分析区域内以各类景观为主要保护对象、以文化服务为主要生态系统功能的保护地进行优化整合，包括森林公园、湿地公园、地质公园等。

具体优化整合流程如图13-5所示。

2. 分类有序解决自然保护地历史遗留问题

我国的自然保护地大多是抢救性保护的产物，在保护自然生态的同时，也将大量的村

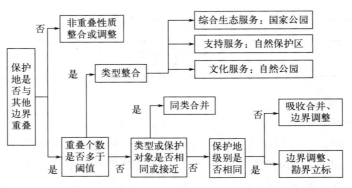

图 13-5 自然保护地优化整合流程

(靳川平等，2020)

镇、基本农田、产业基地等划入了自然保护地，造成生态空间与城镇、农业空间交错，生态保护红线与城镇开发边界、永久基本农田保护红线三线交叉，需要按照空间规划、生态红线等政策进行调整优化，调整后的自然保护地除文化景物集中分布区域外应该全部纳入生态保护红线，一次性地解决历史遗留问题。

在科学评估的基础上，将无保护价值的建制镇或人口密集区域、社区民生设施等按程序调整出自然保护地范围。核心保护区内居民逐步实施生态移民搬迁，暂时不能搬迁的，可以在一定过渡期内，开展必要的、基本的生产活动，不能扩大现有规模。清理整治探矿采矿、水电开发、工业建设等项目，通过分类处置方式有序退出；根据保护需要，按规定程序对自然保护地内的耕地、精养池塘等实施退田退养、还林还草、还湖还湿，具体见表 13-9。

表 13-9 自然保护地主要历史遗留问题清理

问题类别	处理方式	主要依据
水电开发	限期退出自然保护区核心区或缓冲区严重破坏生态环境的违规水电站	《水利部 国家发展改革委 生态环境部 国家能源局关于开展长江经济带小水电清理整改工作的意见》
永久基本农田	对位于国家级自然保护地范围内禁止人为活动区域的永久基本农田，经论证确定后退出	《自然资源部 农业农村部关于加强和改进永久基本农田保护工作的通知》
矿业权等特许经营权	依法依规解决自然保护地内的探矿权、采矿权、取水权、水域滩涂养殖捕捞的权利、特许经营权等合理退出问题	中共中央办公厅、国务院办公厅印发的《关于统筹推进自然资源资产产权制度改革的指导意见》
修筑设施	禁止在国家级自然保护区修筑光伏发电、风力发电、火力发电设施，禁止进行高尔夫球场开发、房地产开发、会所建设、商业性探矿勘查，以及修筑其他污染环境、破坏自然资源或者自然景观的设施等	原国家林业局 50 号令《在国家级自然保护区修筑设施审批管理暂行办法》
三区三线调整	评估自然保护地内与生态保护红线管控要求存在冲突的区域，调整优化后全部划入生态保护红线	自然资源部办公厅、生态环境部办公厅《关于开展生态保护红线评估工作的函》自然资办函〔2019〕1125 号；自然资源部、生态环境部、国家林业和草原局《关于加强生态保护红线管理的通知（试行）》

思考题

1. 什么是自然保护地？我国的自然保护地体系与 IUCN 自然保护地体系相比有哪些异同？
2. 自然保护地体系规划有哪些主要方法？
3. 如何开展自然保护地体系优化整合？

参考文献

[1] 中共中央办公厅，国务院办公厅 . 关于建立以国家公园为主体的自然保护地体系的指导意见，2019.

[2] 朱春全 . IUCN 自然保护地管理分类与管理目标 [J] . 林业建设，2018（5）：19-26.

[3] 权佳，欧阳志云，徐卫华 . 自然保护区管理快速评价和优先性确定方法及应用 [J] . 生态学杂志，2009，28（6）：1206-1212.

[4] Dudley N. IUCN 自然保护地管理分类应用指南 [M] . 朱春全，欧阳志云，译 . 北京：中国林业出版社，2016.

[5] 欧阳志云，杜傲，徐卫华 . 中国自然保护地体系分类研究 [J] . 生态学报，2020，40（20）：7207-7215.

[6] 唐小平，蒋亚芳，刘增力，等 . 中国自然保护地体系的顶层设计 [J] . 林业资源管理，2019（3）：1-7.

[7] 刘道平，欧阳志云，张玉钧，等 . 中国自然保护地建设：机遇与挑战 [J] . 自然保护地，2021，1（1）：1-12.

[8] 邱胜荣，张希明，白玲，等 . 中国自然保护地规划制度构建研究 [J] . 世界林业研究，2022，35（2）：76-81.

[9] 余莉，孙鸿雁，李云，等 . 我国自然保护地规划体系架构研究 [J] . 林业建设，2020，2：7-12.

[10] 张路，欧阳志云，徐卫华 . 系统保护规划的理论、方法及关键问题 [J] . 生态学报，2015，35（4）：1284-1295.

[11] 郭云，梁晨，李晓文 . 基于系统保护规划的黄河流域湿地优先保护格局 [J] . 应用生态学报，2018，29（9）：3024-3032.

[12] 高吉喜，刘晓曼，周大庆，等 . 中国自然保护地整合优化关键问题 [J] . 生物多样性，2021，29：290-294.

[13] 靳川平，刘晓曼，王雪峰，等 . 长江经济带自然保护地边界重叠关系及整合对策分析 [J] . 生态学报，2020，40（20）：7323-7334.